数字经济专业系列教材

U0750167

数据安全与治理

陈媛　韩潇　编著

电子工业出版社·
Publishing House of Electronics Industry
北京·BEIJING

内 容 简 介

数字经济时代，数据在推动社会进步和经济增长的同时也带来了诸多安全挑战，如何建立有效的数据安全治理体系已成为全球关注的焦点。《数据安全与治理》基于这一背景，旨在为读者提供系统的理论与实践指导，帮助读者理解并应对这些挑战。

本书内容涵盖了数字经济与数据要素的关系、全球数据安全与治理政策、数据产权、数据质量，以及数据泄露与防御、隐私保护、机器学习模型安全、联邦学习中的数据安全等关键领域，本书可作为高等院校数字经济及相关专业的教材，也可作为数据管理、信息安全领域专业人士的参考书。通过本书，读者将学习如何在复杂的数字环境中，系统化地保护数据安全，确保数据的合理利用。

图书在版编目（CIP）数据

数据安全与治理 / 陈媛，韩潇编著. -- 北京 ： 电
子工业出版社，2025. 7. -- （数字经济专业系列教材）.
ISBN 978-7-121-50896-7

Ⅰ. TP274

中国国家版本馆 CIP 数据核字第 2025V81Z93 号

责任编辑：张梦菲
印　　刷：天津嘉恒印务有限公司
装　　订：天津嘉恒印务有限公司
出版发行：电子工业出版社
　　　　　北京市海淀区万寿路 173 信箱　　　邮编：100036
开　　本：787×1 092　1/16　印张：11.25　　　字数：280.8 千字
版　　次：2025 年 7 月第 1 版
印　　次：2025 年 7 月第 1 次印刷
定　　价：59.00 元

凡所购买电子工业出版社图书有缺损问题，请向购买书店调换。若书店售缺，请与本社发行部联系，联系及邮购电话：（010）88254888，88258888。

质量投诉请发邮件至 zlts@phei.com.cn，盗版侵权举报请发邮件至 dbqq@phei.com.cn。

本书咨询联系方式：（010）88254750，zhangmf@phei.com.cn。

数字经济专业系列教材
专家委员会
（按姓氏笔画排名）

刘兰娟　安筱鹏　肖升生　汪寿阳　赵　琳
洪永淼　袁　媛　高红冰　蒋昌俊

前 言

在这个信息飞速流动的时代，数字经济如潮水般席卷而来，改变了我们的生活，重塑了世界的经济版图。数据作为这场变革的核心要素，已然成为推动社会进步和经济发展的新引擎。在传统经济时代，数据是记录历史的工具和辅助决策的资料。而今，数据成为新的生产要素，它不仅代表着一种资源，还承载着创新的力量，是企业竞争的关键，也是国家安全的重要屏障。

随着数据的重要性日益凸显，如何保障数据的安全与有效治理，已成为全球关注的焦点。数据的复杂性、多样性和广泛流通性，使数据安全和治理面临前所未有的挑战。无论是企业的商业机密，还是个人的隐私信息，都可能在数据泄露和滥用中遭受损失。因此，构建健全的数据安全机制和完善的治理体系，是确保数字经济健康发展的关键。

在这样的背景下，将数据安全与治理引入大学教育，培养学生在这一领域的意识和技能显得十分重要。本书正是为应对这一需求而编写的，旨在为广大师生提供理论与实践相结合的教材，帮助学生理解数据安全与治理的核心问题，掌握相关的技术和策略。

在第一章"数字经济与数据要素"中，我们从数字经济的兴起谈起，揭示数据作为新型生产要素的重要性。通过梳理数据的概念、价值及历史演变过程，帮助学生理解数据在数字经济中的核心地位。

在第二章"数据安全与治理政策"中，我们探讨了全球范围内的数据安全与治理政策。我们从国际与国内的双重视角出发，分析不同国家和地区的数据安全策略，并探讨数据跨境流动的治理挑战。

在第三章"数据产权"中，我们聚焦数据产权的法律与技术支持。通过探讨数据产权的概念、法律与政策及技术支持，分析数据资产化过程中所面临的挑战与机遇。

在第四章"数据质量"中，我们探讨了数据质量管理。我们详细介绍了数据质量评估的方法与工具，解析了数据治理中的质量控制策略。

在第五章"数据采集的数据泄露与防御方法"中，我们关注数据采集过程中可能引发的安全风险，通过分析数据泄露的主要原因与防御措施，向学生介绍了安全管理策略。

在第六章"数据开放共享的隐私泄露与防御方法"中，我们探讨了数据开放共享中隐私保护的复杂性。通过分析隐私泄露的途径及防御技术，帮助学生在推动数据共享的同时保障数据安全。

在第七章"机器学习模型开放的数据安全与防御方法"中，我们针对机器学习领域，讨论模型开放带来的数据安全风险。通过介绍模型训练数据的攻击方式和保护方法，提供保护模型训练数据的策略。

最后，在第八章"联邦学习的数据隐私与防御方法"中，我们探讨了联邦学习这一新兴技术中的数据隐私保护问题。通过介绍联邦学习的安全威胁和防御方法，帮助学生在应用这一技术的同时加强数据安全意识。

在编写这本书的过程中，我们认识到数据是时代的馈赠，但也带来了新的挑战。数据安全与治理并非是一成不变的，而是一个不断发展的过程，需要我们持续地关注与学习。愿书中内容能为学生的数据探索奠定基础，帮助他们在数据探索的旅程中挖掘数据的价值，迎接数字时代的挑战与机遇。

在本书编写的过程中，我们团队里非常优秀的研究生们付出了大量的时间和精力，协助完成本书的撰写。其中，许玉晨、方昕、颜思宇、张坤等博士生参与编写了第一章至第四章，王金金、贾宇阳、周存尧、陈晋、祁婷婷等同学参与编写了第五章至第八章。此外，方昕、张坤、陈晋等同学在统稿方面做出了很多贡献，电子工业出版社的编辑团队在书稿的编辑、校对与排版中付出了巨大的努力。在此向以上所有贡献者表示我们最诚挚的谢意！没有他们的辛勤付出与卓越贡献，本书将无法顺利完成。同时，在编写过程中，我们参阅了大量的著作和相关文献，在此也对这些著作和文献的作者表示衷心的感谢。由于我们的水平有限，书中可能存在不足及错误之处，敬请各位专家和读者不吝赐教，提出宝贵的意见与建议。

陈媛　韩潇

2024.9

目　　录

第一章　数字经济与数据要素 1

　1.1　数字经济概述 2

　1.2　数据的价值 6

　1.3　数据要素 10

　1.4　数据价值链 14

　复习思考题 17

　案例：扬子国投数据资产入表 17

　参考文献 19

第二章　数据安全与治理政策 20

　2.1　数据安全概述 20

　2.2　国际数据政策 26

　2.3　中国数据安全与保护政策 30

　2.4　数据跨境流动的治理 37

　复习思考题 41

　案例：上海自贸区放宽数据跨境传输限制 41

　参考文献 43

第三章　数据产权 44

　3.1　数据产权概述 44

　3.2　数据产权的法律与政策 47

　3.3　数据产权的技术支持 51

　3.4　数据产权的治理 55

　复习思考题 58

　案例：区块链存证助力华泰公司侵权案 58

　参考文献 60

第四章　数据质量 61

　4.1　数据质量概述 61

　4.2　数据质量评估 66

　4.3　数据质量管理技术 73

　4.4　数据质量治理策略 80

　复习思考题 86

　案例：GPT 时刻——大语言模型的智能涌现 86

参考文献 88

第五章　数据采集的数据泄露与防御方法 **89**

5.1　数据采集概述 90

5.2　数据泄露的风险 91

5.3　数据泄露的防御策略 92

5.4　特殊数据采集方法及风险防御 97

复习思考题 101

案例：脸书数据门事件 101

参考文献 103

第六章　数据开放共享的隐私泄露与防御方法 **104**

6.1　数据开放共享概述 105

6.2　数据开放中的隐私风险 108

6.3　隐私攻击方法 110

6.4　隐私保护技术与策略 115

复习思考题 126

案例：纽约出租车数据发布 129

参考文献 131

第七章　机器学习模型开放的数据安全与防御方法 **132**

7.1　模型开放概述 132

7.2　模型训练数据的攻击方式 135

7.3　模型训练数据的保护方法 143

复习思考题 148

案例：Clearview AI 人脸数据泄露事件 148

参考文献 150

第八章　联邦学习的数据隐私与防御方法 **151**

8.1　联邦学习概述 151

8.2　联邦学习安全威胁 155

8.3　联邦学习数据窃取攻击 157

8.4　联邦学习安全防御方法 161

复习思考题 166

案例：电子病历数据分析与疾病预测 168

参考文献 169

数字经济与数据要素

随着信息技术的不断革新和普及，我们已经迈入了一个全新的时代——数字经济时代。在这个时代，经济活动不再局限于传统农业和工业的范畴，而是以数字化信息和知识为核心，通过互联网、大数据、云计算等现代信息技术，实现资源的优化配置与生产效率的显著提升。

回顾过去，我们会发现传统经济主要基于物理资源和人力资源，传统经济的生产活动和交易活动往往受到地理和时间的限制。例如，农业生产依赖于土地的质量和季节的变化，工业生产则以机械化和规模化为特征，但对资源的依赖和环境的影响也相应增加。交易活动通常在实体店铺或市场中进行，明显受到地理位置的限制。

然而，数字经济的兴起是技术进步的里程碑，预示着社会经济结构和人类生活方式的根本变革。从 20 世纪中叶个人计算机的出现，到 20 世纪 90 年代互联网的普及，再到 21 世纪初移动互联网的兴起，以及最近十几年大数据、云计算、人工智能等技术的成熟，每一次技术的跃进都与经济形态的演变紧密相连。

在数字经济中，数据成为关键的生产要素，它不仅是信息的载体，更是驱动经济社会发展的重要资源。传统生产要素的价值体现在它们是生产过程中不可或缺的资源，而数据的价值体现在其为经济活动提供了新的动能和方向。数据价值的发展经历了数据资源、数据资本、数据资产三个阶段，由浅入深，由简单趋向复杂。然而，数据的价值并非孤立存在，它需要通过数据要素和数据价值链的协同作用来实现。数据要素的发展推动了经济结构的转型升级，同时也提出了新的挑战，如数据安全、隐私保护、数据治理等。

接下来，我们将探讨数字经济与传统经济之间的主要区别，以便更好地理解数字经济的提出和历史演变。同时，我们将从数据的独特性来引入数据的价值，并分析数据要素的产生、流通与利用。最终，我们将探讨数据价值链的提出与治理，以及它们对经济社会发展的深远影响。本章主要学习目标如下。

- 了解数字经济与传统经济的区别。
- 了解数字经济的概念与主要内容。
- 了解数据的独特性与价值。
- 熟悉生产要素的发展阶段。
- 了解数据要素的产生与发展。
- 熟悉数据要素的流通模式。
- 了解数据价值链的特征与生态治理。

第一章内容组织架构如图 1-1 所示。

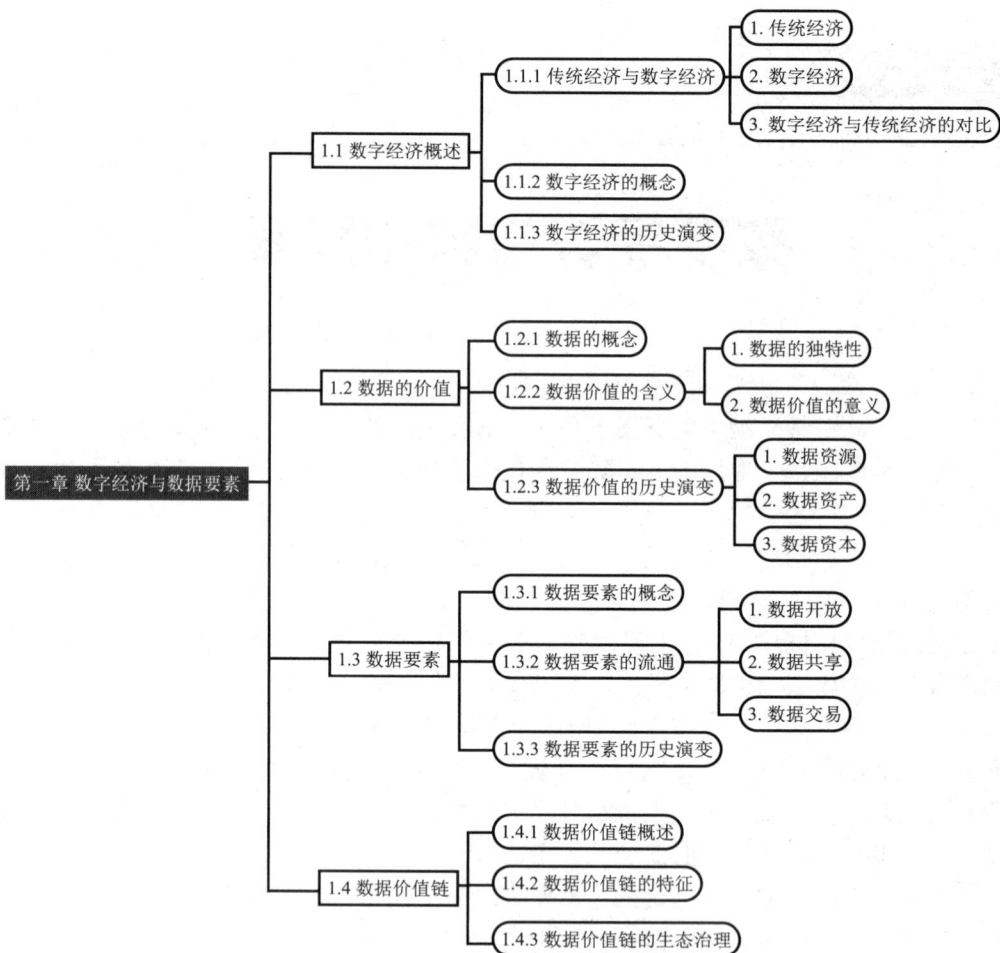

图1-1　第一章内容组织架构

1.1　数字经济概述

1.1.1　传统经济与数字经济

1. 传统经济

传统经济是基于农业和工业革命的发展历程，以物理资源和人力资源为主要生产要素的经济体系。在传统经济形态中，生产活动和交易活动往往局限于特定的地理区域，信息流通相对闭塞，市场规模和交易效率受到较大限制。

对农业生产而言，传统经济的生产活动主要依赖自然资源，生产周期长，产出有限。例如，战国时期的《吕氏春秋》中提到了一系列农业生产环节，如选种、育种、耕作等，这些农业生产环节都需要依据自然条件和季节变化来安排，体现出了农业生产对自然资源的依赖性。工业生产以机械化和规模化为主要特征，虽然提高了生产效率，但对资源的依赖和对环境的影响也相应增加。举例来说，英国的工业革命是机械化生产的起点，纺织业的机械化极大提高了纺织品的生产效率，然而这一进程也引发了对煤炭等能源的大量需求，进而加剧了对资源的开采和环境的污染。

在传统经济的交易活动中，交易模式主要以实体店铺和市场为主，买卖双方需要面对面交易，因而受到时间和空间的限制。在最早的经济形态中，古代的部落之间会通过交换粮食、工具、牲畜等生活必需品来满足各自的需求。随着社会的发展，集市成为交易的主要场所。即使在现代，实体店铺（超市、百货商店和专卖店）仍然是交易的主要形式。除此之外，传统经济形态下的企业组织通常具有明显的层级结构，这一结构在一定程度上保证了企业运作的稳定性和有序性，但也会出现决策过程较为缓慢等问题，影响企业对外部变化的适应能力。例如，在工业时代，大型制造企业（福特汽车公司等）采用严格的层级管理制度，从基层员工到中层管理者再到高层决策者，每一级都有明确的职责和权限。这种结构能在大规模生产中提高效率，但在市场需求变化时，决策的传递和执行可能需要较长时间，影响企业的快速响应能力。

2．数字经济

与上述传统经济相比，数字经济的出现和发展不仅是技术进步的里程碑，也预示着社会经济结构和人类生活方式的根本变革。自 20 世纪中叶以来，数字经济的每一次跃进都与当时的技术革新紧密相连，这些技术的发展和应用不断推动着经济形态的演变。

在 20 世纪 70 年代，个人计算机（PC）的出现，不仅改变了个人和企业的数据处理方式，也为后来的信息技术革命奠定了基础。随着 IBM、苹果等公司的推动，PC 逐渐走进办公室和家庭，使信息处理和存储变得更加便捷和高效。这一时期计算机的发展，为后续的软件和网络技术的发展奠定了硬件基础。

进入 20 世纪 90 年代，互联网的普及化成为数字经济的重要推动力。这一时期，网景（Netscape）等浏览器的出现和万维网（WWW）的诞生，极大地促进了信息的自由流通和分享。电子商务的萌芽，如亚马逊和 eBay 的成立，开启了在线购物和电子支付的新时代，消费者可以在家中通过网络购买全球各地的商品。这不仅改变了零售业的面貌，也促进了后续的数字经济发展。

21 世纪初，随着智能手机的普及和移动应用的爆发式增长，数字经济进入了移动互联网时代。苹果和安卓操作系统的推出，使移动设备成为人们日常生活中不可或缺的一部分。移动支付、在线视频、社交媒体等新兴业态的蓬勃发展，不仅改变了人们的消费习惯和社交方式，也为数字经济的增长提供了强大的动力。

21 世纪 10 年代至今，大数据、云计算、人工智能等技术的成熟和应用，进一步推动了数字经济的深度发展。这些技术的应用使数据分析更加精准，资源分配更加高效，创新速度更加快速。各行各业，无论是零售、金融、医疗，还是教育，都在经历着数字化转型。例如，金融科技（FinTech）通过区块链、数字货币等技术，正在重塑传统金融服务的模式；在线教育平台，如 Coursera 和 edX，使优质教育资源得以跨越地域限制，为全球学习者提供服务。

数字经济的发展不仅仅是技术的革新，更是一场涉及生产方式、交易模式、社会组织和文化观念的全面变革。数字经济正在逐步成为继农业经济、工业经济之后，又一深刻影响和改变人类经济社会发展模式的重要经济形态。随着技术的不断进步和创新，数字经济将继续推动社会向前发展，为人类带来更加丰富和便捷的生活体验。

3．数字经济与传统经济的对比

在当今时代，数字经济与传统经济存在显著的差异，这些差异不仅体现在生产和交易的方式上，还深刻影响着企业的组织结构、社会的经济结构及安全与隐私。

在生产与创新方面，传统经济的生产过程依赖物理资源和人力资源，创新往往需要大量的资本投入和时间积累。例如，传统制造业需要建立工厂、采购设备和雇佣工人，新产品的开发周期长，成本高。数字经济的生产过程更多依赖信息和知识，创新速度快，成本低。例如，软件开发公司可以通过云计算资源快速迭代产品，而无须庞大的物理基础设施。

在交易与流通方面，传统经济下的交易通常在实体店铺或市场中进行，受到地理位置的限制。例如，消费者需要前往实体店铺进行购买，交易时间和空间受限。数字经济中的交易通过网络平台进行，突破了地理位置的限制。例如，通过电子商务平台，消费者可以在线购买全球各地的商品，实现 24 小时不间断的交易。

在企业组织结构方面，传统经济下企业组织结构层级明显，决策过程较为缓慢。例如，大型制造企业需要多层审批才能做出决策，响应市场变化的能力有限。数字经济下的企业组织趋向扁平化，决策更加迅速和灵活。较多科技公司（谷歌和脸书等）采用更加开放和协作的工作文化，以适应快速变化的市场环境。

在就业与劳动方面，传统经济中的就业以全职工作为主，劳动关系稳定；而数字经济中的就业形势更加多样化，远程工作和自由职业成为可能。数字平台上的自由职业者可以在全球范围内提供服务，不受地理位置的限制。

在环境影响方面，传统经济中生产活动往往伴随着资源消耗和环境污染。数字经济虽然减少了对物理资源的依赖，但数据中心和电子设备的能源消耗也不容忽视。例如，数据中心的运营需要大量电力，给环境带来了新的挑战。

在数据安全与隐私方面，传统经济体系中数据的处理和存储往往局限在较小的范围内，信息流通的速度和广度有限。例如，一家实体零售商店可能仅在本地区域内收集和存储消费者的购买记录，这些信息通常以纸质或电子表格的形式保存在店内的服务器上。由于信息传播的局限性，所以数据泄露的风险相对较低，隐私问题也不太受到公众的广泛关注。在数字经济时代，数据安全和隐私保护的重要性日益凸显。随着互联网和移动通信技术的普及，大量的个人信息和敏感数据在网络平台上被收集、存储和处理。这些数据往往跨越国界，在多个服务器和数据中心之间传输，极大地增加了数据泄露和滥用的风险。近年来，随着社交媒体平台上个人信息泄露事件的频发，公众对保护个人数据和隐私的意识逐渐增强。例如，脸书和推特等社交媒体巨头不时被曝光存在用户数据泄露的问题，这些问题不仅损害了用户的隐私权益，也对企业的声誉和经济利益造成了影响。此外，随着智能设备和物联网技术的普及，家庭住址、银行账户、健康记录等更加敏感的个人信息也面临着被泄露的风险。

1.1.2 数字经济的概念

人类社会发展的历史经验表明，每一次经济形态的重大变革，往往会催生并依赖新的生产要素。正如劳动力和土地是农业经济时代主要的生产要素，资本和技术是工业经济时代重要的生产要素，进入数字经济时代，数据正逐渐成为驱动经济社会发展的新的生产要素。人们利用实时获取的海量数据，如主体数据、行为数据、交易数据和通信数据，组织社会生产、销售、流通、消费、融资和投资等活动，使数据成为社会经济活动的关键生产要素和数字经济的第一要素。

有了数据作为生产要素后，互联网与信息技术成为数字经济的基础架构。数字经济包含网络经济，互联网是基础载体，信息技术是重要手段。数字经济的基础设施正是能够获取、传输、处理、分析、利用和存储数据的设施和设备，包括互联网（移动互联网）、物联网、云计算、区块链、计算机（移动智能终端）及连接它们的软件平台。

最后，人工智能成为数字经济中生产力发展的重要推动力，人工智能让数据处理能力得到指数级增长。"人工智能＋算法"驱动能够实现各领域应用的数字仿真、知识模型、物理模型等与数据模型深度融合，实现产业融合、跨界创新和智能服务，从而极大提升社会生产力。

因此，总的来说，要素、设施和技术是当今数字经济的三大支柱，数字资源是数字经济发展的基本要素，现代信息网络作为数字经济中的基础设施是发展的主要驱动力，同时，以互联网、大数据和人工智能为代表的数字技术成为新的通用技术，促进了数字经济与传统经济的融合发展。

前面我们了解了数字经济的三大支柱，而随着信息技术的不断发展和深度应用，社会经济数字化程度不断提升，数字经济的内涵和外延发生了重要变化。具体而言，数字经济主要包括四大部分。

一是数字产业化。数字产业化指以信息通信技术为核心的产业，它是数字经济的基础和先导。这一部分涵盖了电子信息制造业，如半导体、芯片制造等；电信业务，包括固定电话、移动通信和卫星通信服务；软件和信息技术服务业，包括软件开发、系统集成、技术咨询等；互联网行业，包括互联网接入服务、在线广告、云计算等。数字产业化的发展推动了数字技术的研发和应用，为其他产业的数字化转型提供了技术支撑和平台。

二是产业数字化。产业数字化指利用数字技术对传统产业进行升级改造，提高生产效率和产品质量，创造产业新模式。工业新业态和互联网通过连接机器、物料和人，实现生产过程的实时监控和优化；智能制造利用自动化和智能化技术提高制造业的灵活性和响应速度；车联网结合先进的传感器、通信和计算技术，提升车辆的智能化水平，改善交通管理；平台经济则通过互联网平台聚合供需双方，提高资源配置效率，如共享经济、在线教育、远程医疗等。产业数字化是传统产业与数字技术深度融合的产物，是推动经济高质量发展的重要途径。

三是数字化治理。数字化治理指运用数字技术提高公共管理和服务的效率和质量。多元治理强调政府、社会、市场等多方参与，形成协同治理的格局。"数字技术＋治理"模式通过技术手段提升治理能力，如利用大数据分析社会经济运行状况，提高决策的科学性。数字化公共服务则通过网络平台提供便捷的政务服务，如在线办理行政审批、电子化纳税等。数字化治理有助于提高政府透明度和公信力，增强公众的获得感和满意度。

四是数据价值化。数据价值化指通过挖掘和利用数据资源，实现数据的经济价值和社会价值。数据价值化是数字经济的核心，有助于推动数据驱动的创新和发展。数据价值化主要包括数据采集、数据标准、数据确权、数据标注、数据定价、数据交易、数据流转、数据保护等。其中，数据采集是基础，需要合法、合规地获取各类数据；数据标准是对数据进行分类、分级和格式规范，提高数据的可用性；数据确权和数据标注明确数据的所有权和使用规则；数据定价和数据交易通过市场机制实现数据的价值转化；数据流转和数据保护涉及数据的流通和安全。

1.1.3　数字经济的历史演变

随着信息技术的不断进步和创新，全球数字经济发展迅猛。

在全球主要国家，政策制定者正在优化政策布局，使数字经济的政策导向更加清晰和体系。例如，欧盟理事会提出的《数据法案》《数据治理法案》等政策环境的完善为数字经济的持续发展提供了良好的生态条件。在基础设施方面，以互联网为核心的新一代信息技术正逐步演化为人类社会经济活动的基础设施，并将对原有的物理基础设施完成深度信息化改造，从而突破沟通和协作的时空约束，推动新经济模式快速发展。

行业产业也经历了显著的数字化转型。这一转型不仅涉及消费和服务领域，还逐渐向制造业渗透。在这一过程中，各业态通过深度协作和融合，完成了自身的转型和提升。同时，传统业态也在逐步被新兴的数字化业态取代。这一切的核心在于将劳动、土地、资本、技术等各类生产要素数字化和数据化，从而大幅提高生产效率。

然而，数字经济的快速发展也给治理体系带来了挑战。传统的治理体系、机制与规则难以适应数字化发展所带来的变革，无法有效解决数字平台崛起带来的市场垄断、税收侵蚀、安全隐私、伦理道德等问题，需尽快构建并完善数字治理体系。

总而言之，数字经济的快速发展不仅改变了全球经济格局，也推动了产业结构的深刻变革。在此过程中，关注政策趋势、基础设施、产业升级，以及治理体系是关键，这些因素共同支撑着数字经济的稳健增长和持续进步。

1.2　数据的价值

1.2.1　数据的概念

"数据"一词最早出现在拉丁语中，最初的含义为"给予的事物"。数据一直随着人类的发展而变迁。在古代，数据呈现出规则化汇聚的特征。例如，我国古代的黄册（全国户口名册）的编制和维护、天文观测记录均依特定规则进行登记造册。其中，黄册的编制和维护有助于国家对人口流动、资源分配和社会秩序进行有效控制，天文观测记录不仅帮助古代人理解天体运动的规律，而且对农业、航海、历法编制等有着直接影响。例如，通过观测太阳和月亮的周期性波动，古代人能够制定出准确的历法，指导农业生产；通过观测星辰的位置变化，航海者能够确定方向，进行远洋航行。因此，它们能对人类社会和物理世界的性质、状态与相互关系进行记录和计算，是宝贵的古代数据遗产。

20世纪40年代，计算机被发明后，数据与计算机编码产生重要联系。凡可被编码为一系列由0和1组成的二进制记录，都是计算机可处理的数据。早期计算机的采集、存储、计算技术尚不成熟，只能处理行列结构明确的数据表，此时数据更多指代这类结构化数据。近十几年来，数据存储、传输和计算的性能不断突破，数据管理、数据处理技术快速迭代，网页、声音、图像等半结构化、非结构化数据也逐渐得到有效处理和利用。

在广泛意义上，数据就是对事实、活动等现象的记录。《辞海》（第七版）将数据定义为"描述事物的数字、字符、图形、声音等的表现形式"。如今，数据的概念有了很多延展。《中华人民共和国数据安全法》（简称《数据安全法》）指出：数据指任何以电子或者其他方式对信息的记录。

自21世纪初以来，互联网、云计算、大数据、人工智能、区块链等新一代信息技术不断涌现，并快速渗透到经济社会的各个领域，网络空间的电子化数据规模呈现指数增长，数据形态更加复杂，数据应用更加丰富。互联网时代的大数据通常指网络空间的电子化数据，数据资产管理的对象也主要指电子化数据。网络空间的电子化数据具备一些特有的属性。第一是物理属性，即数据在储存介质中以二进制串的形式存在；第二是存在属性，即数据以人类可感知的形式存在；第三是信息属性，即数据是否有含义和含义是什么；第四是时间属性，即数据是否附加时间标记。

在数字经济时代，数据具有基础性战略资源和关键性生产要素的双重属性。一方面，有价值的数据资源是催生和推动数字经济新产业、新业态、新模式发展的基础。在数据挖掘、分析、脱敏的基础之上对数据资源实现高效利用，将极大地推动技术创新、加速产业升级。另一方面，数据对其他生产要素也具有"乘数"作用，可以利用数据实现供给与需求的精准对接，放大劳动力、资本等要素在社会各行业中的价值。数据从采集、处理、集成、挖掘，到知识决策，形成一系列的闭环，不断地体现数据的价值。

1.2.2　数据价值的含义

1. 数据的独特性

数据与土地、劳动、资本等传统生产要素相比具有明显的独特性。不同于土地的固定性和有限性（土地是固定且有限的），不同于劳动往往受到劳动者的技能、知识水平、体力及地域等的限制，也不同于资本的流动性限制、风险性和分配不均等性质。数据作为独特的技术产物，以其技术属性对经济活动产生进一步影响，展示了独特性。

数据作为独特的技术产物，具有虚拟性、低成本复制性和主体多元性。①虚拟性：数据是一种存在于数字空间的虚拟资源。土地、劳动力等传统生产要素都是看得见、摸得着的物理存在，与数据形式形成鲜明对比。②低成本复制性：数据作为数字空间中的存在，表现为数据库中的一条条记录，而数据库技术和互联网技术又能使数据在数字空间中发生实实在在的转移，以相对较低的成本无限复制自身。③主体多元性：数字空间中的每条数据都可能记录了不同用户的信息，数据集的采集和汇聚规则又是由数据收集者设定的，用户、数据收集者等主体间存在复杂的关系。同时，每个企业、每个项目都可能对所用的数据资源进行一定程度的加工，每一次增、删、改的操作都是对数据集的改变，因而这些加工者也是数据构建的参与主体。

上述的独特性是数据自身作为独特的技术产物所具有的，而数据的技术属性会进一步影响数据在经济活动中的性质，因此使数据具备了非竞争性、潜在的非排他性和异质性。

作为经济对象，数据具有非竞争性。得益于数据能够被低成本复制，同一组数据可以同时被多个主体使用，一个额外的使用者不会减少其他现存数据使用者的使用，也不会产生数据量和质的损耗。例如，在各类数据分析、机器学习竞赛中，同一份数据可以被大量参赛者使用，非竞争性为数据带来更普遍的使用效益与更大的潜在经济价值。数据具有潜在的非排他性指，数据持有者为保护自己的数字劳动成果，会付出较高代价使用专业的技术手段控制自己的数据，因而在实践中，数据具有部分的排他性。然而，一旦数据持有者主动放弃控制或控制数据的手段被攻破，数据就将完全具有非排他性。排他性是界定产品权利的重要基础，土地、劳动、资本都有明显的竞争性和排他性，可以在市场上充分实现权利流转。技术在当今专利保护制度下具有排他性，也可实现权利转让和使用许可。数据的异质性指相同数据对不同使用者和不同应用场景的价值不同，一个领域高价值的数据对另一个领域的企业来说可能一文不值。与数据形成鲜明对比的是资本，资本是均质的，每份资金都有相同的购买力，对所有主体同质。

综上所述，相比其他生产要素，数据的部分特性使它难以参照传统方式进行管理和利用，但其可复制、可共享、无限增长和供给的禀赋，打破了传统要素有限供给对增长的制约，为持续增长和永续发展提供了基础和可能。

2. 数据价值的意义

"价值"一词有多种含义。经济学讲的价值指"凝结在商品中的一般的、无差别的人类劳动"；伦理学层面的价值指满足人的美感需要方面的有用性。传统生产要素，如土地、劳动和资本，其价值在于它们是生产过程中不可或缺的资源，能够通过不同的组合和利用方式，创造出满足人类需求的产品和服务。因此，传统生产要素是经济活动的基础，而数据则为经济活动提供了新的动能和方向。

对于企业来说，数据具有重要的商业价值。企业可以通过分析客户数据、市场数据和运营数据等，了解市场需求、消费者行为和竞争对手情况，从而制定更加精准的营销策略和产品方案，提高企业的竞争力和市场份额。此外，企业还可以通过数据分析优化生产流程、降低成本、提高效率，实现可持续发展。数据也是推动创新的重要因素。通过对大量数据的分析和挖掘，企业可以发现新的商业机会和创新点，开发出更加符合市场需求的产品和服务。同时，数据还可以作为企业的无形资产，通过数据资产入表的方式，为企业提供新的增长点和资本运作的可能性。

数据也具有重要的社会价值。数据可以为政府提供更加精准的公共服务。政府可以通过分析人口数据、交通数据和环境数据等，了解社会发展状况和民生需求，制定更加科学合理的政策和规划，提高公共服务的质量和效率。政府还可以通过大数据分析和人工智能技术，实现对社会治安、公共安全和环境保护等领域的实时监测和预警，提高社会治理的智能化水平。

除此之外，数据对国家安全也具有重要的政治价值。政府可以通过收集和分析国内外的政治、经济和军事等方面的数据，了解国家面临的安全威胁和挑战，制定更加有效的国家安全战略和政策。数据已经成为国际竞争的新领域。各国都在加强对数据的掌控，以提高国家的竞争力和国际影响力。

总体而言，在数字经济时代，数据的价值日益凸显，而传统生产要素依然发挥着重要的作用，两者的结合和互补，共同推动了经济的持续发展和社会的全面进步。

1.2.3　数据价值的历史演变

在数字经济的发展历程中，数据起到核心作用，人们对数据价值的认识也由浅入深、由简单趋向复杂。总体来看，数据价值的发展主要分为三个阶段：第一阶段是数据资源阶段，数据是记录、反映现实世界的一种资源；第二阶段是数据资产阶段，数据不仅是一种资源，还是一种资产，是个人或企业资产的重要组成部分，是创造财富的基础；第三阶段是数据资本阶段，数据的资源和资产的特性得到进一步发挥，与价值进行结合，通过交易等各种流动方式，最终变为资本。

1. 数据资源

与传统的农业经济和工业经济不同，数字经济得以发展的基础是信息技术和海量数据。随着信息技术与经济社会的交汇融合，数据成为国家的基础性战略资源，成为驱动经济社会发展的新兴生产要素，与劳动、土地、资本等其他生产要素一同为经济社会的发展创造价值。

但是，数据与这些传统生产要素不同，它具有可再生、无污染、无限性的特征。可再生指数据资源不是从大自然中获得的，而是人类自己生产出来的，经过加工处理后的数据还可以成为新的数据资源；无污染指数据在获得与使用的过程中不会污染环境；无限性指数据在使用过程中不会变少，而是越变越多。因此，传统资源越用越少，数据资源却越用越多。

在物理空间中，数据是对现实世界里客观事物和客观事件的记录和反映。在较早时期，数据就以间接、隐性的方式作用于人类的生产和经济活动。例如，我国的二十四节气就是一种"数据"。进入信息社会，数据成为新型生产要素，对生产、流通、分配、消费活动和经济运行机制、社会生活方式、国家治理模式等产生重要影响。数字经济时代，数据作为一种生产要素介入经济体系，并以可复制、可共享、无限增长、无限供给的边际成本几乎为零的特点，成为连接创新、激活资金、培育人才、推动产业升级和促进经济增长的关键生产要素。

数据成为资源，也是发现和利用数据价值的一个过程，这一点与传统资源石油比较相似。首先，要发现各种有用数据的来源，如同勘探油矿；其次，要采集满足特定需求的数据，如同采油；再次，要把采集到的数据按应用需求进行标准化、结构化处理，如同炼油；最后，将加工处理后形成的数据与实际应用相结合，最大限度地发挥数据的作用。因此，在这个阶段，数据作为一种具有使用价值的资源帮助管理者进行决策，从而实现其经济效益，同时，数据作为一种新的生产要素，和土地、劳动力、资本等其他要素相互配合、相互融合，成为社会经济发展中不可或缺的基础性战略资源。

2. 数据资产

随着数字经济的发展，人们发现，数据不仅仅是资源，它还具备资产的特质。所谓资产，指由企业过去经营交易或由各个事项形成的、被企业拥有或控制的、预期会给企业带来经济效益的资源。从资产的界定来看，资产具有现实性、可控性和经济性三个基本特征。现实性指资产必须是现实已经存在的，还未发生的事物不能称为资产；可控性指对企业的资产要有所有权或控制权；经济性指资产预期能给企业带来经济效益。结合资产的特征，数据资产指企业在生产经营管理活动中形成的、可拥有或可控制其产生及应用全过程的、可量化的、预期能给企业带来经济效益的数据。实现数据可控制、可量化与可变现属性，体现数据价值的过程，就是数据资产化过程。当前，数据已经渗入各行各业，逐步成为企业不可或缺的战略资产，企业所掌握的数据规模、数据的鲜活程度，以及挖掘、采集、分析、处理数据的能力决定了企业的核心竞争力。

3．数据资本

2016 年 3 月，麻省理工科技评论与甲骨文公司联合发布了名为《数据资本的兴起》的研究报告。报告指出，数据已经成为一种资本，和金融资本一样，能够产生新的产品和服务。但是，与实物资本不同，数据资本具有自身的特性。例如，前面提到的非竞争性，即实物资本不能多人同时使用，但是数据资本由于数据的易复制特点，其使用方可以无限多；不可替换性，即实物资本是可以替换的，人们可以用一桶石油替换另一桶石油，而数据则不行，因为不同的数据包含不同的信息，其所包含的价值也是不同的。数据资本化的过程，就是将数据资产的价值和使用价值折算成股份或出资比例，通过数据交易和数据流动变为资本的过程。换句话说，数据作为资本的价值要在数据交易和数据流动时才能充分体现。这也引发了当前业界的一大难题，即数据产权问题。只有确定了数据产权问题，数据交易才具备开展的前提基础。

总体而言，数据价值化指以数据资源化为起点，经历数据资产化、数据资本化阶段，实现数据价值化的经济过程。数据价值化重构生产要素体系，是数字经济发展的基础。数据作为数字经济全新的、关键的生产要素，贯穿数字经济发展的全部流程，与其他生产要素不断组合迭代，加速交叉融合，引发生产要素多领域、多维度、系统性、革命性群体突破。

1.3 数据要素

1.3.1 数据要素的概念

生产要素是经济学理论中的一个基本概念，它生动地概括了投入经济活动的各种资源。从经济理论的演变过程中，我们可以观察到生产要素经历了由二元论到五元论的不同发展阶段，这些变迁是随着经济发展和时代特征的变化而发生的。

从约一万年前的新石器时代开始，农业社会的经济生活主要集中在农作物的种植和土地的耕作上。在这样的背景下，劳动和土地成为生产中最基本且最重要的要素。因此，古典经济学家威廉·配第在 1662 年出版的《赋税论》中指出：“劳动是财富之父，土地是财富之母”。这句话深刻地揭示了在农业社会中劳动和土地的重要性：没有劳动者的辛勤付出，土地无法转化为生产力；而缺少了土地，劳动者也无法发挥其生产能力。这两者相互依存，共同构成了农业社会最基本的生产结构。

18 世纪中叶至 19 世纪初，工业革命的浪潮席卷而来，它不仅标志着农业社会向工商业社会的转变，也引发了人们对生产要素重要性的重新认识。在这一时期，劳动和土地仍然扮演着重要的角色，但一个新的要素逐渐显露出不可或缺的地位 ——“资本”。在工商业社会中，资本的作用变得尤为重要。这是因为，随着生产方式的变化，手工业逐渐被机械化生产所取代，而这需要大量的前期投资来购买设备、建设工厂、研发新技术及雇佣工人。没有充足的资本积累，工业化的进程将无法顺利推进。因此，传统的劳动和土地二元论逐步演变为包含资本的三元论。在这个新的理论框架中，资本成为推动经济发展的核心要素之一。资本不仅关系到生产的规模和效率，还影响着一个社会的创新和竞争力。

随着 20 世纪中叶以来科技的迅猛发展，一系列划时代的技术革新和经济理论的提出，使"技术"作为一个独立的生产要素逐渐受到认可。在信息技术、生物技术和其他高科技突飞猛进的推动下，技术变革成为驱动经济增长的重要力量。此时，人们开始意识到，除了劳动、土地和资本，技术同样是不可或缺的生产要素。在现代社会中，技术的作用变得愈加显著，它不仅提升了生产效率和产品质量，还催生了新的产业和商业模式。例如，互联网技术的发展极大地改变了人们的沟通方式、购物习惯和工作模式，同时也为经济活动创造了无限可能。没有持续的技术革新和应用，现代经济将无法维持活力和竞争力。因此，传统的劳动、土地和资本三元论进一步演变为包含技术的四元论。在这个更为全面的理论框架中，技术成为促进经济发展、提高生活水平的关键因素。技术不仅与生产的效率和质量直接相关，还深刻影响着社会的结构、就业形态和生活方式。

21 世纪初，随着信息技术、大数据、人工智能的发展，数据的重要性凸显，与数据相关的新业态、新模式迅速崛起，它们为传统经济注入新动能的同时，也加速推动国民经济越来越"数字化"，"数据"成为日益重要的生产要素。数据不仅能够帮助企业更好地了解市场和消费者，还能够通过分析揭示商业趋势、优化产品设计和提高服务质量。此外，数据驱动的决策正在成为政策制定者、管理者和企业家的重要工具，在信息化和智能化的大潮中，能够有效利用数据资源的个人和组织，将能够在未来的竞争中占据有利地位，创造出更大的经济价值和社会价值。因此，"数据"与"劳动""土地""资本""技术"共同组成了当前生产要素的五元论。

在人类社会的不同发展阶段，生产要素的构成是不同的，从农业社会的"二要素"到现阶段的"五要素"，参与生产的要素越来越多，说明生产的复杂程度不断增加。依靠传统生产要素投入规模的扩大来拉动经济增长的潜力越来越小，尤其是劳动和资本等具有边际产出和规模报酬递减特征的传统生产要素。内生的技术进步、投入要素质量的提升，以及具有边际产出和规模报酬递增特征的新数据要素，将成为数字经济时代推动经济增长的关键动力与核心力量。同时，要素的表现形态也不断变化，如劳动这个要素，早期更多的是简单劳动，但随着教育的普及，复杂劳动占比越来越高。传统要素与数据要素相互依存、相互促进，共同推动着经济的持续创新和社会的全面进步。

1.3.2　数据要素的流通

时至今日，数据作为数字经济时代核心的生产要素，在社会生产、生活中的巨大价值已经不言而喻。数据要素价值的充分发挥在于它的有效流通和共享，也已经成为人们的共识性认识。数据价值的发挥依赖多元数据的融合、分析与应用，只有数据流通起来、使用起来，才能产生价值、发挥作用。当前按照数据与资金在主体间流向的不同，可分为数据开放、数据共享、数据交易三种流通模式。数据要素流通的三种模式如图 1-2 所示。

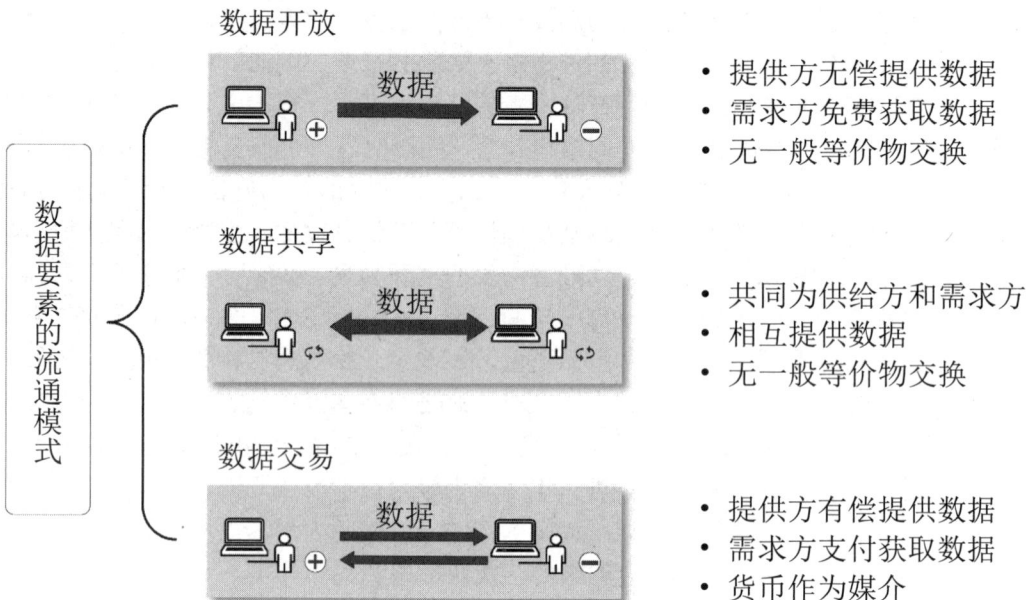

图1-2　数据要素流通的三种模式

1．数据开放

数据开放指提供方无偿提供数据，需求方免费获取数据，没有货币媒介参与的数据单向流通模式。数据提供方由于无法通过开放直接获得收益，所以开放的对象往往是公共数据。公共数据指国家机关和法律、行政法规授权的具有管理公共事务职能的组织在履行公共管理职责或提供公共服务过程中收集、产生的各类数据，以及其他组织在提供公共服务中收集、产生的涉及公共利益的各类数据。一般而言，公共数据被认为归国家或全民所有，管理、开放等职责由政府或其他公共机构代为行使。公共数据由于具有公共性，除个人敏感信息、企业商业秘密、国家秘密外，所以向社会开放可以使其拥有的高价值回馈社会。

我国的公共数据开放现状距离国际先进水平还存在一定差距。发达国家的公共数据开放起步较早，美国、德国等国家均已建立起全国性的政府数据开放平台。例如，早在2009年上线的美国网站，发布了农业、商业、气候、教育、能源等多领域的高质量公共数据，至今仍在不断更新。为保证公共数据开放质量，网站还开发了开放数据仪表盘，设计了数据质量自动评分与人工评分机制。政府、企业、公众均可查看开放政策数据进展、数据质量评分等内容，公共数据需求方可获得良好的服务体验。

2．数据共享

数据共享指互为供需双方，相互提供数据，没有货币媒介参与的数据双向流通模式。根据共享主体的不同，数据共享可分为政府之间共享、政企之间共享、企业之间共享等形式。企业之间数据共享以供需合作需求为牵引，同一生态内企业、产业链上下游企业之间通过点对点协商，约定相互提供数据的方式。然而，企业内部协商的模式导致数据共享情况整体处于黑箱状态，具体共享方式、开发利用方式相对不透明，公开资料较少。

在数据共享的过程中，不同主体之间建立合作关系，通过技术平台或点对点协商，约定数据的交换方式和使用规则。例如，医疗机构之间可能会共享患者病历数据，以便进行医学研究和提高诊疗质量；公安部交通管理局可能会与公共交通企业共享交通流量和运营数据，以优化城市交通管理和提高公交服务效率。数据共享尽管对推动社会经济发展、促进科技进步有着重要价值，但共享过程中也需考虑数据的安全性和隐私性。共享的数据应进行去标识化处理，确保个人隐私不被泄露，同时应有明确的数据使用协议，规定数据的用途、范围及期限，防止数据滥用。

3．数据交易

数据交易指提供方有偿提供数据，需求方支付获取费用，主要以货币作为交换媒介的数据单向流通模式。数据交易可对接市场多样化需求，灵活满足供需各方利益诉求，激发市场参与主体积极性，促进数据资源高效流动与数据价值释放，对于加快培育数据要素市场具有重要意义。数据交易正在成为数据流通的主要模式。

传统的数据交易模式以点对点的方式进行。数据需求方和数据供给方可通过两两协商或平台对接的方式实现数据的采购与流转，具体的点对点交易形式多样。例如，从数据需求方角度看，银行信贷业务为应对风控需求，向征信机构、运营商、公共部门等机构采购用户身份信息、核验信息、信用评价信息等外部数据资源；从数据供给方角度看，一些企业对金融信息、企业信用、法院判决、报告论文、AI标注等数据进行汇聚、处理，供需求方购买对接。现阶段，点对点的数据交易规模已相当可观，如大型商业银行每年数据采购金额就超过百亿元人民币。许多供方企业在行业领域内已建立特色化数据产品与服务体系，形成了较稳定的供需关系。

1.3.3　数据要素的历史演变

数据要素时代，数据资源不再仅是生产过程中的副产品或辅助生产的工具，而是转变为生产的原材料及价值创造的重要来源。数据要素的高质量供给和开发利用是数据价值释放的源泉，只有大规模、高质量的数据投入生产，并在要素市场进行流通、使用、复用，才能实现从数据到数据要素的转变。

从数据要素的供给来看，当前在构建数据要素制度方面还存在一些不足。一是数据资源管理机制需要进一步加强。在机构设置上，截至2024年年底，数据开放授权运营过程中的职权、职责划分不够明确，这可能导致数据资源管理单位在权责分配和规则制定上存在模糊性。此外，数据分类分级授权使用规范及管理标准尚需进一步细化，以明确不同类别数据的具体管理办法。在精细化管理尚未到位的情况下，部分可开放利用的数据资源可能未能得到充分利用。二是数据产权制度不够完善。数据资源的归属和产权界定面临复杂性，涉及个人信息、知识产权、商业秘密等内容提供者的多方利益。在数据生产和流通过程中，需要多方数据处理者的共同参与，这增加了数据产权界定的难度。三是个人信息安全合规体系的建设尚不健全。个人信息数据指承载与已识别或可识别的自然人有关的各种信息，受到《中华人民共和国个人信息保护法》《数据安全法》等法律的规制，个人信息的处理需要满足较高的合规标准，以保护隐私和安全。

除此之外，数据要素在应用领域的开发利用也存在不能有效流通的现象，主要原因是担心合法性及技术支撑不足等。为了解决这些问题，在技术层面需要对数据的全生命周期进行管理，覆盖数据的采集、生产、存储、传输、使用、流通，以及删除。技术发展应涵盖以下两大类：第一类是数据合规审控技术。例如，数据合规技术、数据分类分级、数据匿名化、可信数据空间、安全传输方案等。这些技术的应用旨在确保数据资产和数据安全的有效管理，同时对数据资产的访问和传输进行适当的控制，以符合相关法规的要求。第二类是隐私增强技术。例如联邦学习、差分隐私、同态加密、安全多方计算、数据安全沙箱、可信执行环境、区块链智能合约等技术，旨在保障数据隐私的前提下支持数据的安全流通，确保在数据不出域的情况下实现数据的可用不可见，助力实现联合建模、联合分析和联合推理等应用场景。

总之，数据要素时代的到来标志数据从生产过程中的辅助工具转变为核心的原材料和价值创造的源泉。然而，要实现数据要素的高效供给和利用，需要在技术层面开发和应用数据合规审控技术和隐私增强技术，以确保数据的安全、合规流通，并在保护个人隐私的前提下促进数据要素的充分利用，推动经济和社会的创新发展。

1.4 数据价值链

1.4.1 数据价值链概述

价值链理论是分析价值创造活动和企业竞争优势来源的重要理论，该理论认为企业的任务是创造价值，价值和价值活动构成价值链的分析基础。价值链的概念由迈克尔·波特提出，他认为价值链是由设计、生产、销售等所有向用户交付产品或服务所需的一系列生产活动及相关辅助活动构成的体系。在价值链理论的基础上，学者又相继提出了商品链、全球商品链、知识价值链、虚拟价值链等相关概念。纵观价值链相关理论演变历程可以发现，知识、信息和数据等非实物性质的资源在价值创造中的作用逐步被认识和重视。

数据价值链的提出是以信息技术的进步和产业化为前提的。随着新一代信息技术的广泛应用及与其他产业的深度融合，企业的生产活动日益呈现数字化、网络化、智能化的新特征，数据无论是在数字经济本身的发展（"数字的产业化"）还是在既有产业的数字化转型（"产业的数字化"）过程中，其重要性都愈发突出，数据沿企业生产过程的流动及对价值创造的作用受到广泛关注。

经济学家将数据视为生产要素，他们从数据增值角度定义数据价值链，认为数据价值链是数据通过与经济活动各个环节嵌入和融合而产生价值的。数据在经济活动链条中可以是中间产品或最终产品。数据作为中间产品，在驱动企业或产业的内部决策、管理与协调、技术与管理创新等环节中，体现数据的增值作用，最终体现为竞争力的提升。数据作为最终产品，通过流转与信息技术融合，用为客户提供高质量的服务等方式提升数据价值，典型案例，如定制化的解决方案、智能化的产品体验，以及基于客户需求的创新性服务等。

综上所述，数据价值链是沿着企业生产链条数据流动与价值创造相伴而动的过程。随着生产过程从研发到生产、从销售到服务和使用的环环递进，数据不断流动，经济价值也被创造出来。沿着从研发设计到最终产品回收的整个生产过程，价值不断增值，同时，伴随着数据的流动，价值创造的每个环节都涉及数据的生产、传输、收集、储存、分析和利用。

1.4.2　数据价值链的特征

数据价值链强调链条上数据采集、处理、存储、分析和应用环节中基础价值的创造，以及流转过程中价值增值的实现。同时，数据价值链与其他产业链深度融合以产生更大价值或实现数据赋能。数据价值链与传统价值链同样关注沿着企业生产过程的价值创造，在数字经济时代，企业的价值创造与工业时代或商品时代不同，因此数据价值链与传统价值链呈现出一系列不同的特征。

第一，从关注的重点来看，传统价值链关注各种基本生产活动，这些生产活动以有形的形态存在，一环紧扣一环地向最终交付产品和服务、实现产品和服务的价值演进。数据价值链则强调数据沿着生产过程及各生产经营部门的流动，在各个生产环节通过与生产工具、生产要素相结合的方式创造出价值。

第二，从流动方向来看，传统价值链中的物质产品或服务沿着生产过程单向流动，有限的信息同样也沿着生产过程单向流动。在数据价值链中，数据呈现多向流动的特点，并形成流动的闭环。一是正向数据流动。它类似于传统价值链中，数据伴随着产品或服务从生产的上一个环节进入到下一个环节。例如，研发设计环节的数据会作为具体的生产参数分别进入零部件生产、局部装配、总装等生产环节。二是逆向数据流动。数据不像实体产品的传输需要耗费时间和金钱，可以快捷且以接近零成本地从生产的下游环节反向传输到生产的上游环节，由此形成数据流动的闭环，生产过程后续环节能够对前序环节产生影响。例如，当某件产品热销时，销售环节就会对供应链和生产环节发出指令，组织物流采购和生产排产。三是环节内数据流动。在同一生产环节内部，前一时段形成的数据可以成为下一时段生产活动的投入要素，形成数据在同一生产环节内部流动。四是外部数据的注入。企业生产过程之外的政府部门、中介组织、供应链伙伴乃至其他企业拥有的数据，都可能作为该企业的生产要素注入某一个生产环节，帮助企业创造更大的价值、获取更大的利润。五是内部数据的输出。企业生产经营活动中产生的数据可以作为其他企业的生产要素并创造价值。

第三，从资源配置范围来看，价值链理论侧重于企业内部资源的配置，而数据价值链突破了企业组织边界的限制，不仅供应商、用户的数据能够通过与企业内部数据的连接交互来创造价值，而且政府、互联网平台乃至其他企业的数据也能够与企业研发、生产、用户服务等生产活动产生关联，成为创造额外价值的投入要素。例如，电商平台聚集了海量的用户搜索、交易、评价数据，通过对这些数据的分析挖掘，可以发现消费热点、潜在趋势，这些数据如果和生产企业、网店对接，就可以为其开发新产品、采购畅销产品提供参考，从而增加销售收入和利润。

第四，从推动因素来看，传统价值链的价值创造主要依赖行业特定的知识和技术。例如，利用行业知识构造生产线、优化工艺参数。数据价值链通过行业特定技术与新一代信息技术（通用目的技术）的高度融合来创造价值，其中，信息技术起到为传统行业赋能，发挥行业特定技术价值创造的放大器、加速器的作用。传统价值链中也会产生大量的信息，但是由于信息技术发展水平低，对这些数据的采集、传输、处理的难度大、成本高，所以企业不得不进行权衡。在技术和成本的约束下，采用汇总或抽样的数据资料用于生产经营决策，大量的信息被放弃，数据的颗粒度大，大量的细节被丢失。新一代信息技术的

15

发展则为数据的采集、传输、存储、处理提供了连接、算法、算力等方面的支持，极大地提高了生产各环节数据生产、采集、传输、存储、处理、利用的能力和效率。例如，物联网、移动互联网将人、物、场景等连接起来，打破了连接的时间和空间限制，人、物、场景中产生的数据可以被网络实时采集和传输；数据中心、云计算中心等新型数字基础设施，降低了数据存储、分析的技术门槛和成本支出；大数据和人工智能技术则贯穿数据价值链的始终，实现对大数据的自动化、智能化的分析和处理。可以说，新一代信息技术和数字基础设施成为数据价值链运转和数据价值创造的基础。

1.4.3 数据价值链的生态治理

数据价值链的生态是与数据有关的组成部分相互作用、相互依赖和相互协作进而实现数据价值创造、传递和增值的动态系统。数据价值链的生态治理指对数据价值链生态做出的指导和控制。数据价值链的生态治理涵盖数据管理、数据安全监管和数据确权三个方面。

首先是数据管理。数据管理指组织、存储、处理、分析和维护数据的系列活动，确保数据在整个生命周期内能够满足相关利益主体的需求，并成为可信、可用和可理解的资源。在数据从生成到利用的链式过程中，不同专业背景的人对数据管理的理解存在差异，这种差异产生于数据收集和数据利用两种视角的数据管理方式。基于数据收集视角的数据管理关注数据在整个流程中能否被有效地结构化、理解和获取。基于数据利用视角的数据管理关注数据的可信度和可重用性。

其次是数据安全监管。数据安全监管是为管理和监督数据的处理和流动而采取的措施，这包含对个人隐私的保护和对数据跨境流动的监管。个人隐私的保护指防止个人隐私被非法收集、存储、使用、传输或公开而采取的措施。在全球范围内，个人隐私保护的监管立法模式可分为欧盟和美国两种模式，二者的区别主要体现在法律框架、基本原则和执行机构等多个方面。

最后是数据确权。数据确权指为保障数据所有权和数据价值合理分配而采取的系列措施，关键在于数据所有权的界定。在某些情况下，产生物联网数据的个体可能被认为拥有数据所有权，强调数据生成者对数据的掌控权；在其他情况下，数据所有权被视为属于收集和分析数据的一方，如设备制造商，强调数据采集和处理方的权利。数据所有权应该根据数据的不同类型和特征进行区分。针对非个人数据，数据所有权可视为财产权。数据所有者能够对数据进行排他性、可转让性和可处分性的支配，即可以自由地获取、使用、转让、删除和保护数据，而不受任何限制或干预；针对个人数据，数据所有权可视为控制权。数据主体能够对数据进行自主性、可撤销性和可反馈性的控制，即可以根据自己的意愿和利益决定数据的使用或处理的方式、范围和目的，以及随时撤回或修改自己的认同或偏好。

总体来说，数据管理直接关系到数据的可信度和有效性，为数据创造更高层次的价值提供必要支持；数据安全监管确保数据在从生成到利用的整个过程中合规和安全地流动，是数据持续创造价值的前提条件；数据确权确保数据的价值能够被公平地分配给相关利益主体，促进数据价值链生态的均衡发展。这三个方面的有机结合推动数据价值链在合规、安全和高效的生态中持续运转。

复习思考题

1. 传统经济与数字经济的区别与联系。
2. 解释数据在数字经济中作为关键生产要素的作用。
3. 生产要素的演变经历了哪些阶段？
4. 数据要素的三次价值释放过程对企业和社会有何意义？
5. 数据价值链与传统价值链的区别与联系。
6. 数据价值链的生态治理涉及哪些方面？为什么它们对数据价值链的持续运转至关重要？

案例：扬子国投数据资产入表

在数字经济时代，数据已成为企业最宝贵的资产之一。将数据资产纳入财务报表，不仅能够更准确地反映企业的经营状况，还能为企业带来新的增长点。2024年1月1日，中华人民共和国财政部正式施行《企业数据资源相关会计处理暂行规定》，标志数据资产入表的正式起航，也为企业资本运作提供新的资产标的。通过入表的形式对企业的数据资产进行确认，可以将相关建设的投资费用由损益类变成资产类，改善企业的盈利表现，更加准确地反映企业的真实盈利情况。

在此背景下，南京扬子国资投资集团（简称"扬子国投"）成为全球水务行业首单数据资产入表案例，也是江苏省首单数据资产入表的先行案例。扬子国投以集团下属南京江北新区公用控股集团有限公司子公司南京远古水业股份有限公司供水数据为基础，以南京数字金融产业研究院为技术依托，经过10余轮研讨和现场调研，严格规范完成数据资产认定、登记确权、合规评估、经济利益分析、成本归集与分摊等环节，于2024年1月24日将首批3 000户企业用水脱敏数据按照账面归集研发投入计入"无形资产—数据资产"科目，最终实现了数据资产入表。企业用水数据与经济运行密切相关，是经济运行的"晴雨表"之一。它们经过脱敏、清洗、建模分析，可用于经济运行情况分析校验，对于行业景气性研判分析乃至金融保障服务，起到积极支持作用。用水数据资产入表，对于传统供水企业来说，使数据资源这部分"看不见"的价值得以体现，鼓励企业积极践行"智改数转"要求。

扬子国投的案例标志中国在数据资产化方面的先行一步，展示了数据资源如何转化为企业财务报表中的资产，为企业提供了新的增长点和资本运作的可能性。同时，这一案例也体现了数据资产在经济分析和金融保障服务中的重要作用，推动了企业向数字化转型的进程。请思考和讨论以下问题。

17

1. 结合本章内容与案例，思考在构建数据价值链时，企业应关注哪些关键环节以确保数据要素的有效流通和利用？

2. 在数据资产入表过程中可能会存在哪些数据安全与隐私保护方面的问题？

3. 数据作为一种新的生产要素和资产，对传统经济下的资源管理和企业生产运营决策会产生哪些影响？

参考文献

[1] 薛新龙,陈润恺.构建数据要素供给制度充分释放数据要素价值[N].人民邮电报,2023-01-19(6).

[2] 李晓华,王怡帆.数据价值链与价值创造机制研究[J].经济纵横,2020(11):54-62.

[3] 李正辉,许燕婷,陆思婷.数据价值链研究进展[J].经济学动态,2024(2):128-144.

[4] 上海辞书出版社.辞海(第七版)[M].上海:上海辞书出版社,2020.

[5] 王建冬,童楠楠.数字经济背景下数据与其他生产要素的协同联动机制研究[J].电子政务,2020(3):22-31.

[6] 大数据技术标准推进委员会.数据资产管理实践白皮书(6.0版)[R].杭州:大数据技术标准推进委员会,2023:1-40.

[7] 中国信息通信研究院.全球数字经济白皮书(2023年)[R].北京:中国信息通信研究院,2024:1-57.

[8] 中国信息通信研究院.数据要素白皮书(2022年)[R].北京:中国信息通信研究院,2022:1-43.

[9] 中国信息通信研究院.中国数字经济发展研究报告(2023年)[R].北京:中国信息通信研究院,2023:1-69.

[10] 周开乐.数据资产管理[M].北京:清华大学出版社,2023.

第二章

数据安全与治理政策

在数字化时代，数据已成为一种至关重要的资产，对个人、企业乃至国家的价值都不容小觑。然而，这也带来了数据安全和治理方面的挑战，包括隐私泄露、数据滥用、网络攻击等风险。因此，制定和实施有效的数据安全与治理政策变得尤为关键。

本章将探讨数据安全的含义、数据分类分级的基本规则，并剖析当前数据安全所面临的各项挑战。同时，本章还涵盖了国内外在数据安全治理方面的立法实践。不同国家基于其独特的社会文化背景、经济发展需求及战略考虑，形成了各具特色的数据治理政策。此外，本章将介绍数据跨境流动治理的现状，探讨各国如何在推动数据自由流动与加强国家数据安全控制之间进行权衡。本章深入剖析这些问题，提供了一个较为全面的数据安全现状分析。本章主要学习目标如下。

- 理解数据安全的含义。
- 掌握数据分类分级的规则。
- 认识数据安全的威胁与挑战。
- 了解国际数据政策。
- 了解中国数据政策。
- 理解数据跨境流动的概念。

第二章内容组织架构如图 2-1 所示。

2.1 数据安全概述

大数据普遍存在较大的安全需求，由于价值密度高，所以往往成为众多黑客觊觎的目标。例如，2023 年 2 月，国内有大约 45 亿条快递物流行业数据遭泄露，这导致大量消费者个人信息和商业机密被泄露，严重威胁了个人隐私安全和企业信誉。为了更好地保护数据，我们有必要了解数据安全的概念与内涵。同时，在实践中，数据分类分级是确保数据安全的重要手段之一。通过将数据分类分级，可以有针对性地制定相应的安全措施，从而能够更好地认识到数据安全所面临的威胁与挑战。

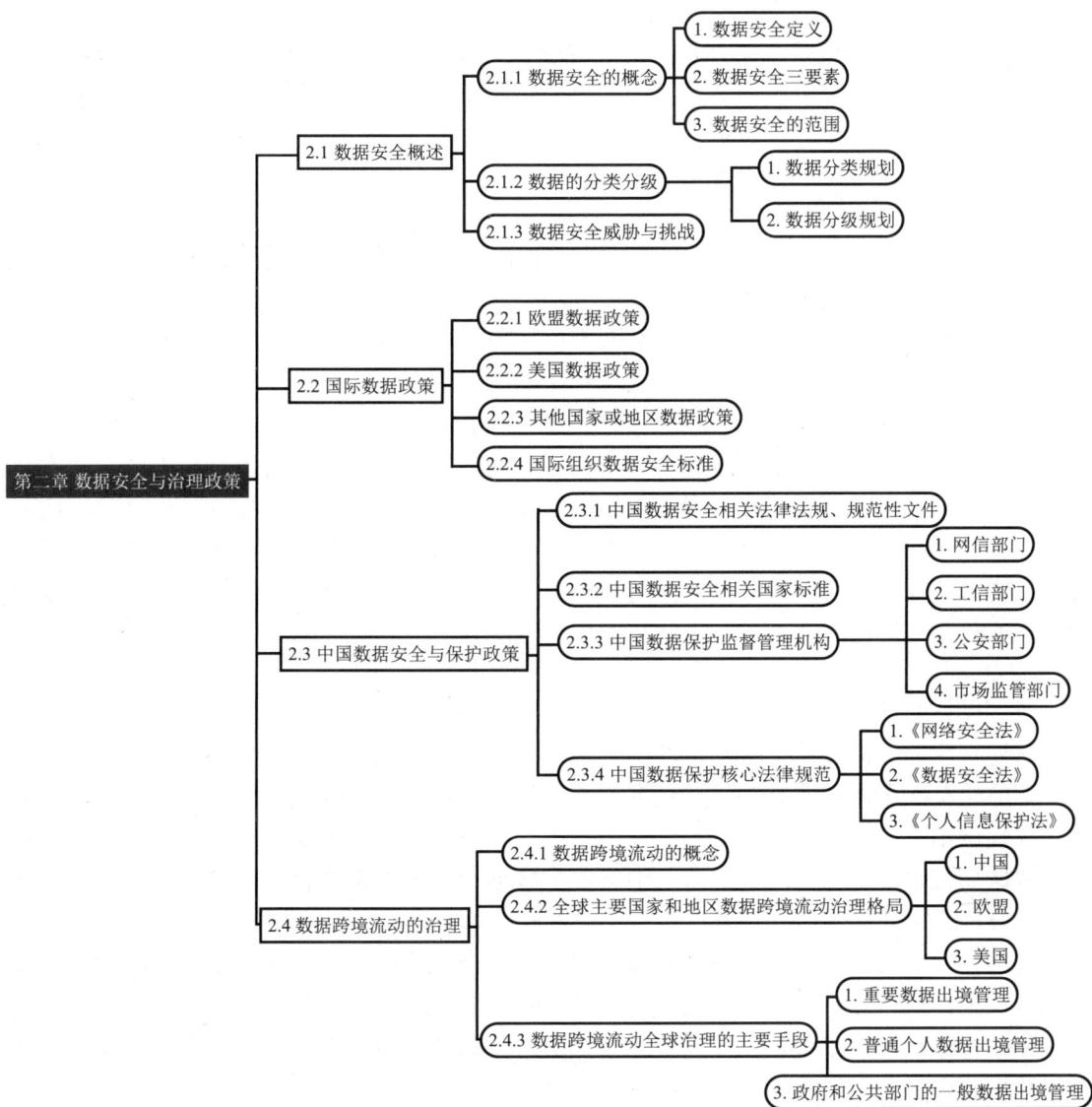

图2-1 第二章内容组织架构

2.1.1 数据安全的概念

1. 数据安全定义

从法律角度看，根据《数据安全法》，数据安全指通过采取必要措施，确保数据处于有效保护和合法利用的状态，以及具备保障持续安全状态的能力。

从技术角度看，根据国家标准《信息安全技术 数据安全能力成熟度模型》（GB/T 37988—2019），数据安全的定义是通过管理和技术措施，确保数据有效保护和合规使用的状态。

从实际操作的角度看，数据安全有两方面的含义：一是数据本身的安全，主要指采用现代密码算法对数据进行主动保护，如数据保密、数据完整性、双向强身份认证等；二是数据防护的安全，主要是采用现代信息存储手段对数据进行主动防护，如通过磁盘阵列、数据备份、异地容灾等手段保证数据的安全。这两方面共同构成了数据安全策略，确保了数据既能得到主动保护，也能防御外部威胁。

2．数据安全三要素

数据保密性（Confidentiality）。数据保密性指个人或组织的信息不被不应获得者获得，确保只有授权人员才能访问数据。

数据完整性（Integrity）。数据完整性指在传输、存储或使用数据的过程中，保障数据不被篡改或在被篡改后能够迅速被发现，从而确保信息可靠且准确。

数据可用性（Availability）。数据可用性指要确保数据不仅可以使用，而且可以轻松访问，以满足业务的实际需求。这个概念强调产品设计应当符合用户的使用习惯和需求。在实际应用中，高并发访问或分布式拒绝服务（DDoS）网络攻击可能导致网络资源过载，从而影响数据的可用性。一个具体案例是，2015 年，Ticketmaster 平台在阿黛尔演唱会门票开售时遭受 DDoS 网络攻击，大量虚假请求导致真实购票者无法访问网站，严重影响了用户的购票体验。这种情况凸显了在设计和维护网络服务时，确保数据可用性的重要性。

3．数据安全的范围

数据安全的范围涵盖了数据从产生到销毁的全生命周期，确保在数据的每一个处理阶段中都能防范安全威胁。这些阶段包括数据采集、数据传输、数据存储、数据处理、数据交换及数据销毁。

数据采集阶段，指组织内部系统中新产生数据及从外部系统收集数据的阶段。在数据采集阶段，需要确保数据的完整性、准确性和保密性。

数据传输阶段，指数据从一个实体传输到另一个实体的阶段。在数据传输阶段，需要确保传输主体及节点身份的真实性和传输通道的安全性。

数据存储阶段，指数据以任何数字格式进行存储的阶段。在数据存储阶段，需要确保存储数据的保密性、完整性，同时保证其可用、可控。

数据处理阶段，指组织在内部对数据进行计算、分析、可视化等操作的阶段。在数据处理阶段，需要确保数据在机构内部的合法合规操作和使用。

数据交换阶段，指组织与组织或个人进行数据交换（或交易）的阶段。在数据交换阶段，需要确保数据在不同主体间流转和使用过程的安全合规。

数据销毁阶段，指对数据及数据存储媒体通过相应的操作手段，使数据彻底删除且无法通过任何手段恢复的阶段。在数据销毁阶段，需要确保敏感数据销毁工作的科学性和规范性。

2.1.2　数据的分类分级

数据分类分级管理是数据安全与治理的基础工作，是实现数据共享和开放的重要前提。数据分类分级管理不仅能够帮助企业规范内部数据的使用和保护，提高数据安全性，同时在数据跨境流通中也起到至关重要的作用。依据数据分类分级管理规则，企业可以明确哪些数据能安全地传输，哪些数据由于涉及敏感信息或国家安全而需进行特殊处理或限制传输。这种分类分级有助于企业遵守数据保护法规，能有效避免潜在的法律风险和经济损失。此外，通过实施细致的数据分类分级，企业能够更加精准地评估数据的价值和风险，从而更高效地进行数据的存储、处理和使用，优化资源配置和业务决策。

目前国家标准《数据安全技术 数据分类分级规则》（GB/T 43697—2024）明确了我国数据分类分级的基本规则。具体而言，数据分类应根据业务特点和数据属性进行划分，如个人信息、商业秘密、国家秘密等；数据分级则应根据数据的敏感性、重要性和潜在风险进行划分，如一般数据、重要数据、核心数据等。

1．数据分类规则

数据应按照先行业领域，再业务属性的思路进行分类。

按照行业领域，可以将数据分为工业数据、电信数据、金融数据、能源数据、交通运输数据、自然资源数据、卫生健康数据、教育数据、科学数据等。在此基础上，各行业、各领域主管（监管）部门根据本行业领域的业务属性，对本行业领域的数据进行细化分类。

在众多细化分类方法中，最基础的方法是按照数据主体进行分类，即分为公共数据、组织数据、个人信息，如表2-1所示。除此之外，根据行业领域的不同，业务分类还可能根据责任部门、流程环节、数据用途、数据来源等业务属性进行。

表 2-1 基于数据主体的数据分类

数 据 分 类	类 别 定 义	示 例
公共数据	各级政务部门、具有公共管理和服务职能的组织及其技术支撑单位，在依法履行公共事务管理职责或提供公共服务过程中收集、产生的数据	政务数据，如在供水、供电、供气等公共服务运营过程中收集和产生的数据等
组织数据	组织在自身生产经营活动中收集、产生的不涉及个人信息和公共利益的数据	不涉及个人信息和公共利益的业务数据、经营管理数据、系统运维数据等
个人信息	以电子或其他方式记录的，与已识别或可识别的自然人有关的各种信息	个人身份信息、个人生物识别信息、个人财产信息、个人通信信息、个人位置信息、个人健康生理信息等

特别地，涉及法律法规有专门管理要求的数据类别（个人信息），应按照有关规定和标准进行识别和分类。企业收集个人信息时，要遵守收集的必要性原则，将个人信息分为"必要个人信息""非必要但有关联个人信息"两部分。其中，"必要个人信息"特指保障基本业务功能所必需的个人信息；"非必要但有关联个人信息"指基本业务功能可选收集的个人信息，以及扩展业务功能收集的个人信息，这些个人信息需要经过个人同意才能收集。特定业务场景下必要个人信息参考示例如表2-2所示。表2-2中分别展示了即时通信、手机银行和用车服务等属于不同行业的服务中涉及的必要个人信息。

表 2-2　特定业务场景下必要个人信息参考示例

服 务 类 型	必要个人信息	使 用 要 求
即时通信	注册用户移动电话号码	用于用户注册，满足对即时通信类 App 注册用户进行真实身份信息认证的要求
	账号信息（账号、即时通信联系人账号列表）	账号用于标识即时通信用户；即时通信联系人账号列表用于建立和管理用户在即时通信类 App 中联系人的关系，应允许用户在即时通信类 App 中自主添加好友，而不应强制申请读取用户的通讯录
手机银行	注册用户移动电话号码	用于用户注册，满足对手机银行类 App 注册用户进行真实身份信息认证的要求
	用户姓名、证件类型和号码、证件有效期限、证件影印件	用于对手机银行类 App 用户进行身份识别和认证，满足相关法律法规要求
	银行卡号码、银行预留移动电话号码	用于用户注册、添加银行卡或找回账号口令服务
	收款人姓名、银行卡号码、开户银行信息（仅对使用转账功能的用户收集）	用于境内转账、汇款服务
用车服务	注册用户移动电话号码	用于用户注册，满足对用车服务类 App 注册用户进行真实身份信息认证的要求
	证件类型和号码、驾驶证件信息（仅对使用共享汽车、租赁汽车服务的用户收集）	用于对共享汽车、租赁汽车用户身份及驾驶资格认证
	位置信息（仅对使用共享单车、分时租赁汽车服务的用户收集）	用于确定用户当前位置，显示用户所在位置周围的可用车辆、运营区范围或地理围栏规则
	支付时间、支付金额、支付渠道等支付信息	用于用户对用车服务订单进行付款

注：① 即时通信类 App 的基本业务功能为提供文字、图片、语音、视频等网络即时通信服务，如即时通信聊天服务。

② 手机银行类 App 的基本业务功能为通过手机等移动智能终端设备进行银行账户管理、信息查询、转账汇款等服务。

③ 用车服务类 App 的基本业务功能为共享单车、共享汽车、租赁汽车等服务。

2．数据分级规则

表 2-2 中提供的必要个人信息示例，详细展示了数据分类的实际应用，自然而然地凸显了数据需要被分级的特性。数据一般分为核心数据、重要数据和一般数据三个级别。根据数据在经济社会发展中的重要程度，以及一旦遭到泄露、篡改、损毁，或者被非法获取、非法使用、非法共享，对国家安全、经济运行、社会秩序、公共利益、组织权益、个人权益造成的危害程度，将数据从高到低进行分级。数据级别确定规则表如表 2-3 所示。

核心数据指对领域、群体、区域具有较高覆盖度或达到较高精度、较大规模、一定深度，一旦被非法使用或共享，可能直接影响政治安全的重要数据，主要包括关系国家安全重点领域的数据，关系国民经济命脉、重要民生、重大公共利益的数据，经国家有关部门评估确定的其他数据。

重要数据指特定领域、特定群体、特定区域或达到一定精度和规模的，一旦被泄露或篡改、损毁，可能直接危害国家安全、经济运行、社会稳定、公共健康和安全的数据，仅影响组织自身或公民个体的数据一般不作为重要数据。

除核心数据、重要数据以外的数据被归为一般数据。

表 2-3　数据级别确定规则表

影响程度	影响对象		
	特别严重危害	严重危害	一般危害
国家安全	核心数据	核心数据	重要数据
经济运行	核心数据	重要数据	一般数据
社会秩序	核心数据	重要数据	一般数据
公共利益	核心数据	重要数据	一般数据
组织权益、个人权益	一般数据	一般数据	一般数据

注：如果对大规模的个人或组织权益造成影响，影响对象可能不只包括个人或组织权益，也可能对国家安全、经济运行、社会秩序或公共利益造成影响。

2.1.3　数据安全威胁与挑战

当前数据安全面临的主要威胁与挑战大致可以划分为以下四大类。

第一，数据流动和管理难题。截至 2024 年年底，我国对于该问题的探索还处在初级阶段，在实践中如何有效维护数据，特别是如何平衡数据开放、共享与跨境流动之间的关系仍然面临诸多分歧与差异。例如，中国政府已经明确要求外国汽车制造商在境内建立数据中心，以存储所有在中国大陆市场销售车辆所产生的行驶数据。这一政策的出台，反映了中国政府对国内工业和消费者利益的保护意识增强。在本地存储数据，不仅可以更好地保护用户的隐私，还能促进数据的本地化利用。然而，这也给跨国公司带来了挑战，它们需要在遵守当地法律法规的同时，处理好全球数据管理与本地化需求之间的关系。

第二，数据垄断困境。互联网中绝大部分用户份额被一个或几个龙头企业控制。例如，微博、百度等企业，存储了海量用户社交与搜索数据。这种数据的不对等获取可能会造成企业间的合围效应，其中，大型企业因为拥有更多的数据资源而形成某种隐形的壁垒，限制新竞争者的进入，从长远看会影响行业整体的良性发展态势。同时，企业对数据的支配会造成与第三方数据发生交易，这种交易还可能促使数据被用于未经授权的目的，如针对性广告和行为预测，从而引发社会和法律上的争议。

第三，数据泄露危害。所谓数据泄露，主要指受保护的重要、敏感、核心的数据丢失、被盗或其他未经授权的访问或公开。近年来，数据泄露事件屡见不鲜，涉及政府数据、军工情报、工业制造、医疗信息、个人账号等诸多领域。例如，2023 年 12 月，意大利云服务提供商 Westpole 遭受 Lockbit3.0 勒索软件攻击，造成了多达 540 个城市的 1 300 多个公共管理部门服务瘫痪，一些城市被迫恢复人工操作以提供服务。

第四，数据造假隐患。近年来，数据篡改或造假问题日益引起广泛关注。一是影响行业发展。数据造假已成为社会多领域内的问题，包括环境监测、金融数据造假。在电商平台、视频网站，以及社交平台上的公开数据也有相关造假手段。卖家可能通过"刷单"公司来获取虚假的高评分和正面评论，从而提高在搜索结果中的排名。二是影响新技术与应用发展，主要体现在人工智能和机器学习的应用中。众所周知，无论是算法还是机器学习都需要基于海量数据，数据的真实性与有效性也尤为重要，如果基于被篡改的数据与作假的数据，则算法的有效性与学习效果不敢想象。三是滋生新的犯罪手段，包头市公安局电信网络犯罪侦查局侦破使用 AI 技术进行电信诈骗的案件。诈骗人员使用 AI 换脸和拟声技术，伪造了福州市某科技公司法人代表郭先生好友的外貌和声音，并直接用微信发起视频聊天。在外表和声音的双重验证下，郭先生 10 分钟内被骗 430 万元人民币。

2.2 国际数据政策

2.1 节介绍了数据安全的概念和分类分级，接下来将探讨国际上对数据安全的政策。在全球范围内，不同国家根据社会价值观、经济发展水平和国家安全需求，制定了一系列旨在保护数据安全的政策。本节主要介绍欧盟、美国等多个主要国家和地区的数据安全政策演变过程，并比较它们之间的异同。

2.2.1 欧盟数据政策

1981 年的欧洲理事会的《个人数据自动化处理中的个人保护公约》（ETS No.108）是欧盟第一个跨国数据保护法律框架。1995 年颁布的《数据保护指令》（DPD）进一步为当时的欧洲国家立法保护个人数据设立了最低标准，为后续的法规变革奠定了基础，是欧盟隐私和人权法的重要组成部分。

随着互联网行业的迅猛发展和用户数据的爆发式增长，2015 年 6 月，欧盟成员国的司法及内政事务部长会议达成一致，形成新的数据政策框架：① "同一个大陆，同一套法规"，即在欧盟范围内建立统一法规；② "强化被遗忘权"，即无必要法律依据时，用户可要求互联网企业从搜索结果中移除个人信息；③ "欧洲境内适用欧洲法律"，即设在欧盟外的企业在欧盟提供服务时须遵守欧盟法律。这也是《通用数据保护条例》（GDPR）的雏形。在该条例基本定型但尚未生效的这段时间里，有关企业已经付出了不小的合规成本。普华永道在 2017 年对 300 多名大企业负责人进行调查，绝大多数受访者称，他们的企业为达到法规要求，所花费金额已超过 100 万美元。

2018 年 5 月 25 日，欧盟正式实施 GDPR，这是具有里程碑意义的数据保护法规。其主要目标是赋予个人对其个人数据的控制权，并统一欧盟成员国有关数据保护的法律法规。GDPR 的核心原则包括数据的合法性、公平性、透明性、目的限制、最小化、准确性、存储限制、完整性和保密性及可问责性。这些原则要求企业在处理个人数据时必须遵循严格的标准，确保数据主体的权利得到尊重和保护。同时，GDPR 还赋予数据主体一系列权利，包括知情权、访问权、更正权、删除权（被遗忘权）、数据携带权、限制处理权、反对权和不受制于自动化决策的权利。这些权力的确立极大地增强了个人对自己数据的控制能力。为了确保 GDPR 的有效实施，欧盟设立了欧洲数据保护委员会（EDPB），负责发布指南并就 GDPR 相关事项提供建议。此外，各欧盟成员国均设立了本地数据保护机构（DPA），负责执行数据保护法规并处理相关投诉。

2022 年 5 月 16 日，为了缓解现有法律框架带来的诸多弊端，如数据流通受限、缺乏跨部门和跨国数据共享的统一规范，以及公众对数据使用透明度需求的增加，欧盟理事会批准了《数据治理法案》（DGA）。DGA 是欧洲数字经济战略的重要组成部分，内容涵盖受保护的公共数据的广泛再利用、数据中介的新商业模式、为共同利益的数据利他主义、非个人数据的跨境传输等多个方面。

欧盟最新提出《数据法案》（Data Act），其目的是"解锁"在互联设备、服务和云软件中产生但大多数未被使用或被少数大公司收集的数据。该法案旨在促进数据在不同服务之间的移动，并使用户能够访问这些数据，预计将于 2025 年 7 月底生效。《数据法案》将与已经生效的 DGA 一起，重点促进个人和企业自愿共享数据，并协同某些公共部门将数据为政府使用。据欧洲统计数据，80% 的工业数据从未被使用过。预计到 2028 年，《数据法案》将使更多休眠数据重新被使用，并有望创造 2 700 亿欧元的额外 GDP。

总体来看，欧盟的数据政策采取了主动防御型的数据安全和隐私保护机制，把数据安全和隐私保护作为数据战略的核心。欧盟还建立了一套严格的法律体系以保障数据安全和隐私，这不仅保护了个人信息，同时也为数字经济的发展创造了条件。为了平衡严格的数据保护规则和数据利用的需求，欧盟还推出了一系列政策，旨在促进非个人数据的开放使用，并为人工智能等新兴技术的应用提供指导和支持。特别是 GDPR 的出台，使欧盟对个人数据的保护及监管达到了前所未有的高度。GDPR 的保护范围虽然只限于在欧洲生活的民众，但由于互联网的全球性和开放性，所有向欧盟民众提供产品和服务或收集并分析欧盟民众相关数据的企业都在其管辖范围内，所以 GDPR 也通过各种机制对欧盟以外的国家产生了广泛的影响，成为许多国家数据保护法案的范本。

但欧盟的数据政策方针也带来了一些负面的影响，如极其严厉的两级处罚措施，违反 GDPR 的企业可能面临严重的财务惩罚，最高可被罚款 2 000 万欧元或其全球年度营业额的 4%（视两者中的较高值而定）。特别是中小型企业对数据的保护能力和抗风险能力本身就较弱，一旦遭遇此类事件将对企业造成很大的打击。根据网站 SuperOffice 的统计，截至 2021 年 5 月，超过四分之一的企业尚未根据 GDPR 进行整改，由此可见，部分企业并未意识到 GDPR 的重要性。严格的 GDPR 给新兴的物联网企业带来了繁重的负担，合规工作消耗了大量的资源，使企业的业务运营变得更加艰难。此外，企业必须进行合规性的审计，需要招聘更多专业的隐私保护方面的人才，因此，给企业带来了更多人力成本的负担。例如，金融服务行业由于高度依赖敏感数据处理，所以在合规性上的投资平均达到了总 IT 预算的 10%~15%。

2.2.2 美国数据政策

与欧盟不同，美国并没有一部全面的联邦数据保护法。美国的数据处理和隐私保护主要依赖于一系列分散的法律和规定，这些法律通常针对特定的行业或数据类型，采取多种行业自律形式来规划企业行为。

1974 年《隐私法案》（*Privacy Act*）通过，规范联邦政府机构如何处理个人信息，美国数据保护政策初步形成。此后，1998 年《儿童在线隐私保护法》（COPPA）通过，保护 13 岁以下儿童的个人信息安全。1999 年《金融服务现代化法案》（GLBA）实施，要求金融机构保护消费者个人财务信息。2003 年《健康保险流通与责任法案》（HIPAA）的隐私规则全面实施，保护个人健康信息的隐私和安全。

21 世纪 10 年代开始，美国逐步推动国内法律的国际化扩张和实施更严格的隐私法律。2018 年，美国颁布了《合法使用境外数据明确法》（CLOUD），规定了数据跨境调取的具体要求，为执法机构获取境外数据，以及外国政府获取美国境内数据提供依据。该法案打破了传统的数据存储地模式，将美国的数据执法权扩展至全球，并建立了以美国为中心的数据跨境获取体系，给其他国家的数据合规和执法权等造成了巨大影响。2024 年 3 月 13 日，美国众议院投票通过了一项针对国际版抖音 TikTok 的名为《保护美国人免受外国对手控制应用侵害法》（H.R.7521）的法案，旨在要求字节跳动剥离对 TikTok 的控制权。

尽管美国在联邦层面缺乏统一的数据保护法，但各州正在积极推动相关立法。《加利福尼亚消费者隐私法案》（*California Consumer Privacy Act*，CCPA）是美国各州中最全面的数据隐私立法之一。CCPA 赋予消费者了解企业收集、共享和出售其个人信息的权利，并允许消费者拒绝其信息被出售。此外，消费者还有权要求删除企业持有的个人信息。到 2023 年年底，有 12 个州颁布了自己的综合法律。

美国的数据安全政策的优点在于，首先，其通过强化个人隐私权保护和提高数据处理透明度，为消费者提供了更多的控制权。其次，美国企业的自由度相对较高，这促进了技术创新和商业模式的多样化发展。然而，这种政策也存在明显不足，最大的问题就是缺乏统一的联邦级数据保护标准，这导致各州之间在数据保护法律和实施方面存在不一致性，为跨州运营的企业带来了合规的复杂性和成本的增加。此外，美国的数据保护法往往更偏向于保护商业利益而非个人隐私，这在某种程度上限制了对个人数据的全面保护。

2.2.3 其他国家或地区数据政策

随着数字经济社会的兴起，个人数据隐私问题也越来越多，于是，越来越多的数据保护条例在世界各国涌现。截至 2024 年，共有 138 个国家发布了数据隐私立法，如巴西《巴西通用数据保护法》、韩国《个人信息保护法》、日本《个人信息保护法》、加拿大《个人信息保护和电子文件法》、南非《个人信息保护法》、印度《个人数据保护法》、新加坡《个人数据保护法》和中国《中华人民共和国个人信息保护法》等。各国数据保护政策对比如表 2-4 所示。

在全球范围内，各国数据隐私安全管理立法进程并不一致，有些国家数据安全管理刚刚起步，有些国家正加速立法促进数据安全管理，有些国家则已经拥有既定监管系统和制度，但基于数据安全的隐忧和数据经济发展的客观需要，数据安全、隐私保护已经日趋法治化、常态化、全球化。

表2-4　各国数据保护政策对比

各国法规	适用范围	数据主体权利	数据处理者责任
2000年加拿大《个人信息保护和电子文件法》	对所有私营部门组织的个人数据处理操作进行监管，包括数据跨境处理	访问权、知情权、更正权、撤销同意权、投诉权等	在个人数据处理前获得明确的同意；采取适当的安全措施保护个人数据；及时通知数据主体数据泄露事件；确保数据仅用于明示的合法目的
2013年南非《个人信息保护法》	对所有在境内的数据处理操作进行监管，包括公共和私营部门	访问权、知情权、更正权、删除权、拒绝权、数据可移植权等	需要在个人数据处理前获得明确的同意；实施适当的技术和组织措施保护个人数据；记录数据处理活动；在处理个人数据时进行通知；确保数据处理符合最小化原则，即仅收集和处理必要的数据
2018年巴西《巴西通用数据保护法》	任何境内的数据处理操作	访问权、删除权、知情权、拒绝权、可携带权、匿名权、拦截权、消除权等	记录数据处理活动；根据数据控制者的指示处理个人数据；从控制者处接收并支持实现数据主体对数据的更正、消除、匿名化的要求
2019年印度《个人数据保护法》	境内数据及境外处理境内数据方	确认和访问权、被遗忘权、数据可移植权、纠正权等	当重要数据受托人满足一定条件或情况时，需附加对应的责任和义务
2020年韩国《个人信息保护法》	境内和本国跨境公司处理的境内个人数据	访问权、更正权、暂停或删除权、拒绝权等	最小化原则；匿名化；建立内容管理个人数据的规制，包括保留访问日志；在处理个人数据时进行通知；个人信息和敏感个人信息分别获得同意
2020年日本《个人信息保护法》	境内处理个人数据的所有经营者	访问权、公开权、知情权、更正权、删除权、拒绝权、要求停止处理权	要求数据控制者对第三方进行管控和监督，包括执行数据控制者与服务提供商之间的协议；向服务提供商提供安全措施；围绕数据处理行为指示和调查服务提供商
2020年新加坡《个人数据保护法》	所有向境内民众提供商品和服务或收集并分析境内居民相关数据的组织	访问权、删除权、知情权、拒绝权、可携带权	任命数据保护官；实施技术安全措施；问责制
2021年中国《中华人民共和国个人信息保护法》	境内处理个人信息及境外为境内个人提供服务	知情权、决定权、查阅权、复制权、更正权、删除权及获得解释权等	管理制度和操作规程；分类分级管理；加密；去标识化等安全技术措施等

29

2.2.4　国际组织数据安全标准

1980年，经济合作与发展组织（简称"经合组织"，OECD）发布的《公平信息惯例原则》（FIPP）提出隐私保护的八项原则。该原则管理隐私保护和个人数据的跨境流动，被视为保护隐私和个人自由的最低标准。

1995年，这些原则的变体形式成为欧盟数据保护指令的基础，并演进为后续的欧盟《通用数据保护条例》（GDPR）。包括美国在内的经合组织成员国也通过共识和正式批准程序同意了《公平信息惯例原则》，并成为许多现代国际隐私协议和国家法律的基础。

《公平信息惯例原则》提出如下基本原则：① 收集限制原则；② 数据质量原则；③ 目的特定原则；④ 使用限制原则；⑤ 安全保障原则；⑥ 公开原则；⑦ 个人参与原则；⑧ 问责原则。

这些原则具有前瞻性，为经合组织成员国提供了一个共同的数据保护框架，并试图平衡个人隐私权与数据使用的经济效益。同时，这些原则通过增强数据处理的透明度并要求由数据处理者负责，促进了消费者信心的提升和监管的有效执行。

然而，经合组织的隐私保护原则也存在一些明显的不足。首先，这些原则虽然提供了一个高层次的框架，但在具体的实施细节和指导方面相对欠缺，这可能导致不同国家在应用过程中出现解释和执行不一致的现象；其次，随着信息技术的快速发展，尤其是在互联网和人工智能领域，现有的原则未能充分反映出新兴技术的隐私挑战；最后，经合组织的隐私保护原则是建议性质的标准，不具备强制性，导致成员国在实施时可能缺乏足够的动力，执行力度和广度可能不足。这些问题突显了在全球数据环境快速演变的今天，这些原则需要不断地更新和完善才能有效地保护个人隐私和数据安全。

2.3 中国数据安全与保护政策

2.3.1 中国数据安全相关法律法规、规范性文件

从国家层面来看，1983 年 12 月 8 日，"数据"二字首次出现在我国规范性法律文件《中华人民共和国统计法》中。在《中华人民共和国民法典》（简称《民法典》）和《中华人民共和国数据安全法》（简称《数据安全法》）等法律出台前，数据本身尚未获得独立的法律地位，更多是与特定产品（数据库）、特定形态（电子数据等）、特定类型（统计数据、检验数据等）相关联的。

2015 年 7 月 1 日起施行的《中华人民共和国国家安全法》（简称《国家安全法》），将数据安全纳入国家安全范畴，强调"重要领域信息系统及数据的安全可控"。《国家安全法》从国家安全层面凸显了数据安全的重要性，这也为数据安全相关法律的制定和出台奠定了基础，并成为后者重要的立法渊源及依据。

随着社会数字化程度加深，我国在促进数据经济发展、充分发挥数据价值，以及确保数据安全、强化数据管理方面加大力度，近年来，重磅数据立法频出。2017 年 6 月 1 日《中华人民共和国网络安全法》（简称《网络安全法》）正式施行，就网络运行安全和网络信息安全进行了全面且详细的规定，是在互联网背景下中国个人数据保护制度化的新起点。

2020 年，《民法典》正式颁布，构建了数字时代隐私和个人信息保护的民法基础，确立了数据的法律保护地位，从权力层面明确了数据在法律上的意义。

2021 年 9 月 1 日《数据安全法》正式出台，中国数据信息安全的基础性法律架构逐渐成熟。《数据安全法》是我国第一部有关数据安全的专门立法，是我国数据应用步入法治化轨道的重要标志。《数据安全法》明确了坚持维护数据安全与促进数据开发利用并重的立法与监管理念，担负着保障国家、企业和个人数据安全的任务，为未来数据商业创新保驾护航。《数据安全法》确立的主要安全制度包括数据分类分级保护制度、数据安全风险评估、报告、信息共享、监测预警机制、数据安全应急处置机制、数据安全审查制度等。

2021 年 11 月 1 日《中华人民共和国个人信息保护法》（简称《个人信息保护法》）正式实施，

确立了个人信息处理的合法正当原则、诚信原则、公开透明原则，围绕个人信息处理活动，对一般个人信息处理、敏感个人信息处理、国家机关的个人信息处理、个人信息跨境处理进行规定，赋予个人信息主体知情权、决定权、更正补充权、删除请求权等多项权利。

未来，我国对数据安全的管理将在《网络安全法》《数据安全法》《个人信息保护法》的联合作用下获得更为全面的保障。除数据管理法律体系的主体立法取得显著成果外，相关配套立法的制定、出台，确保了数据管理的落实：《网络安全审查办法》颁布，网络安全审查升级；《中华人民共和国密码法》配套法规修订、制定工作全面启动；《信息安全技术个人信息安全规范》完成修订；《个人信息安全影响评估指南》正式发布；围绕 App 专项治理工作制定的一系列标准、指南和规范纷纷落地。总体而言，我国数据管理立法体系正逐步完善，主体立法和配套立法同步进行。

从地方层面来看，我国各省市就数据管理纷纷出台相关条例和管理办法。截至 2024 年 4 月，名称中包含"数据"的地方性法规共计 33 件。其中贵州领跑全国，2016 年 3 月 1 日起施行的《贵州省大数据发展应用促进条例》是我国首部与大数据相关的地方立法。《贵州省大数据发展应用促进条例》对"大数据"的定义被众多后续大数据立法文件借鉴或采用。2018 年 10 月 1 日施行的《贵阳市大数据安全管理条例》是我国首部涉及数据安全管理的地方性法规，该条例对"大数据安全""数据"的定义和提法，不仅被后来其他省份或地区的大数据相关地方立法所借鉴，还对《数据安全法》相关概念的厘清发挥了作用。

除此以外，相关立法还包括《深圳经济特区数据条例》《上海市数据条例》《浙江省公共数据条例》《山东省大数据发展促进条例》《贵阳市健康医疗大数据应用发展条例》《黑龙江省促进大数据应用条例》《四川省数据条例》《广西壮族自治区大数据发展条例》《陕西省大数据条例》《太原市大数据发展促进条例》等，这些立法为政府开展数据管理，推动数据共享和数据开放，保障数据安全提供了一定的立法指引。

国内数据安全立法的关键时间点如图 2-2 所示。

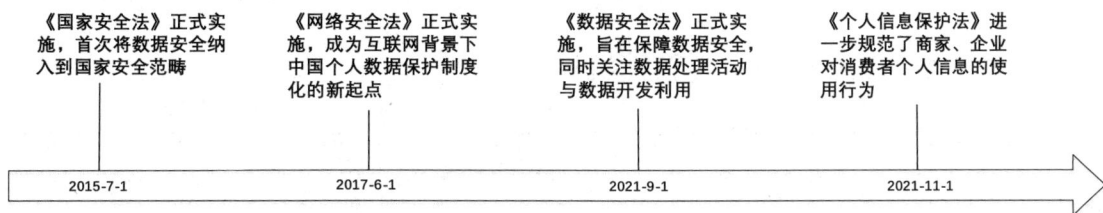

图2-2　国内数据安全立法的关键时间点

2.3.2　中国数据安全相关国家标准

为了确保数据安全在技术不断进步和信息化快速发展的环境下得到有效管理和保护，法律法规与国家标准扮演了关键而不同的角色。法律法规提供了数据安全的基础法律框架和行为准则，强调了法律责任和基本的合规要求，为违法行为设定了法律后果。然而，法律法规在细节上往往较为宽泛和不具有针对性，不能完全涵盖快速变化的技术细节和操作规范。

相比之下，国家标准则提供了具体的技术规范和管理指南，更具有操作性和针对性。国家标准通常由专业机构制定，涵盖了从技术安全、风险管理到个人信息保护的各个方面。国家标准不仅符合法律的基本要求，而且还引入了行业最佳实践和国际标准，确保技术解决方案的更新和迭代能够与国际接轨，提高国内外的认同度。与数据安全相关的国家标准主要有以下三个。

一是《信息安全技术 公共及商用服务信息系统个人信息保护指南》。2013 年 2 月，作为首个个人信息保护相关国家标准《信息安全技术 公共及商用服务信息系统个人信息保护指南》开始实施，该指南明确要求，处理个人信息时应有特定、明确和合理的目的，需获得个人信息主体知情同意，在达成个人信息使用目的之后删除个人信息。

二是《信息安全技术 个人信息安全规范》。2017 年 12 月 29 日，《信息安全技术 个人信息安全规范》国家标准正式发布，自 2018 年 5 月 1 日起实施，该规范是我国个人信息保护领域最重要、影响最广泛的国家标准。作为落实《网络安全法》的重要支撑文件，该规范对个人信息控制者在收集、保存、使用、共享、转让、公开披露等信息处理环节中的相关行为进行了规范，旨在遏制个人信息非法收集、滥用、泄露等乱象，最大限度地保障个人合法权益和社会公共利益。2020 年 10 月 1 日上线修订版，就用户画像、个人生物识别信息收集等新问题对规范内容进行调整，加强对 App 功能和权限的规范，优化第三方接入和监管，提升标准实施的指导性和适用性，支持行业和社会的信息保护水平，促进信息化产业的健康发展。

三是《数据安全技术 数据分类分级规则》。2024 年 3 月 21 日《数据安全技术 数据分类分级规则》正式发布，并于 2024 年 10 月 1 日起正式实施。该规则旨在提升数据处理的精确性与安全性。该规则制定了明确的数据分类分级体系，主要用于指导各类组织在收集、处理、存储及传输数据过程中进行有效的数据分类分级管理。通过对数据按照敏感性和重要性进行分类，该规则帮助实体建立一套科学的数据保护机制，确保关键信息得到特别保护，同时减少对非敏感信息的过度控制，优化资源分配。此标准对数据安全责任人的职责、数据处理的操作规范，以及安全监控的要求进行了详细规定，有效支持企业和组织遵循国家对数据安全的法规要求，推动数据安全管理体系的标准化进程。

2.3.3　中国数据保护监督管理机构

我国数据安全的治理涉及多个部门，包括网信部门、工信部门、公安部门及市场监管部门。这些部门各自承担不同的职责，并通过协调合作，形成一个全面覆盖、各司其职的数据安全管理体系。

1．网信部门

中央网络安全和信息化委员会办公室（简称"中央网信办"）负责国家网络安全保护和互联网信息管理的工作。中央网信办是中共中央直属的职能部门，通常负责指导、协调全国的网络安全和信息化政策及实施工作。

根据《党和国家机构改革方案》，国家数据局于 2023 年 10 月 25 日正式揭牌，负责协调推进数据基础制度建设，统筹数据资源整合共享和开发利用，统筹推进数字中国、数字经济、数字社会规划和建设等，由中华人民共和国国家发展和改革委员会管理。将中央网信办和中华人民共和国国家发展和改革委员会的部分职责划入国家数据局，由一个部门统一行使数据监管职能，以推动跨部门、跨层级、跨区域数据流通应用，深入推进数字政府和数据要素市场体系建设，建设全国统一、辐射全球的数据大市场。此外，我国各省市设立大数据局，主要承担研究出台大数据相关政策、推动数据资源共享开放等工作。目前我国有 25 个省级数据管理机构，31 个省会城市、副省级城市设有市级数据管理机构，地方探索为数据治理提供了经验。

2．工信部门

中华人民共和国工业和信息化部（简称"工信部"）是中华人民共和国国务院的组成部门之一，主要负责国家工业政策、发展规划的制定与执行，以及信息化建设和管理工作等。工信部也负责整个国家的通信业务管理，推动信息技术的应用和产业发展。

3．公安部门

互联网安全监督检查工作由县级以上地方人民政府公安机关网络安全保卫部门组织实施。2018 年 11 月 1 日起正式施行的《公安机关互联网安全监督检查规定》，为公安部门开展网络安全监督检查工作提供了执法依据。上级公安机关负责对下级公安机关的互联网安全监督检查工作进行指导和监督。其中，公安机关网络安全保卫部门的大致层级为：中央设公安部网络安全保卫局，省（自治区、直辖市）级设网络安全保卫总队，地市级设网络安全保卫大队，区县级设网络安全保卫大队，各派出所不设网安保卫部门。

4．市场监管部门

国家市场监督管理总局、各地市场监督管理局负责综合监管市场秩序，其主要职责包括反垄断和价格监管、质量监督、标准化、计量准确性、认证认可、商标专利、广告法律法规执行，以及打击非法经营和制售假冒伪劣商品等活动。

市场监督管理部门尽管并非传统意义上的信息安全保护部门，但其职责权限较为广泛，其中不少涉及网络安全、个人信息安全的群众投诉、举报的案件是由各地市场监督管理局受理并进一步调查处理的，其与群众联系密切，实践中在网络安全、个人信息保护等领域的地位和作用也越来越重要。

国家市场监督管理总局、中华人民共和国国家互联网信息办公室决定于 2022 年 6 月 5 日开始开展数据安全管理认证工作，鼓励网络运营者采用认证方式规范网络数据处理活动，加强网络数据安全保护。从事数据安全管理认证活动的认证机构应当依法设立，并按照《数据安全管理认证实施规则》开展认证工作。这是首次由两家国家权威机构来开展数据安全管理认证工作，体现了国家对数据安全的高度重视。

以药品网络销售为例，国家药品监督管理局负责主管全国药品网络销售的监督管理工作。省级药品监督管理部门负责本行政区域内药品网络销售的监督管理工作，负责监督管理药品网络交易第三方平台，以及药品上市许可持有人、药品批发企业通过网络销售药品的活动。设区的市级、县级承担药品监督管理职责的部门负责本行政区域内药品网络销售的监督管理工作，负责监督管理药品零售企业通过网络销售药品的活动。

2023 年 3 月，江西省南昌市市场监督管理局根据国家药品网络销售监测平台监测线索，对美团某入驻商家进行检查，发现该商家使用伪造的《药品经营许可证》通过网络销售布洛芬缓释胶囊等药品，违法所得 1.13 万元人民币，涉案货值金额 1.64 万元人民币。该商家上述行为违反了《中华人民共和国药品管理法》第五十一条第一款规定。2023 年 9

月，江西省南昌市市场监督管理局依据《中华人民共和国药品管理法》第一百一十五条和《江西省药品监督管理行政处罚裁量权适用规则》第十条第一款规定，对该商家处以没收违法所得 1.13 万元人民币、罚款 10 万元人民币的行政处罚。

2.3.4 中国数据保护核心法律规范

随着国家数字经济建设进程加快，我国已基本形成以《网络安全法》《数据安全法》《个人信息保护法》等法律为核心，以行政法规、部门规章为依托，以地方性法规、地方规章和国家标准为指南的网络和数据安全法规保障体系。

1. 《网络安全法》

从 2015 年 6 月 26 日十二届全国人民代表大会常务委员会第十五次会议对《网络安全法（草案）》首次进行审议，到 2016 年 11 月 7 日十二届全国人民代表大会常务委员会第二十四次会议通过，《网络安全法》于 2016 年 11 月 7 日正式公布，并于 2017 年 6 月 1 日起施行。

《网络安全法》的颁布标志着我国在网络安全法律体系建设中迈出了关键的一步，具有深远的战略意义。在信息化时代背景下，网络已成为社会运行和民众生活中不可或缺的一部分。然而，随之而来的网络安全威胁，如网络入侵、网络诈骗、个人信息泄露等情况也日益增多，对个人、企业乃至国家安全带来了严峻挑战。因此，迫切需要一部统一的网络安全法律来规范网络行为，保护网络参与者的合法权益，维护网络空间的秩序和安全。

《网络安全法》作为中国网络安全领域的基础性法律，核心内容涵盖了以下几个方面：其一，该法律明确了网络运营者在网络安全管理中的责任，要求他们采取必要措施以防范网络攻击和侵权行为。其二，该法律特别强调了对关键信息基础设施的保护，要求对可能影响国家安全的网络产品和服务进行安全审查。其三，该法律对个人信息的保护提出了严格要求，规定了收集、使用、存储和传输个人信息的规则，以保护个人隐私不受非法侵害。同时，该法律引入了网络安全等级保护制度，要求网络运营者根据信息系统的重要程度采取相应级别的安全保护措施。其四，该法律鼓励网络运营者之间及网络运营者与政府之间的信息共享，以提高对网络安全威胁的整体应对能力。该法律强调了网络安全教育和培训的重要性，以提升公众的网络安全意识和技能。其五，该法律建立了网络安全监测预警系统和应急处理机制，增强了对网络安全事件的快速响应能力。其六，该法律明确了违反网络安全法律规定的行为将面临的法律责任，包括行政责任和刑事责任。其七，该法律倡导在网络安全领域进行国际合作，共同防御跨境网络安全威胁，并确立了国家网信部门在网络安全监督管理中的职责。

2017 年 8 月，中国互联网监管机构——广东省互联网信息办公室（简称"广东网信办"）和北京市互联网信息办公室（简称"北京网信办"）分别对腾讯微信和新浪微博立案调查，依据《网络安全法》的相关规定作出了处罚决定。根据《网络安全法》第四十七条和第六十八条的规定，对于违反网络安全法律法规，不履行网络安全保护义务，或者非法获取、出售、提供、公开他人个人信息的网络运营者，监管部门有权对其进行处罚。在这两起案件中，腾讯微信和新浪微博因未能充分履行网络安全保护义务，导致用户信息安全受到威胁，被处以 100 万元人民币的最高罚款。这是《网络安全法》实施以来，监管机构在法律框架内进行的一次重要执法行动，体现了法律的威慑力和执行力。

《网络安全法》的制定和实施，为中国网络空间安全构建了坚实的法律基础，优势体现在多个关键领域。首先，《网络安全法》通过明确网络运营者、政府部门及个人的责任，为构建一个权责清晰、各司其职的网络安全管理体系奠定了基础。其次，《网络安全法》通过严格的个人信息保护规定，增强了公众对网络服务的信任，有效减少了个人信息被非法获取和滥用的风险。再次，《网络安全法》特别强调对关键信息基础设施的保护，为防止重大网络安全事件、保障国家安全和社会稳定提供了坚实的法律基础。《网络安全法》还推动了网络安全法治化进程，为网络安全管理提供了统一的法律规范，促进了法律体系的完善。最后，《网络安全法》鼓励国际网络安全领域的合作，这有助于中国在全球网络安全治理中发挥更大的作用。

然而，《网络安全法》在实施过程中也面临一些挑战。网络安全技术的快速变化和复杂性给法律的执行带来了挑战，这需要专业的技术支持和充足的资源投入。与此同时，作为网络安全领域整体性、综合性的法律，《网络安全法》对于个人信息保护仍然偏向于原则性的规定，在具体适用及配套机制的规定上尚不健全，可操作性上有所欠缺。此外，在全球化背景下，《网络安全法》需要与其他国家的法律进行协调，规避可能出现的国际法律冲突和摩擦。面对这些挑战，《网络安全法》需要不断进行调整和完善，以更有效地应对网络安全领域的新问题。

2. 《数据安全法》

《数据安全法》由中华人民共和国第十三届全国人民代表大会常务委员会第二十九次会议于 2021 年 6 月 10 日通过，自 2021 年 9 月 1 日起施行。

《数据安全法》作为我国数据安全领域的基础性法律，旨在确立国家数据安全工作的体制机制，构建协同治理体系，明确预防、控制和消除数据安全风险的制度和措施，从而提升国家数据安全保障能力。

《数据安全法》其核心内容涵盖了数据开发利用与产业发展、公共服务智能化、数据安全技术与标准、人才培养、数据分类分级保护、数据安全工作协调机制、风险评估与监测预警、应急处置与审查制度、数据交易与国际合作、数据处理活动的法律遵循、电子政务建设、数据保护义务、政务数据公开与开放、法律责任及国际合作等多个方面。《数据安全法》强调国家统筹数据资源的开发与利用，实施大数据战略，推进数据基础设施建设，同时鼓励提高数据提升公共服务的智能化水平。此外，《数据安全法》支持数据安全技术和标准体系的建设，促进数据安全检测评估服务的发展，并规范数据交易行为。在人才培养方面，国家鼓励教育和科研机构开展数据相关技术的教育和培训，以培养专业人才。《数据安全法》还要求对数据进行分类分级保护，并由国家数据安全工作协调机制统筹各部门制定重要数据目录，对关键数据实施严格管理。风险评估、监测预警和应急处置机制的建立，旨在加强数据安全风险的管理。电子政务的建设也被积极推进，以提升政务数据的科学性、准确性和时效性。国家机关在履行职责时需要依法收集和使用数据，并对个人隐私、商业秘密等信息保密。政务数据的公开与开放也应遵循公正、公平原则，建设统一规范、安全可控的平台，以推动数据的开放利用。违反《数据安全法》的行为将面临行政和刑事责任，《数据安全法》还提倡在数据安全领域进行国际合作，共同防御数据跨境安全威胁，并确立了国家数据安全监督管理中的职责。

例如，在《数据安全法》的框架下，自动驾驶领域的数据处理和保护成为法律关注的焦点。以特斯拉公司在中国的一起维权案件为例，张女士质疑特斯拉公司在刹车失灵事故中篡改了记录数据，而特斯拉公司事后提供的算法数据确实缺少了关键的电机扭矩、刹车踏板位移等信息。这一事件凸显了自动驾驶算法数据保全措施的不足，以及算法黑箱问题对数据透明度和公信力的影响。根据《数据安全法》的规定，数据处理应尊重社会公德和伦理，遵守商业道德和职业道德，自动驾驶企业在收集和处理个人行程数据时，不仅要合法、正当，还要采取有效措施防止数据遗失，并在必要时向官方鉴定机构公开运行算法数据，以增强数据的公信力和透明度。

《数据安全法》的优势显著。《数据安全法》为数据处理设定了明确的规范和标准，强化了数据安全和个人隐私的保护。此外，《数据安全法》还加大了对数据跨境流动的监管力度，为国际业务提供了法律依据和保障，有助于构建国际数据交流的信任和合作。《数据安全法》还鼓励数据安全技术和标准的研究与发展，推动了数据安全检测评估服务的专业化和市场化，为数据安全领域培养了大量专业人才，提升了整个社会的网络安全意识和防范能力。

然而，《数据安全法》在加强数据安全方面发挥了重要作用，但在实际操作中仍存在一些缺陷。例如，数据跨境流动的监管机制虽然确立，但在执行过程中可能会遇到国际法律差异和合作障碍，影响数据的自由流动和利用效率。数据安全技术和标准的发展需要与时俱进，但标准的更新和推广可能存在滞后性，难以迅速适应快速发展的技术和市场变化。此外，数据安全人才的培养和教育需要长期投入，短期内可能难以满足市场对专业人才的迫切需求。因此，需要不断完善法律体系，加强国际合作，推动技术创新，培养专业人才，以克服这些缺陷，充分发挥《数据安全法》的作用。

3. 《个人信息保护法》

《个人信息保护法》由中华人民共和国第十三届全国人民代表大会常务委员会第三十次会议于 2021 年 8 月 20 日通过，自 2021 年 11 月 1 日起施行。

《个人信息保护法》依据宪法制定，专注保护个人信息权益，规范个人信息处理活动，促进个人信息合理利用，为数字时代的个人信息保护提供了法律保障。在《民法典》和《数据安全法》等有关法律的基础上，《个人信息保护法》进一步细化、完善了个人信息保护应遵循的原则和个人信息处理规则，明确了个人信息处理活动中的权利义务边界，健全了个人信息保护工作体制机制。具体而言，《个人信息保护法》明确了个人信息的定义，确立了个人信息保护原则，如处理个人信息的告知同意原则等；规范了自动化决策过程，禁止"大数据杀熟"等数据误用、滥用行为；严格保护敏感个人信息，将生物识别、宗教信仰、特定身份、医疗健康、金融账户、行踪轨迹等信息列为敏感个人信息；专门规范国家机关处理个人信息的活动，不得超出履行法定职责所必需的范围和限度；赋予个人充分权利，明确了个人在个人信息处理活动中的知情权、决定权等；强化个人信息处理者的义务，明确个人信息处理者是个人信息保护的第一责任人，对其个人信息处理活动负责；明确大型互联网平台的特别义务，如成立主要由外部成员组成的独立监督机构、定期发布个人信息保护社会责任报告等；规范个人信息跨境流动，明确个人信息跨境传输要求；健全个人信息保护工作机制，明确由国家网信部门和国务院有关部门在各自职责范围内负责个人信息保护和监督管理工作。

例如，"AI 孙燕姿"走红全网，其翻唱的歌曲在某网站点击量破百万，一时间，几乎就没有"AI 孙燕姿"驾驭不了的曲风。考虑到未经授权使用歌手的声音，可能触犯《个人信息保护法》中关于敏感信息处理的规定。孙燕姿的声纹属于生物识别信息，按照法律规定，这类信息处理需要满足严格的条件。未经充分授权的 AI 声纹使用，不仅可能侵害孙燕姿的个人权利，还可能对公众造成误导。因此，尽管该项目设有免责声明，仍需谨慎处理此类敏感信息，以遵守法律并防止潜在的法律风险。

《个人信息保护法》的制定和实施，标志着中国在个人信息保护领域迈出了重要一步。通过明确个人信息的定义、处理规则、数据主体的权利及违规的法律后果，《个人信息保护法》旨在为个人信息提供全面的保护。它要求数据处理者在收集和使用个人信息时必须遵循合法、正当、必要的原则，明确告知信息主体数据收集的目的、方式和范围，并获得其同意。此外，《个人信息保护法》还规定了信息主体的访问权、更正权、删除权等，增强了个人对自己信息的控制权。

然而，《个人信息保护法》的实施也面临着一些问题。其中一个主要问题是隐私政策的实际效果。许多公司的隐私协议冗长且复杂，普通用户很难完全理解其内容，导致用户往往未经过仔细阅读就同意了协议条款，这可能并没有真正达到保护隐私的目的。例如，某些移动应用程序在用户注册时提供的隐私协议可能包含大量专业术语，使用户难以把握其实质内容，从而在不知情的情况下放弃了自己的部分隐私权利。

2.4 数据跨境流动的治理

通过前文的讨论，我们不难发现，数据跨境流动已经成为一个全球性的数据安全议题，在国内外数据政策中被反复提及，受到国际社会和各国政策制定者的广泛关注。随着全球化的不断推进和数字经济的蓬勃发展，数据跨越国界流动的规模和速度日益增长，这不仅带来了巨大的经济机遇，也引发了一系列复杂的安全挑战。

2.4.1 数据跨境流动的概念

早期针对数据跨境流动的研究仅仅针对个人数据，1980 年经济合作与发展组织发布的《隐私保护与个人数据跨境流通指引》首次提出了数据跨境流动的概念，主要指个人数据跨越国界流动；而欧盟的《欧盟数据保护指令》使用的概念则是"个人数据被传输至第三国"。

随着数字经济和新型数字技术的不断发展，越来越多的数据类型参与跨境流动的大潮。目前，国际上对数据跨境流动的内涵与外延界定主要包括两类：一类是数据跨越国界的传输、处理与存储；另一类是尽管数据尚未跨越国界，但能够被第三国主体进行处理。

数据跨境流动在经济发展、创新、全球化等方面都具有重要的价值。

一是促进经济发展。数据跨境流动可以破除国境带来的壁垒，海量的数据作为新型生产资料在国际社会进行流动的同时，也创造了大量机会，使各国企业能以较低的成本对世界各地的产能进行更加合理、高效的利用。全球数据流动对经济增长有明显的拉动效应。据麦肯锡咨询公司预测，数据流动量每增加 10%，将带动 GDP 增长 0.2%。预计到 2025 年，全球数据流动对经济增长的贡献将达到 11 万亿美元。根据经济合作与发展组织计算，数据跨境流动对各行业利润增长的平均促进率在 10%，在数字平台、金融业等行业中可达到 32%。

二是推动创新。数据跨境流动不仅促进了信息碰撞、文化交流和技术传播，还对国家和企业的创新能力起到了关键推动作用。市场研究公司 Frost & Sullivan 的分析显示，未来数据将是创新和变革的核心支柱，超过 90% 的重大创新和变革性发展将源自数据流动和信息交流。

三是助力全球化。数据跨境流动能够帮助跨国企业寻找最理想的投资目的地，助力资本跨境流动，为推动打破贸易壁垒，实现经济全球化作出重要贡献。同时，全球化浪潮和互联网的开放特征与企业的全球扩张和经营需求完美吻合。数据被视为当代企业运营发展的"血液"，数据跨境流动必然促进企业走出国境，拓展面向全球市场的商业版图。以跨境电商为例，TikTok、Temu 等电商巨头以互联网为载体，收集、处理、储存并跨境传输商业数据，将电商业务的触角延伸至全球各个角落。

数据跨境流动在给世界发展带来诸多好处的同时，也隐藏着一定程度的风险，如个人生物识别信息、日常行程轨迹、账号密码等个人数据被恶意利用或出售，将对个人隐私和财产安全构成巨大威胁；企业运营数据、核心平台代码等商业数据若发生泄露或被不法分子窃取，也将导致企业的商业机密和知识产权面临严峻挑战。

2.4.2　全球主要国家和地区数据跨境流动治理格局

数据跨境流动会影响国家安全、经济安全、公民个人数据隐私保护、国家数据战略、国家税收等经济社会发展的多个方面，各个国家和地区根据数字经济发展水平、发展理念、利益诉求等方面的诸多差异，在数据跨境流动治理中存在各自的特点与彼此间的差异。随着数据跨境流动治理机制的增多，诸边协定相互交织，区域性合作特点显著，且呈现出欧盟路径向非洲地区渗透、美国路径向亚太地区渗透的特征，数据跨境流动治理的诸边协定格局如图 2-3 所示。

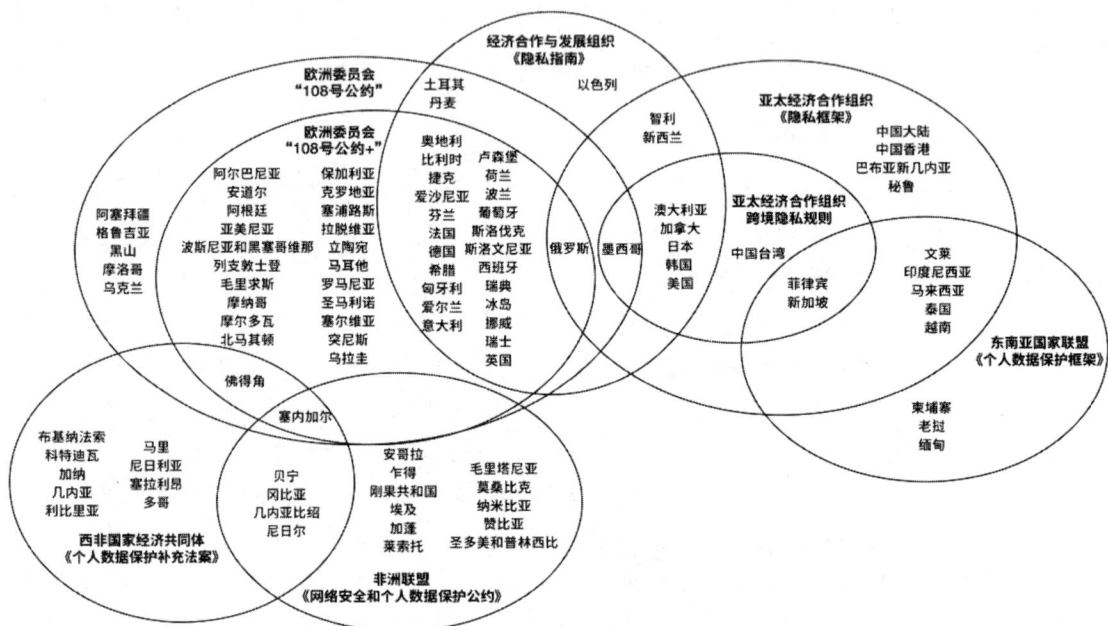

图 2-3　数据跨境流动治理的诸边协定格局

（图源：陈颖，薛澜 . 全球跨境数据流动治理的演进与趋势 [J]. 国际经济合作 ,2024,40(2):55-66+93.）

1．中国

目前，我国关于数据跨境流动的规定主要集中在《网络安全法》《数据安全法》《个人信息保护法》三部法律中，我国的数据跨境流动治理模式可总结为以数据本地化为主、出境安全评估为辅，以数据自由流动为原则的治理模式。

我国采取的主要措施就是对数据进行分类分级管理，对重要数据的出境进行安全评估。这样的举措得益于近两年数据分类分级体系逐渐完善，以及数据跨境流动管理相关政策的出台。中华人民共和国国家互联网信息办公室于 2022 年 5 月 19 日通过《数据出境安全评估办法》，自 2022 年 9 月 1 日起施行；2023 年 9 月就《规范和促进数据跨境流动规定（征求意见稿）》公开征求意见，适当放宽数据跨境流动的条件，给予自贸区一定程度的自主权。2023 年 11 月，国务院印发《全面对接国际高标准经贸规则推进中国（上海）自由贸易试验区高水平制度型开放总体方案》，旨在推进数据跨境流动治理创新。中国积极参与全球数据治理合作，提出《全球数据安全倡议》，同时积极申请加入《数字经济伙伴关系协定》（DEPA）和《全面与进步跨太平洋伙伴关系协定》（CPTPP），对接全球高标准数字贸易协定。

2．欧盟

欧洲是全球数据跨境流动治理的先驱，早在 20 世纪 70 年代，欧洲就诞生了历史上最早的数据跨境流动规制。这与欧洲的历史、经济、文化背景都是密不可分的。欧洲地区国家众多，经济发展水平普遍较高，对数据处理的需求量大，畅通的数据流动方式对欧盟数字经济发展十分重要。

同时，欧洲以保护个人隐私权利为传统价值，在数据立法中，始终将个人隐私数据保护置于基本人权层面。因此，欧洲需要破除数据跨境流动壁垒，提高区域内数据跨境流动的效率和自由度，同时平衡对个人隐私的保护。因此，数据跨境流动规制最早在欧洲应运而生。欧洲作为数据跨境流动治理的发源地，影响力遍及全球，欧盟更是数据跨境流动治理的先行者，其规制经验对全球范围内的规制框架影响十分深远。2018 年正式生效的欧盟《通用数据保护条例》（GDPR）为全球多个国家的数据跨境流动立法提供了范本，被视为目前全球数据跨境流动领域的最高规范。在数据跨境流动中，欧盟的 GDPR、约束性公司规则（BCR）和标准合同条款（SCCs）规定较为严格，尤其对发展中国家造成了威胁。欧盟虽然在保护个人隐私方面的立法中取得了较大进展，但也使数据的跨境流动变得更加困难。

3．美国

美国具有显著的数字竞争优势，为了获得商业利益，极力推动数字服务贸易发展，其在各类双边或多边协议中明确表明了立场。例如，美国与欧盟签署的《安全港协议》和《隐私盾协议》，两份合作协议均为美国大型互联网跨国企业占领欧洲市场份额提供了便利。美国与墨西哥、加拿大在新一轮谈判协定 USMCA 中添加了数字贸易章，要求各方能够针对"电子方式的跨境信息传输"实现"数据跨境自由流动"和"非强制数据本地化存储"。美国于 2018 年出台《澄清域外合法使用数据法案》（简称"CLOUD 法案"），试图利用 CLOUD 法案阻止其他国家实行数据本地化存储，以此获得更多的商业利益。

可以看出，美国虽然总体上主张数据自由跨境流动，但在其国内数据外流时却设置了诸多约束机制，表现出典型的双重标准。凭借其全球领先的互联网技术和数字经济实力，美国在全球范围内广泛推行数据自由流动观念，以促进数字经济的发展，获取数据流动红利。

2.4.3 数据跨境流动全球治理的主要手段

各国积极采取相应举措缓解主权国家对个人隐私及公共安全的担忧，实现数据跨境流动的全球治理，从而促进经贸交流。根据数据属性、利益影响的不同，各个国家对重要数据、政府公共部门一般数据和普通个人数据的跨境流动实施不同的管理方式。

1. 重要数据出境管理

越来越多的国家逐渐意识到重要数据在本地存储的重要性，并采用制定法律和加强机构审查的方式限制关键数据的跨境传输。不过，关于哪些数据属于"重要"数据，不同国家的定义各不相同。例如，中国通过《数据安全技术 数据分类分级规则》明确了核心数据和重要数据的定义，并颁布《促进和规范数据跨境流动规定》，对现有数据出境安全评估、个人信息出境标准合同、个人信息保护认证等数据出境制度的实施和衔接做出明确规定。美国尽管没有明确禁止数据的跨境流动，但其对外资的安全审查制度通常要求外国网络运营商和电信团队签订安全协议，确保所有通信基础设施位于美国境内，并且将通信、交易和用户数据仅存储在美国。在印度，根据电信许可协议的规定，各类电信公司（互联网服务提供商）被禁止将用户账户信息和个人信息转移到国外，违者可能会被吊销许可证。韩国的《信息通信网络促进与信息保护法》允许政府要求信息通信服务供应商或用户采取必要措施，以阻止工业、经济、科学、技术在内的关键数据通过网络流向国外。

2. 普通个人数据出境管理

一般而言，国际上普遍倡导普通个人数据的跨境自由流动，但需要满足各主体的管理要求。普通个人数据跨境流动作为个人信息保护的重要内容，部分国家会对此单独做出规定。例如，中国、欧盟、新加坡、澳大利亚、俄罗斯等国家或地区，亚太经合组织等国际机构均在相关的数据保护法律法规中对普通个人信息跨境流动做出明确规定，与普通个人信息境内流动进行区分管理。部分国家会使用普通个人数据向第三方转移的通用规则来规制数据跨境流动。例如，美国、日本、加拿大等国的立法中没有出境管理专用规则，采用个人数据向第三方转移的通用规则来管理。

普通个人数据跨境流动，大体上分为三类管理模式。其一，评估认证制。例如，欧盟和新加坡，它们通过政府机关或被政府机关认可的第三方机构对企业的数据处理活动进行评估，合格的企业可以在规定的框架和有效期内进行数据的跨境转移。其二，问责制。这一模式要求数据控制者对数据的安全管理负责，确保数据在跨境传输过程中的安全性。加拿大的法律就是一个例子，要求处理个人信息的机构即使将数据转移给第三方也必须保障其安全。其三，合同干预制，该模式通过政府制定的标准合同条款规范数据接收方的行为，欧盟通过这种方式提供了一套详细的合同条款，确保数据跨境流动的企业遵守数据保护原则。

3．政府和公共部门的一般数据出境管理

目前，部分国家针对政府和公共部门的一般数据实施有条件地限制跨境流动，如进行安全风险评估。《中华人民共和国政府信息公开条例》（2007年4月5日中华人民共和国国务院令第492号公布，2019年4月3日中华人民共和国国务院令第711号修订）规定了政府信息公开过程中的保密和安全要求。涉及国家秘密、商业秘密和个人隐私的信息不得公开。这些规定间接影响了数据跨境流动，即如果政府信息中包含上述敏感信息，则需严格控制其跨境流动，并采取必要的保密措施。例如，美国依据《联邦信息安全管理法》（FISMA）对相关数据进行出口许可管理。2018年因未能遵守FISMA的安全要求，美国海军陆战队的一个数据库被攻击，暴露了数万名现役和预备役军人的个人信息。这一事件引发了美国政府对数据安全管理的严格审查，相关负责人被问责。

值得注意的是，实际上政府数据中涉及国家秘密乃至安全的部分，在安全属性方面已经提出了更高级别的保密要求，理应禁止跨境流动。其中不涉及国家秘密的部分，如具备公开属性，则应纳入政府数据开放调整范围，也不牵涉数据跨境管理问题。总而言之，政府数据无论是否具有保密属性，都具有在本地存储的天然特点，绝大部分并不具备跨境流动的商业化需求。

复习思考题

1. 大数据生命周期包括哪几个阶段？

2. 数据分类分级工作应在数据生命周期的哪个阶段完成？

3. 数据跨境流动推动了中国经济的发展。在2009年至2018年的10年时间内，数据跨境流动对中国GDP增长的贡献度高达15%。但同时，数据跨境流动也会带来严重的数据安全问题。例如，深圳华大基因有限公司未经许可，将部分中国人类遗传数据从网上传递出境，给中国的国家安全造成隐患。为统筹经济发展与数据安全之间的关系，中国提出了一系列推动数据依法有序流动的举措，试举例说明。

4. 比较网信办、市场监督管理局两个管理机构在关于数据安全的法律依据、工作重点、执法范围等方面的异同，并结合具体场景讨论它们如何在数据安全治理的实际工作中相互补充与配合。

5. 将中国的《个人信息保护法》与欧盟的《通用数据保护条例》进行比较。探讨两者在保护消费者隐私、数据主体权利和合规责任方面的异同，并分析这些差异对跨国公司的用户数据管理策略可能产生的影响。

案例：上海自贸区放宽数据跨境传输限制

2024年2月起，上海开始准许自由贸易试验区内的外国企业向境外快速传输数据。3月22日，中华人民共和国国家互联网信息办公室公布《促进和规范数据

跨境流动规定》：国际贸易、跨境运输、学术合作、跨国生产制造和市场营销等活动中收集和生产的数据向境外提供，不包括个人信息或者重要数据的，免予申报数据出境安全评估、订立个人信息出境标准合同、通过个人信息保护认证。对现有数据出境安全评估、个人信息出境标准合同、个人信息保护认证等数据出境制度的实施和衔接做出进一步明确，适当放宽数据跨境流动条件，适度收窄数据出境安全评估范围，在保障国家数据安全的前提下，便于数据跨境流动，降低企业合规成本，充分释放数据要素价值，扩大高水平对外开放范围，为数字经济高质量发展提供法律保障。

这样的举措得益于近两年中国数据分类分级体系逐渐完善，极大地提升了数据跨境流动的管理效率和透明度。此前的定义相当模糊，而新规定中，对于哪些数据属于安全及其他政府认定的"重要数据"给出了明确的定义。这是一个巨大的进步，因为对外国企业来说，透明度的增加，让他们可以清楚哪些数据需要送交"数据安全检查"。

2024 年 5 月 17 日，上海自由贸易试验区临港新片区管委会发布了全国首批数据跨境场景化一般数据清单。清单涵盖智能网联汽车、公募基金、生物医药在内的 11 个场景，适合在上海自由贸易试验区和临港新片区范围内登记注册的且在临港新片区开展数据跨境流动相关活动的数据处理者。这为中国吸引和留住更多国际业务提供了强劲的推动力。请思考和讨论如下问题。

1. 假如你是一名开展数据跨境流动相关活动的数据处理者，现在要为一款公募基金的 App 设计一个用户数据分类分级方案，以便数据流动，说明大致设计思路。

2.《促进和规范数据跨境流动规定》政策的实施对中国的数字经济和国际贸易可能带来哪些积极影响？

3. 通过这个案例可以看出，我国对于数据跨境流动的态度与其他国家有何不同？试举出其他国家处理数据跨境流动问题的例子并作对比。

参考文献

[1]　陈颖,薛澜.全球跨境数据流动治理的演进与趋势[J].国际经济合作,2024,40(2):
55-66.

[2]　丁磊.生成式人工智能AIGC的逻辑与应用[M].北京:中信出版社,2023.

[3]　高富平.GDPR的制度缺陷及其对我国《个人信息保护法》实施的警示[J].法治研究,
2022(3):17-30.

[4]　全国网络安全标准化技术委员会.数据安全技术数据分类分级规则:GB/T 43697—
2024[S].北京:国家标准化管理委员会,2024.

[5]　李艳,章时雨,季媛媛,等.全球数据安全:认知、政策与实践[J].信息安全与通信保密,
2021(7):2-10.

[6]　刘新宇.数据保护:合规指引与规则解析[M].北京:中国法制出版社,2020.

[7]　孟洁,薛颖,朱玲凤.数据合规入门、实战与进阶[M].北京:机械工业出版社,2022.

[8]　王春晖.GDPR个人数据权与《网络安全法》个人信息权之比较[J].中国信息安全,
2018(7):41-44.

[9]　中国电子信息产业发展研究院.数据安全治理白皮书[R].北京:中国电子信息产业
发展研究院,2021.

第三章

数据产权

在数字化时代，数据已成为一种宝贵的资源，其价值甚至可与土地、资本和劳动力相提并论。数据产权，作为数字经济中的核心议题，不仅关系到数据的合理利用和保护，更涉及创新驱动和经济可持续发展的宏观战略。本章旨在探讨数据产权的内涵、特性、法律框架及现阶段的技术支持，同时，也将梳理当前面临的治理与监管问题。

首先，本章为读者提供数据产权的概述，探讨其定义、类型与历史演变。其次，本章将讨论国内外关于数据产权的法律与政策，以及中国目前相关的数据产权制度体系。再次，本章还将探讨数据产权的相关技术支持，便于读者进一步了解数据产权。最后，本章还将讨论数据产权的监管与保护措施。本章的学习目标旨在帮助读者全面理解数据产权的各个发展方向，通过对本章的学习，读者将获得一个全面、深入的数据产权视角。

通过对本章的学习，希望读者能够有如下收获。

- 了解数据产权的概述。
- 了解数据产权国内外的法律与政策。
- 熟悉数据产权的技术支持。
- 熟悉数据产权的监管机构。
- 了解数据产权主要的争议难点。

第三章内容组织架构如图 3-1 所示。

3.1 数据产权概述

步入数字经济的新时代，数据已不仅仅是信息的载体，更是一种至关重要的生产要素，与土地、劳动力、资本和技术并肩。正如土地需要明确的归属以保障农业发展，劳动力和资本需要合法的交易规则以促进工业发展，数据同样需要一套完善的产权制度以确保其在数字时代的有序流通和有效利用。

3.1.1 数据产权的定义

2020 年 7 月，大数据战略重点实验室全国科学技术名词审定委员会研究基地对首批108 条大数据新词进行了收集和审定，这些新词随后获得批准，向社会发布试用。这标志着数据产权作为一个新的法律概念，开始得到官方和学术界的认可。进一步地，2022 年12 月，中华人民共和国中央人民政府印发了《关于构建数据基础制度更好发挥数据要素作用的意见》，简称"数据二十条"，明确提出要探索建立数据产权制度，推动数据产权结构性分置和有序流通，这为数据要素市场的发展奠定了基础。

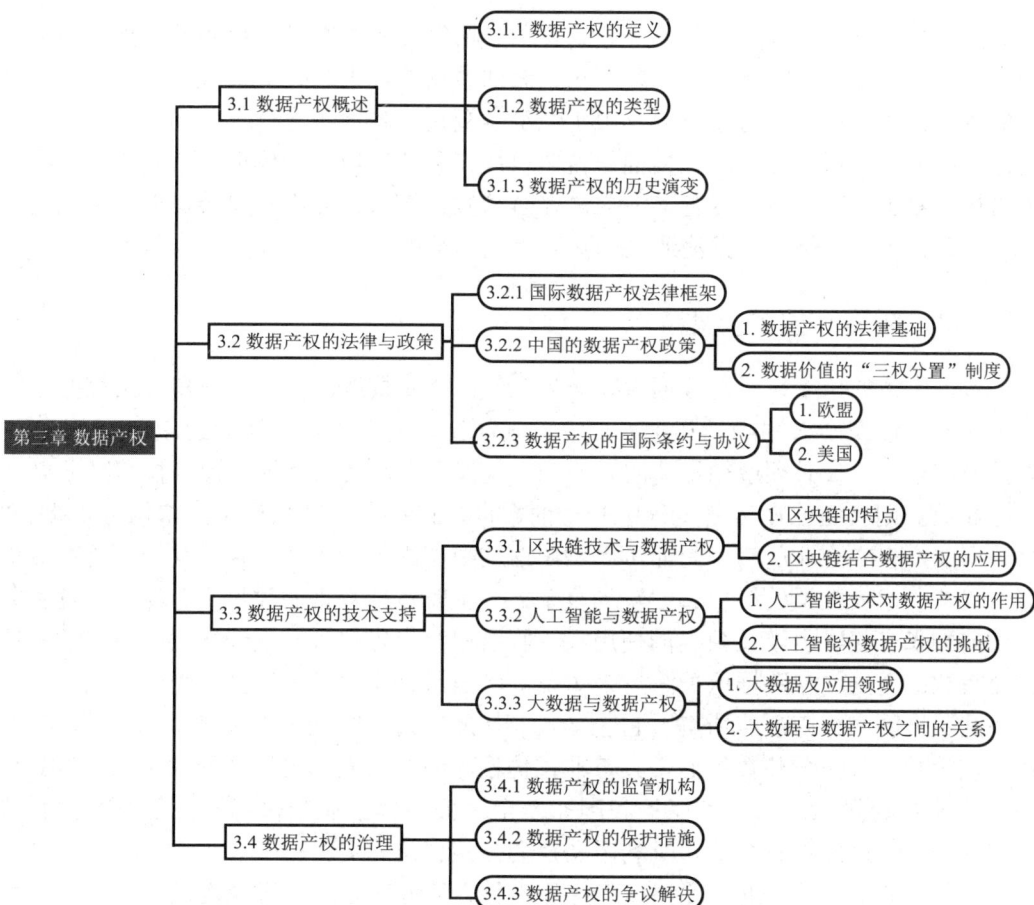

图3-1　第三章内容组织架构

数据产权的定义：设备的所有者或使用者对基于数据行为而产生的网络数据，享有使自己或他人在财产性利益上受益或受损的权利。这里的数据，不仅包括个人数据，也包括非个人数据，它们共同构成了数据产权制度体系的基础。值得注意的是，数据产权的利益主体并不局限于自然人，它还涵盖了法人、非法人组织、政府乃至国家。

当我们谈论数据产权时，我们实际上是在讨论一个涉及成本收益权衡的经济问题。正如美国经济学家哈罗德·德姆塞茨所言，产权的产生本质上是一个成本与收益的平衡过程。数据产权的确立，正是基于数据价值日益凸显并具有财产属性的现实，它已成为推动生产的关键要素。

在全球范围内，欧盟委员会在2017年发布的《打造欧洲数据经济》报告中，也明确了构建数字单一市场战略的三大目标，包括促进数据共享、保护投资和资产，以及确保数据价值链中各参与方的公平利益分配。这表明，不仅在中国，整个欧洲和美洲等地区也在积极探索新型数据产权的概念，以规范市场和交易行为。在数据要素分配过程中，"数据产权"的概念被反复提及，主要是当下对如何拥有数据要素及如何分配数据要素的权益尚无明确的规则。强化数据产权保护，能够更好地促进数据流通交易和数据产品应用，对解放和发展数据生产力，培育数据要素市场，实现以创新为主要引领和支撑的数字经济有重要意义。

数据产权的确立，本质上是在个人、企业、国家三者之间进行权利的分配。数据产权构成了数据法律体系中的基础性规则，对于激活数据要素市场、促进数字经济的发展具有深远的意义。数据确权的考量不应仅限于经济学视角，政治经济学视角同样重要。对于个人而言，在公法领域，个人对数据拥有自决权；在私法领域，则体现为个人信息的财产权与人格权。对于企业而言，尽管当前立法在企业数据权属方面尚不完善，但未来的制度建设必须在确认权利与促进数据流通之间找到恰当的平衡点。

3.1.2　数据产权的类型

从数据主体的角度来看，数据主要分为三类：个人数据、企业数据和公共数据。

个人数据涉及个人的隐私和个人信息，其产权归个人所有，并受到法律的严格保护。个人数据产权的行使必须遵循知情同意原则，确保个人对其数据拥有控制权和隐私权。

企业数据则指企业在运营过程中产生的数据，包括客户交易记录、市场分析报告等。这类数据的产权归企业所有，企业可以利用这些数据进行加工和分析，从而创造商业价值和竞争优势。这类数据的产权属性较为复杂，其中既包括数据的收集、存储、处理和分析过程中的知识产权，也涉及数据的使用权、收益权和处置权等。企业数据的保护通常通过商业秘密法、合同法和数据保护法规来实现，以确保企业的竞争优势和商业利益。

公共数据的产权归政府所有，它包括政府在履行公共职能过程中产生的数据，如统计数据、政策数据等。公共数据通常具有非排他性，即任何人都可以访问和使用，但其使用可能受到一定的限制，如隐私保护和国家安全。公共数据的产权属性在于开发性和共享性，这有助于促进信息资源的广泛利用和社会公共利益的实现。

在我国探索数据产权的过程中，"数据二十条"明确提出，要探索数据产权结构性分置制度。具体来说，要建立公共数据、企业数据、个人数据的分类分级确权授权制度。根据数据的来源和生成特征，分别界定数据生产、流通和使用过程中各参与方的合法权利。利用数据分类分级授权机制，可以推动数据快速融入数字经济的生产活动中，不仅使各类数据主体能够合法、合理地获取和利用数据，还能降低数据的交易成本。

3.1.3　数据产权的历史演变

在中国悠久的历史中，私有产权的概念一直与皇权至上的传统存在冲突。即使在宋朝时期，土地使用权交易开始出现，土地的最终控制权仍然牢牢掌握在皇帝手中。长期以来，中国社会缺少对个人财产权和基本权益的认同，这与世界其他国家的现代化进程形成了鲜明对比。直到晚清的戊戌变法，中国才开始踏上现代化道路的探索之路，但私有产权的保护、个人权利的确立，以及民法的完善等方面一直充满挑战。

随着时间的推移，改革开放政策的实施，标志着中国在引入私有产权制度方面迈出了重要的一步，这一转变是中国向现代化转型的关键一环。然而，四十余年间，私有产权保护的实践经历了诸多起伏，与发达国家相比，中国在这方面仍有提升空间。

与此同时，随着人工智能引领的第四次产业革命的到来，数据的资产化带来了全新的产权保护问题。数据产权作为一个新兴概念，其历史演变与信息技术和数字经济的快速发展紧密相连。最初，数据并没有被视为具有产权的实体，但随着其价值的日益显现，人们开始寻求法律上的保护和规范。数据产权的前身可以追溯到对信息、知识产权、商业秘密等的保护。

近年来，随着数字经济的兴起，数据的战略价值得到了广泛认可。2019 年，中国政府首次将数据定义为新型生产要素，这一里程碑式的举措标志着数据产权问题正式进入国家政策视野，并为中国数据产权制度的发展奠定了基础。在此基础上，中国开始构建适应数据作为生产要素特性的法律框架，以解决权益分配问题。

2020 年，中共中央、国务院发布了《关于构建更加完善的要素市场化配置体制机制的意见》，进一步推动了数据产权制度的发展，明确提出研究数据产权的性质，为数据要素市场建设提供了政策支持。

在此背景下，深化对数据产权的认识后，中国采取了综合的分类方法，将数据产权分为国家主权、人格权和财产权三个层面，为不同类型的数据提供了相应的法律保护。在此基础上，中国提出了具有中国特色的"三边框架"，包括个人数据产权框架、企业数据产权框架和国家数据产权框架，该框架的提出旨在平衡个人隐私、企业利益和国家数据主权之间的关系，促进数据要素市场的健康发展。

随着政策的不断推进，2022 年"数据二十条"的发布，提出了数据产权、流通交易、收益分配、安全治理等方面的全面指导意见。特别是"三权分置"的制度框架，即数据资源持有权、数据加工使用权、数据产品经营权。"三权分置"的制度框架不仅明确了数据产权的三个基本方面，而且为数据要素市场的各参与方提供了权益指引。这一制度框架的提出，有助于破解数据交易产业链前期发展中的"确权难"问题，促进数据的开放、采集和开发使用，同时强化数据安全和个人隐私保护。

为了将数据产权政策落到实处，中国在多个地区开展了前期试点工作。自 2021 年起，上海、浙江、深圳等地开始了数据产权的试点工作，探索制度建设、登记实践、权益保护和交易使用的新模式。例如，浙江省开展了数据质押融资工作，深圳市则率先开设了数据知识产权登记业务。

2022 年 12 月，国家知识产权局进一步扩大试点范围，新增了北京市、上海市、江苏省、浙江省、福建省、山东省、广东省、深圳市八个地区作为数据知识产权工作的试点地区，推动制度构建、开展登记实践等方面的工作。

总体而言，数据产权的历史演变体现了从无明确的法律地位到逐渐被认可和保护的过程。随着数字经济的持续发展，中国的数据产权制度将进一步完善，为数据要素市场的繁荣发展提供坚实的法律保障。同时，数据产权的构建也将继续借鉴传统产权理论和实践，以适应数据这一新型生产要素的特殊性。在这一过程中，中国正逐步建立起一个既能保障数据安全和个人隐私，又能推动数据要素市场健康发展的法律体系。

3.2　数据产权的法律与政策

前文中，我们已经对数据产权做了一个基本的概述，讨论了数据产权的定义、类型及历史演变。基于这些基础讨论，本节将专注探讨各国是如何通过法律措施应对和规范数据产权问题，以及这些法律措施如何影响数据的管理和利用。

3.2.1 国际数据产权法律框架

国际数据产权法律框架是一个由多国法律、国际条约和区域性协议组成的复杂体系，旨在规范数据的收集、处理、存储和传输。这一框架的核心目标是平衡数据的自由流动与数据主体的隐私保护。

首先是欧盟模式，它是以综合立法为主的权利保护模式。欧盟的《通用数据保护条例》（GDPR）是全球最严格的数据保护法规之一。GDPR是一个重要里程碑，它为个人数据保护设立了高标准，并对数据主体的权利进行了明确规定。GDPR规定了数据处理的合法依据，包括但不限于数据主体的同意、合同履行、法定义务、保护关键利益，以及公共利益或行使官方权力。GDPR还赋予数据主体广泛的权利，如访问权、更正权、删除权和数据携带权。

然后是美国模式，它是以分散立法为主的行为规制模式。美国的数据隐私法律较为分散，主要由各州法律和特定行业法规构成。《加利福尼亚消费者隐私法案》（CCPA）是美国最全面的数据隐私法之一，提供了消费者对个人信息的控制权，包括知情权、删除权和拒绝出售个人信息的权利。同时，美国还侧重于利用市场机制调节数据产权，如通过《计算机欺诈与滥用法》等法律对非个人数据进行保护。此外，美国强调数据的商业秘密保护，以及利用判例法对数据产权进行界定。

国际数据保护的协调是一个持续的过程，涉及跨国公司、国际组织和不同国家的立法机构。国际组织，如亚太经济合作组织（APEC），在推动国际数据保护标准和指导原则方面也发挥了重要作用。

3.2.2 中国的数据产权政策

为了规范数据资源的管理与利用，中国构建了坚实的法律基础和创新性的制度设计，确立了数据产权的保护框架，从而推动了数据要素市场的健康成长。本节内容将重点介绍中国数据产权的主要法律与政策：法律基础和"三权分置"制度。通过对这两项核心内容的阐述，我们将深入理解中国如何在保障数据安全和个人隐私的同时，促进数据资源的开放共享与高效利用。

1．数据产权的法律基础

在中国，数据产权的法律基础是由一系列法律法规构成的框架，这些法律法规共同确立了数据产权的保护机制，明确了数据的归属、使用、流通和保护等问题。

《民法典》作为中国民事法律的基础性法律，对个人信息的保护提供了基本指导。《民法典》中明确了个人信息的保护原则，包括个人信息的收集、使用、处理等应当遵循合法、正当、必要的原则，且不得违反法律规定和当事人的约定。《民法典》还强调了个人信息的保密义务，为数据产权的确立提供了基础性法律依据。

《数据安全法》是中国首部关于数据安全的专门法律，于2021年正式实施。《数据安全法》从国家安全的角度出发，对数据处理活动进行了全面规范，数据处理活动包括数据的收集、存储、使用、加工、传输、提供和公开等各个环节。《数据安全法》强调了数据的分类保护和重要数据的特别保护，确立了数据安全审查和风险评估机制，为数据产权的保护提供了法律支撑。

《个人信息保护法》是中国个人信息保护领域的核心法律，于 2021 年 11 月 1 日起施行。《个人信息保护法》旨在保护个人信息权益，规范个人信息处理活动，防止个人信息的非法收集和滥用。《个人信息保护法》提出了知情同意原则，要求数据处理者在处理个人信息前必须获得数据主体的同意，并为数据主体的查询、更正、删除等权利提供了法律保障。

随着数字经济的快速发展，中国的数据产权法律框架也在不断完善。例如，国家网信办等部门正在积极探索数据产权登记新方式，加快构建全国一体化数据要素登记体系，进一步明确数据产权的归属和保护机制。此外，地方性法规和政策也在不断跟进，如上海、深圳等地出台的数据条例，为数据产权的地方实践提供了具体指导。

总体而言，这些法律法规的制定和各个部门的努力，共同构成了中国数据产权的法律基础，它们不仅为数据产权的确立和行使提供了明确的法律依据，而且为数据的安全、合规使用和流通提供了法律框架。通过这些法律的实施，中国正在逐步建立起一个既能保护个人信息和数据安全，又能推动数据要素市场发展的法律环境。

2．数据产权的"三权分置"制度

数据产权的"三权分置"制度是中国在数据要素市场发展中的一项创新性制度，是由 2022 年 12 月国务院下发的"数据二十条"提出的。具体来说，"三权分置"制度的核心是将数据产权细分为三个层面：数据资源持有权、数据加工使用权和数据产品经营权。

其中，数据资源持有权体现了对数据原始采集者或合法获取者的权利保护，确保其对数据资源的控制和自主管理。数据加工使用权则赋予了数据处理者在不侵犯原始数据权利的前提下，对数据进行加工、分析和使用的权利。数据产品经营权允许数据持有者将数据作为资产进行经营，包括数据的交易、许可使用等，从而实现数据的经济价值。

因此，"三权分置"制度的提出，是为了适应数据作为新型生产要素的独特属性，尤其是其具有非排他性和非消耗性的特点。这一制度的创新之处在于，"三权分置"通过明确数据资源持有权、数据加工使用权和数据产品经营权，为解决数据要素市场中的权益分配问题提供了有效的解决方案。这种结构性分置不仅能够激发数据要素市场的活力，促进数据的合规和高效流通，而且还能为实体经济提供动力。更重要的是，"三权分置"在保障数据来源者、数据处理者和数据使用者的合法权益方面发挥了关键作用，确保了他们在数据生命周期中的权益得到妥善保护和合理利用。

3.2.3　数据产权的国际条约与协议

当前，全球范围内各国都加大了对数据要素的研究和实践力度，各国政府、国际组织及学术界，都想在保障数据安全、促进数据流通和创新应用之间找到平衡点。了解和学习其他国家的政策，对于我国构建符合自身国情的数据产权制度、推动数据要素市场的健康发展具有重要意义。本节会介绍主要的发达国家，尤其是欧盟和美国在数据产权方面的立法、政策和实践。

1．欧盟

在数据产权的国际条约与协议中，欧盟模式是一个重要的典范，它是以综合立法为主的权利保护模式。欧盟的数据保护立法形成了个人数据与非个人数据的二元保护格局。

在个人数据保护方面，欧盟通过了《一般数据保护条例》（GDPR），重点保护人格尊严和自由。个人数据被视为不可让渡的基本人权，GDPR 的严格规定确保了个人数据在数据处理和流通中的安全。为了保护人权，欧盟宁可牺牲技术进步和经济发展，这样的做法在欧洲有众多追随者。

在非个人数据保护方面，欧盟早在 1996 年就颁布了《数据库指令》（*Database Directive*），提出了"数据库特殊权利"的概念，探索数据情景依存的有限产权化。随着数据价值的不断显现，欧盟委员会于 2017 年发布《构建欧洲数据经济》，试图在非个人数据之上创设新型数据生产者权。然而，这一概念在理论界和实务界引发了质疑，最终未能在欧盟的官方文件中得到进一步落实。

数字化转型是解锁欧盟未来经济增长的关键。自 2020 年起，欧盟相继颁布了《数据治理方案》（DGA）、《数字服务法案》（DSA）和《数字市场法案》（DMA），与 GDPR 共同构成了欧盟最新的数据法律框架。GDPR 作为总体原则，确保数据流通必须在满足其规定的数据处理标准的基础上进行。DSA 和 DMA 则侧重于维护数据市场的公平竞争环境，通过强化大型互联网平台的责任来保护消费者的权益。

总体来看，欧盟的数据立法展现出数据控制者和数据处理者的财产性权利逐渐受到重视的趋势。数据赋权是欧盟数据产权保护模式的核心，数据主体对个人数据享有控制权，而数据控制者和数据处理者对非个人数据享有控制权。虽然有观点认为，欧盟对个人信息保护的严格规定可能阻碍单一数据市场的形成，但这些措施有助于建立良好的社会互信体系，从而促进数据自由流动。

2．美国

美国采用了财产权导向的分散式立法方式，特别是在个人信息保护方面。对于个人数据的保护，美国认为，保护个人隐私的最佳方式是通过市场机制，竞争市场和自由市场将鼓励消费者选择有高隐私保护标准的企业。在这种模式下，个人信息被视为个人的财产。

美国的隐私权保护立法覆盖了宪法、联邦和各州多个层面，并制定了多部行业性隐私法案。其中，美国宪法第四修正案、《信息自由法》（FOIA）和《隐私法案》（PA）保护个人免受政府对个人信息的侵犯。在不同行业领域，美国采用专门的数据立法，如《金融现代化法》（GLBA）规制金融机构对消费者非公开个人信息的处理，《健康保险流通和责任法》（HIPAA）保护个人健康信息，《儿童在线隐私保护法》（COPPA）规制网络运营商对儿童个人信息的使用等。

美国也通过了一系列综合性法律法规实现对于非个人数据的保护。《计算机欺诈与滥用法》（CFAA）对非法访问和滥用计算机系统的行为设定了法律制裁，而《经济间谍法》（EEA）和《商业秘密保护法》（DTSA）共同保护商业秘密和贸易秘密，防止其被非法获取或披露。此外，美国的版权法为数据库和汇编作品提供了版权保护，而《数字千年版权法》（DMCA）通过禁止绕过版权保护措施，进一步加强了对数字作品的保护。各州的反不正当竞争法也为企业在市场中的数据权益提供了法律支持。

尽管美国强调"隐私是民主制度的心脏"，但在数据权利保护与数据开发利用的天平上，美国政府及科技巨头们更倾向于后者。在这种模式下，数据权利保护依赖法律框架下的企业自律及事后补救，这有利于数据产业的发展，但也容易导致数据的泄露和滥用现象出现。

综上所述，美国的财产权导向的分散式立法方式在保护个人隐私的同时，也面临着数据泄露和滥用的风险。这一模式强调市场机制和企业自律，虽然促进了数据产业的发展，但同时也带来了诸多挑战。

3.3　数据产权的技术支持

前文主要探讨了国外的数据产权立法及发展，同时介绍了国内已经建立的数据产权的制度与相关政策。在此基础上，本节将介绍数据产权的技术支持，将聚焦于三种与现代生活息息相关的技术：区块链技术、人工智能和大数据。

3.3.1　区块链技术与数据产权

区块链技术起源于 2008 年中本聪发表的《比特币：一种点对点的电子现金系统》一文，该文提出了区块链的概念。区块链（Blockchain）本质上是一种链式数据结构。区块链技术是利用区块链实现的一个分布式账本，是一种通过去中心化、去信任的方式集体维护一个可靠数据库的技术方案。区块链包括三个基本要素，即区块（Block，记录一段时间内发生的交易和状态结果，是对当前账本状态的一次共识）、链（Chain，由一个个区块按照发生顺序串联而成，是整个状态变化的日志记录）和交易（Transaction，一次操作，导致账本状态的一次改变）。

区块链技术最初是一种按照时间顺序将数据区块以链条的方式组合成特定的链式数据结构，并以精确加密算法保证其不可篡改和不可伪造的分布式共享记账系统。随着应用场景的不断丰富，区块链技术逐步发展，形成一种去中心化的基础架构与分布式计算方式。区块链技术利用加密的链式区块结构来验证与存储数据、利用分布式节点共识算法生成与更新数据，同时支持利用自动化脚本代码来编程与操作数据。

区块链技术的研究与应用近年来呈现爆发式增长的态势，已延伸到金融科技、数字资产交易、物联网应用、供应链管理、产权保护等多个领域，引起了政府部门、金融机构、科技企业和资本市场的广泛关注。

1．区块链的特点

从技术原理上来看，区块链是一项全新的"分布式记账系统"，是分布式数据存储、点对点传输等技术的集合体，具备去中心化、时序性、不可篡改性、可编程性等特征，因此造就了其成本低廉、安全性高、透明性强、扩展性大等诸多优势。

去中心化。区块链系统中数据的验证、存储、传输等过程均基于分布式系统架构，每个节点都存有完整的记录数据库，且权利和义务均等，数据由全网节点进行点对点传输、共同存储、更新与维护。因此，与传统中心集成化管理的网络相比，区块链系统建立了分布式节点间的信息关系，且不存在单个中心被攻击导致整个数据网络瘫痪的缺点。

时序性。区块链采用带时间戳的链式区块结构存储数据，区块间通过加密算法实现首尾相连，从而增加了时间维度，保证了可验证性与可追溯性。

不可篡改性。区块链系统采用非对称密码学原理对数据进行加密，新生成的数据块需要全网其他节点的核对，得到超过系统中多数节点的认证才会被添加到区块链中，且一经

51

添加将永久保存。所有节点共同维护，除非能够同时控制整个系统中超过 50% 的节点，否则单一节点无法篡改记录。这种方式确保了区块链系统的不可篡改和不可伪造，具有较高的安全可信性。

可编程性。提供灵活的脚本代码系统，支持用户创建高级的智能合约、货币或其他去中心化应用。智能合约可以替代现实中的合约，执行支付款、知识产权交易等合约双方的交易行为，程序可实现自动运行和维护。

2. 区块链结合数据产权的应用

区块链在产权保护领域的应用。在数字资产保护方面，区块链技术以不可篡改性、可验证性的特性，为电子证据的存证提供了强有力的支持，确保了著作权等产权的合法性和完整性。利用区块链，电子数据得以在时间序列上进行准确记录，为侵权行为的发生提供了确凿的证明。智能合约的引入，进一步实现了版权协议的自动执行，包括使用证据的生成、许可证的发放、版权收益的分配及支付记录的透明化。随着技术的发展，众多平台和公司开始利用区块链技术保护数据产权，这些实践不仅加强了创作者权益的法律保障，也为打击侵权行为、推动知识产权保护的进步提供了新的解决方案。

区块链在金融领域的应用。在金融领域，区块链技术主要应用于数字货币转账与支付、借贷、跨境支付与结算、证券发行与交易，以及供应链或贸易金融等方面。分布式账本技术确保了数字货币支付流通的安全可靠和公开透明，并实现了交易结算的自动化和瞬时处理。当前的主要应用案例包括 Circle 的点对点消费金融网络、BTCjam 的比特币借贷平台、Ripple 的区块链跨境支付与外汇结算系统，以及招商银行的区块链跨境直联清算业务系统。此外，以太坊（Ethereum）的智能合约平台还提供了投票、交易和众筹等多种定制开发功能。

区块链在数字资产管理领域的应用。区块链提供不可逆转、安全和有时间戳的记录，可以登记、清除、控制和跟踪数字知识资产，并利用智能合约建立和执行数字知识资产协议，从而提供使用证据、许可证、独家分销网络和传输付款记录。目前，在数字资产管理方面，逐渐出现众多利用区块链技术进行数字知识资产管理的平台和公司，如原本公司的 Primas 版本保护平台、中国电信天翼创投的微位科技所创造的数字身份认证平台、通付盾公司的区块链身份认证识别体系、美国 Binded 公司的艺术作品版权登记平台、Monegraph 数字知识资产登记系统等。

区块链在物流供应链领域的应用。区块链技术能够保障物流中的商品防伪认证、智能化供应链管理、合同认证加密和全程货运跟踪，提供全方位、高效和精准的物流管理服务。未来，智慧物流将涵盖从原材料供应链到生产、运输、销售供应链及金融平台的全过程，每一个步骤都会受到区块链技术浪潮的推动。例如，BitSE 公司在 2016 年推出的唯链（Vechain）产品，通过将无法复制的芯片预置到各产品中，为每个商品提供一个独一无二的"电子身份证"。BitSE 公司逐渐发展出四个模块：VAC 防伪模块、VAM 资产管理模块、VSC 供应链管理模块和 VCE 消费体验模块，为消费品市场提供了一个安全、透明、可溯源的供应链平台。

此外，区块链在医疗卫生方面的应用主要体现在医疗电子病历管理、医疗耗材管理、药品供应链管理和医疗数据隐私保护管理；在电子政务方面的应用主要体现在土地确权登记、市民身份认证、政府信息共享传播与民众无记名投票等。

3.3.2　人工智能与数据产权

在当今数字化时代，人工智能技术以强大的数据处理能力和智能化的算法，为数据产权的发展带来了革命性的变化。人工智能不仅极大地提高了数据产权的生产力，利用数据挖掘、分析和智能监控等手段，确立了数据产权的归属，保护了数据创造者和数据所有者的权益，同时也优化了数据产权的管理和交易流程，使数据的利用更加高效和自动化。然而，正如一枚硬币的两面，人工智能在推动数据产权发展的同时，也带来了一系列挑战，特别是数据隐私保护、伦理和人权的影响，以及生成式人工智能所引发的产权归属问题。因此，持续讨论在这一不断发展的环境中面临的挑战和潜在的解决方案至关重要。

1．人工智能技术对数据产权的作用

人工智能技术对数据产权的发展发挥重要作用，为数据产权的确立、保护和管理提供了全方位的支持。

首先，人工智能技术在数据产权的确立方面发挥了重要作用。利用数据挖掘和分析技术，人工智能可以帮助识别数据的来源、创造者及数据的加工过程，从而辅助确定数据的产权归属。例如，通过自然语言处理和图像识别技术，可以追溯数据的创造者和使用历程，为数据产权的归属提供可靠的依据。这类技术的应用有助于解决数据产权归属不清晰的问题，促进数据产权的规范化和合法化。

其次，人工智能技术可以协助监测和保护数据产权。利用智能算法和系统，可以对数据进行实时监控，及时发现未经授权的数据复制、传播和侵权行为。例如，通过智能水印技术和数字版权管理系统，可以有效防止数据的盗用和篡改，维护数据产权的合法性和完整性。人工智能技术的应用有助于保护数据创造者和数据所有者的权益，促进数据产权的合法使用和交易。

最后，人工智能技术还可以优化数据产权管理和交易流程。人工智能技术不仅能够通过智能化的数据分析和处理，提升数据产权管理的效率和精确度，还能在交易流程中实现自动化和优化。例如，AccelAI 平台利用先进的人工智能系统，通过不断学习和整合反馈数据，实现了投资组合的优化，并且通过实时监控机制确保交易者及时获得交易机会的警报。此外，人工智能量化交易系统通过 API 与实盘交易连接，利用人工智能技术不断优化交易策略，以实现高效率、自动化的交易。这些应用表明，人工智能技术在数据产权管理和交易流程中的作用是多方面的，从提高效率到减少错误，再到增强决策能力，人工智能正逐步改变着传统的数据管理与交易模式。

2．人工智能对数据产权的挑战

人工智能对数据产权的挑战主要集中在以下几个方面。

数据隐私和保护。随着人工智能系统在处理个人敏感数据方面的能力日益增强，如何保护这些数据不被滥用成为一个重大问题。例如，人工智能系统可以更容易地提取、重新识别、链接、推断，以及根据个人的身份、地点、习惯和欲望等敏感信息采取行动。这增加了个人数据被利用和暴露的风险。例如，面部识别和换脸技术，语音合成和模仿技术，都极容易带来隐私被侵犯、身份被盗窃和声誉受损害的重大风险。

伦理和人权。人工智能在多个领域的决策过程中的应用，如刑事司法、金融信贷评

分、健康诊断等，都可能对人权产生重大影响。例如，在刑事司法系统中使用人工智能进行风险评估，这种应用引发了关于法律面前人人平等原则的担忧。人工智能算法如果存在偏见或训练数据不全面，可能会导致某些群体被错误地标记为高风险群体，从而影响他们的公正审判和再就业机会。例如，在医疗领域，人工智能被用来诊断疾病和推荐治疗方案。算法训练如果不充分或数据代表性不强，可能导致某些群体的医疗需求被忽视或错误诊断，影响到人们获取公平医疗服务的权利。

生成式人工智能。生成式人工智能（ChatGPT 等大型语言模型）的兴起引起了关于数据产权的讨论。生成式人工智能依赖于大量数据（文本、图片、视频等）进行训练，从而产生新内容。这引发了一个重要的法律问题：新内容的产权归属问题。具体来说，这些内容应归属于人工智能的开发者、使用者，还是算法本身，目前，相关法律对此还未给出明确的规定。

总体来说，人工智能对数据产权的挑战涉及数据隐私和保护、伦理和人权，以及生成式人工智能的问题，这些都需要通过法律、政策和技术措施共同解决。

3.3.3 大数据与数据产权

1．大数据及应用领域

"大数据"一词最早出现在《第三次浪潮》一书中，阿尔文·托夫勒称其为"第三次浪潮的华彩乐章"。目前对于"大数据"一词没有一个统一的定义。"大数据"一般指需要新处理模式才能具有更强的决策力、洞察发现力和流程优化能力的海量、高增长率和多样化的信息资产。大数据具有"4V"特性，即多样化（Variety）、海量化（Volume）、高速性（Velocity）和价值性（Value）。

随着近几年的快速发展，大数据已经在很多领域得到了广泛的应用，发挥了越来越重要的作用，其应用领域已经渗透到我们生活的方方面面。

政府机构。大数据帮助政府机构实现数据的共享和网络化，提高政府部门的工作效率和公共服务的效率。民众也可以享受到更加高效和优质的服务。同时，大数据提高了政府的决策分析能力和决策效率，提高政策透明度。通过大数据，政府提高了维护国家安全和社会稳定的能力，提高公众对公共事务的参与度和增加公众福利。

制造业。在研发、供应链管理、生产、售后服务等环节，大数据帮助制造企业创造价值、带来经济效益。通过对大数据蕴含信息的挖掘，制造企业针对市场需求开发和生产产品，从而压缩开发周期、优化产品设计、合理制订生产计划，同时满足客户的个性化需求，实现大规模智能生产和大规模定制。

交通领域。大数据帮助了相关决策机构提高决策效率和正确率，如更好地建设和利用交通设施，减少交通拥堵，有效预防交通事故的发生、保障交通安全。通过对交通大数据的挖掘，有效地建立交通预测模型和模拟交通未来运行状态，改进和优化交通技术方案。

医疗卫生。通过对医疗卫生领域的大数据进行专业化处理和挖掘，医生能够更好地了解患者的饮食习惯、性格特征、行为方式和症状特点等，更加有针对性地制订和优化治疗方案。通过对患者疾病的大数据分析，医生能更深地理解疾病的机理，从而研发治疗疾病的医药产品、优化治疗手段。

金融业。通过对大数据的挖掘和分析，金融业可以更好地了解客户的相关背景信息和需求，更好地开拓和挖掘市场需求，更好地针对目标客户制定市场营销方案，提升客户的满意度。同时，大数据能帮助金融业提升其风险管理水平。金融机构通过采集、挖掘和分析大数据信息，准确和高效地找出不同变量之间的相关关系，识别、评价和监管金融风险，提高风险决策水平和风险管理效率。

互联网+。大数据帮助传统行业通过互联网解决和目标客户之间的信息不对称问题。传统行业和互联网企业发挥各自的优势，创造出了新的经营模式和营销手段。例如，电商平台已经运用了大数据技术收集，分析用户的浏览、关注、讨论、比价、加入购物车等购买前大量看似无序的行为数据。电商平台结合对人群特征数据的收集、挖掘和分析，将用户信息与商品信息进行匹配，智能地推荐客户感兴趣的产品。

2．大数据与数据产权之间的关系

大数据给社会、经济和生活带来了巨大的变化，如何保护大数据的产权成为亟待解决的问题。大数据包含的内容极其广泛、数据量巨大并且复杂。大数据既包括私人数据，也包括可以共享的公共数据；既包括企业的经营和财务数据，也包括政府运行中的数据和关系到国家安全的涉密数据。一方面，我们要避免数据的泄露给相关利益主体造成利益损失；另一方面，我们要促进具有价值的大数据的交易和转让，充分发挥大数据的价值，推动社会发展和进步。这些大数据领域的智力成果，需要采取合理的规则保护其数据产权。

数据产权是激励创新的基本保障，是市场主体参与市场竞争的有力武器。在海量数据存在的今天，数据是社会发展的"新金矿"。数据产权和大数据既是资源又是手段，两者相互促进、互相融合，将成为推动创新发展的重要力量。

数据产权与大数据促进了互联网和传统产业的深度融合。只有开发并利用大数据资源，"互联网＋"才能发挥创新效能，激发创造力。数据产权保障大数据技术渗透到国家发展的各个领域，是产业提升竞争力的利器，通过制定两者相融合的"互联网＋"标准体系，构建产业升级的环境，将使传统产业在竞争和贸易纠纷中掌握主动权。

在新常态的背景下，数据产权和大数据的融合将创造出新的生产力。大数据为数据产权的运用提供方向和落脚点，数据产权则为大数据产业及发展保驾护航。数据产权应该保护大数据获取、挖掘和开发主体的利益，实现具有商业价值的大数据的有偿转让和交易，提升数据资源集聚和管理水平。数据产权能够保障大数据技术渗透到市场经济宏观调控与微观主体运行的各个发展阶段，提高全社会对大数据的认知和利用效率，推动社会科技、信息乃至人民生活方式的不断创新与生活水平的不断提高。

3.4 数据产权的治理

前文介绍了一些现代技术与数据产权的关系，其中包括了人工智能技术与区块链技术对数据产权的技术支持，本节将讨论数据产权的监管与保护，以及数据产权的争议解决办法。

3.4.1 数据产权的监管机构

在中国，数据产权的监管是由多个国家级和地方级的机构共同负责的。国家数据局是主要的监管机构，负责推进数据基础制度的建设，统筹数据资源的整合、共享和开发利用，以及推动数字中国、数字经济和数字社会的规划与建设。此外，国家信息中心大数据发展部也参与数据产权登记新方式的研究，助力构建全国一体化的数据要素登记体系。

在地方层面，各省市相继成立了数据局，如江苏省数据局、四川省数据局和内蒙古自治区政务服务与数据管理局等，它们负责本地区的数据管理和数据产权相关工作。国家电子政务外网则提供技术支持，利用区块链等技术确保数据要素登记平台的规范运作。

为了推动数据标准化，筹建中的全国数据标准化技术委员会将负责建立健全国家数据标准及相应的机制体制。各级党政机关和企事业单位在公共数据管理方面，需要加强数据的汇聚共享和开放开发，同时确保数据安全和个人隐私的保护。

此外，第三方机构和中介服务组织在数据采集和质量评估标准制定方面发挥作用，推动数据产品标准化，发展数据分析和数据服务产业。这些机构和组织的共同努力，构成了中国数据产权监管和管理的完整体系，旨在确保数据产权的合理分配、有效保护和高效流通。

3.4.2 数据产权的保护措施

中国正在积极构建和完善数据产权的保护措施，以确保数据的安全、合规使用和高效流通。国家知识产权局提出，现阶段以数据处理者作为保护主体，以未公开状态的数据集合作为保护对象，并构建登记程序，赋予数据处理者一定的权利。这有助于规制不正当获取和使用数据的行为，同时激励市场主体投入资源发掘数据的价值，促进数据要素的交易流通。

在此基础上，为了深化数据产权的保护，中国探索建立数据产权制度，推动数据产权结构性分置和有序流通。这包括建立公共数据、企业数据、个人数据的分类分级确权授权制度，明确各参与方在数据生产、流通、使用过程中的合法权利。同时，试点工作已在上海、浙江、深圳等地展开，将数据产权相关内容写入地方性法规，并探索数据产权的登记工作。

在公共数据的保护措施方面，中国强调在保护个人隐私和公共安全的前提下，加强数据的汇聚共享和开放开发，鼓励公共数据以模型、核验等产品和服务形式向社会提供，并推动有条件的无偿或有偿使用。在企业数据方面，市场主体对其采集加工的数据享有持有、使用、获取收益的权益，同时鼓励探索企业数据授权使用新模式。

在个人数据的保护措施方面，中国则更加注重个人授权范围，规范数据处理活动，避免过度收集个人信息，并探索由受托者监督市场主体对个人信息数据的使用。此外，建立健全数据要素和各参与方的合法权益保护制度，保障数据来源者、数据处理者和数据经营者的权益，并建立数据财产性权益流转机制。

在数据流通和交易方面，中国致力于完善数据全流程合规与监管规则体系，建立数据流通准入标准规则，强化市场主体数据全流程合规治理。同时，中国稳步推进制度建设，围绕数据基础制度，逐步完善关键环节的政策及标准，加强理论研究和立法研究，推动相关法律制度的完善。

综上所述，中国的数据产权保护措施涵盖了从确立数据产权制度、分类分级确权授权、数据产权登记、公共数据和企业数据的确权授权，到个人信息数据保护、数据要素合法权益保护，以及数据流通和交易制度的完善，形成了一个全面、系统的数据产权保护框架。

3.4.3　数据产权的争议解决

在数字化时代，数据产权的争议解决是一个复杂的问题，其核心难点在于数据确权的复杂性。数据确权要求明确数据的产权、使用权和流通权。另外，数据确权需要适应数据的非竞争性和非消耗性，这使数据可以被多个使用者同时持有并使用而不会发生物质性损耗。这些特性使传统的确权规则不再适用。此外，数据价值的实现依赖广泛的流通，在流通过程中价值链的扩展和分化增加了确权的复杂性。数据在不同场景下的多用途性，不仅增加了管理难度，还易引发复杂的利益冲突。

近年来，各方对数据确权进行了积极探索，但在数据权属的性质、主体、内容等问题上仍然存在分歧，数据确权问题仍未明晰。数据确权的难点主要涉及以下几个方面。

首先，数据由于具有非竞争性和非消耗性等不同于传统生产要素和财产的特殊属性，所以现有的确权规则难以直接适用。相较于有形财产，数据可以由多个使用者同时持有并使用，且不会发生物质性损耗。因此，实现数据价值的最佳途径并非将资源集中于最能有效利用数据者，而是扩展至最多的数据利用者。这要求在数据确权的过程中既要保护数据的财产权，又要促进数据的自由流通。如何将已有的规定作为法律规范，是当前理论研究的重大挑战。

其次，数据的价值实现依赖于其广泛的流通。一旦数据开始流通，数据的价值链将不断扩展和分化，这无疑增加了数据确权的复杂性。在数据流通的过程中，数据的内容和形态会发生变化，新的数据元素或产品会不断出现，并且不断有新的参与者加入。相同的数据可以在不同场景下被多个主体利用，从而在不同应用中产生不同的价值。在这种情况下，数据的多用途性不仅增加了管理难度，还引发了复杂的利益冲突。

最后，数据利益的主体具有多样性。在数字经济的发展过程中，涉及数据的多方主体，包括个人、企业、社会、产业、国家乃至全人类，均对数据有不同的诉求。

个人期望对个人数据的控制权，包括访问、更正和删除等权利，以保护个人隐私和维护自身利益。相对地，企业着眼于数据的商业潜力，力求通过数据挖掘和分析来增强竞争力和盈利能力。社会和产业层面则更重视数据的流通与共享，认为这有助于推动整体的创新和提高效率。国家则从宏观角度出发，关注数据对政治稳定和国家安全的深远影响。

这些不同层面的利益诉求相互交织，不可避免地产生冲突，如个人对隐私保护的需求可能与社会对信息自由流通的期望相悖。数据在产生和流转过程中涉及的众多不确定性，如参与主体的多样性和情境的多变性，进一步增加了数据确权和管理的复杂性。

随着社会的进步，人们对数据利益的认知也在不断发展。当前，越来越多的人开始认识到个人信息的价值不只局限于个人，它同样关系到社会整体的利益。这种认识的转变促使我们重新审视个人信息的所有权和控制权问题，不再将个人信息简单地视为个人专属的资产，而是视为具有社会公共性的资源。这种观点的提出，挑战了传统所有权的概念，要求我们在数据确权时更加细致地权衡个人利益与社会利益，寻求更加公正合理的解决方案。

总的来说，从动态的角度确权，至少需要解决以下几个问题：如何划分相互连接的数据价值链条以明确不同主体的数据产权及界限？如何对不同形态的数据财产进行确权？如何为各个参与者确权？目前，大部分数据确权的规则研究依然以静态数据为主，如何处理数据在流通过程中的确权问题，同样是立法和理论研究的难点。

面对当前的挑战，未来的数据确权将需要更多的创新思维和系统化解决方案。首先，法律和政策制定者需要在理论和实践之间找到平衡点，制定出既具有前瞻性又能够适应快速变化的数字环境的法规。这包括但不限于明确数据权利的性质、界定权利主体，以及规范数据的应用和交易。其次，技术的发展将为数据确权提供新工具。例如，区块链技术以不可篡改和可追溯的特性，为数据的追踪、验证和确权提供了新的可能性。最后，人工智能和机器学习技术的应用，可以提高数据处理的效率，帮助自动识别和分类数据，从而简化确权流程。因此，数据确权是一个多维度、跨学科的复杂议题，它关系到数据经济的健康有序发展。面对这一挑战，我们需要法律、技术等各方的共同进步，以确保数据确权能够在保障创新和保护权益之间找到恰当的平衡点。

复习思考题

1. 什么是生成式人工智能？它与数据产权有何关联？

2. 如果一个人工智能应用未经用户同意使用了用户的个人数据进行训练，这可能违反了哪些法律规定？

3. 区块链技术如何帮助解决数据产权的问题？

4. 一旦数据被公开发布在网上，它就可以被任何人自由使用，包括用于商业目的，这是正确的吗？为什么？

5. 讨论在人工智能时代，如何平衡数据的开放性与数据产权保护的需求。

6. 数据产权通常涉及哪些方面？

7. 隐私权、知识产权、所有权和劳动权哪项不属于数据产权的法律保护范畴？为什么？

案例：区块链存证助力华泰公司侵权案

杭州华泰一媒文化传媒有限公司（简称"华泰公司"）认为深圳市道同科技发展有限公司（简称"道同公司"）未经许可在网站中发表其享有著作权的作品的行为侵犯其信息网络传播权，并通过第三方存证平台，对侵权事实予以取证，并将相关数据计算成哈希值上传至比特币区块链和 Factom 区块链中形成区块链存证，基于此请求道同公司承担侵权责任。

争议焦点主要在于区块链存证的法律效力，区块链存证是否能够证明被控侵权的事实。杭州互联网法院经审理认为，根据电子证据审查标准，作为独立于当事人的第三方存证平台，保全网利用可信度较高的谷歌开源程序进行固定侵权作品等电子数据，它通过技术手段固定的侵权作品等电子数据，包括网页截图、源码信息、调用日志等，能够相互印证，清晰反映数据的来源、生成及传递路径。电子数据的哈希值被分布式存储于多个节点的比特币和 Factom 区块链上，通过共识机制确保数据的一致性，体现了区块链的去中心化特点。保全网采用的区块链技术确保了电子数据的完整性，使得电子数据难以被删除和篡改。因此确认上述电子数据可以作为认定侵权的依据，即确认道同公司运营的"第一女性时尚网"发布了涉案作品。

法院提出，应以电子证据审查的法律标准为基础，结合区块链技术原理，审查确认区块链电子存证的法律效力。结合区块链技术用于数据存储的技术原理，法院审查确认区块链电子存证具备以下四个要素时，可以认定该电子证据的法律效力：电子数据来源真实，包括产生电子数据的技术可靠、第三方存证平台资质合规、电子数据传递路径可查等；电子数据存储可靠，即区块链技术作为电子数据存储方式是否具有难以删除和篡改的特征；电子数据内容完整，包括初始上链的电子数据是否为涉案侵权文件所对应的电子数据及各区块链中所对应的涉案电子数据是否一致；电子证据与其他证据可相互印证。

在互联网时代背景下，电子证据大量涌现，以区块链为代表的新兴信息技术，为电子证据的取证、存证带来了全新的变革，同时也亟待明确电子证据效力认定规则。本案是全国首次对区块链电子存证的法律效力进行认定的案件，为新型电子证据的认定提供了审查思路，明确了认定区块链存证效力的相关规则，有助于推动区块链技术与司法深度融合，对完善信息化时代下的网络诉讼规则、促进区块链技术发展具有重要意义。本案对数据产权的保护提供了新的法律实践和示范，对促进区块链技术发展和完善网络诉讼规则具有重要意义。基于上述案例，请思考和讨论以下问题。

1. 在华泰公司侵权案中，区块链存证如何增强电子证据的可信度？请列举区块链技术在此案例中的应用优势。

2. 华泰公司侵权案是全国首次对区块链电子存证的法律效力进行认定的案件，概括出区块链存证被法院认可所需满足的条件，并讨论这一案例对确立区块链技术在司法领域的应用标准具有哪些指导意义。

3. 鉴于杭州互联网法院对区块链存证的积极认可，评估区块链技术在数据产权保护中的应用前景，并探讨可能面临的挑战。

参考文献

[1] Nakamoto S.Bitcoin：Apeer-to-peer electronic cash system[EB/OL].2008.

[2] 国家市场监督管理总局．数据确权的难点 [R/OL].2022.

[3] 互联网前沿．数据产权界定的难题，到底怎么破解？[R/OL].2023.

[4] 姬蕾蕾．大数据时代个人敏感信息的法律保护 [J].图书馆，2021(1)：99-106.

[5] 人民数据．中国数据产权制度蓝皮书 [EB/OL].2023.

[6] 人民网．在数据产权"三权分置"框架下数据产权制度的探索与实践 [R/OL].2023.

[7] 文禹衡．数据产权的私法构造 [M].北京：中国社会科学出版社，2020.

[8] 文禹衡．数字经济语境中数据产权概念界定 [J].中国社会科学文摘，2020(3)：1.

[9] 新华网．厘清大数据产权边界 [R/OL].2023.

[10] 于浩．我国个人数据的法律规制 —— 域外经验及其借鉴 [J].法商研究，2020，37(6):13.

[11] 赵磊．数据产权类型化的法律意义 [J].中国政法大学学报，2021(3)：72.

[12] 中华人民共和国中央人民政府．中华人民共和国国民经济和社会发展第十四个五年规划和 2035 年远景目标纲要 [EB/OL].2021.

[13] 中国地质调查局．区块链技术在地质大数据产权保护和共享中应用探讨 [R/OL].2018.

[14] 中华人民共和国国家发展和改革委员会．中国特色数据要素产权制度体系构建研究 [R/OL].2022.

数据质量

无论是推动业务决策、优化运营效率，还是驱动创新，高质量的数据都是关键。然而，数据的快速增长和多样化来源也带来了一系列挑战。数据质量问题不仅影响分析结果的准确性，还可能导致错误的决策，甚至给企业带来巨大的经济损失。

本章将探讨数据质量的各个方面，从数据质量的概念、重要性，到介绍数据质量与数据资产，以及数据质量评估的多种方法。我们介绍了数据质量问题的来源和数据质量管理的历史。同时，本章还将介绍一系列数据质量管理技术和数据质量治理策略，帮助读者全面理解数据质量管理的复杂性和重要性。

通过本章的学习，希望读者能够做到以下内容。

- 了解数据质量的基本概念和重要性。
- 了解数据质量问题可能导致的后果。
- 熟悉影响数据质量的各种因素。
- 了解数据质量管理的发展历程和当前趋势。
- 掌握数据质量评估的方法和工具。
- 掌握提升数据质量的策略和技术。

第四章内容组织架构如图 4-1 所示。

4.1 数据质量概述

4.1.1 数据质量的概念

数据质量的概念虽然历史悠久，但全球范围内尚未有统一的定义。根据金元在论文 *A Taxonomy of Dirty Data* 中的定义，数据质量被视为"适合使用"，即数据在何种程度上满足特定用户的期望。同时，国家标准 GB/T 36344—2018《信息技术 数据质量评价指标》也将数据质量定义为："数据在特定使用条件下，其特性能够满足明确及隐含需求的程度。"

随着科技的进步，我们认识世界的手段日益增多，获取信息的能力也在持续增强。例如，在古代，人们依赖基础的数据进行日常决策；工业革命后，随着复杂机械和生产线的出现，我们需要更精细和专业的数据来优化生产过程；进入信息时代后，大数据和互联网技术使我们能够处理海量的数据，以洞察消费者行为和市场趋势。在当今数字化时代，数据已成为新型资产，其价值不亚于传统的物理资产。因此，我们不仅需要对数据质量进行主观评价，还需要制定一些客观的、统一的标准来准确描述数据的品质。只有建立了广泛认可的共识和标准，组织才能基于这些标准对拥有的数据进行有效管理和控制，从而进一步增强组织的数据驱动能力，为持续发展提供支持。

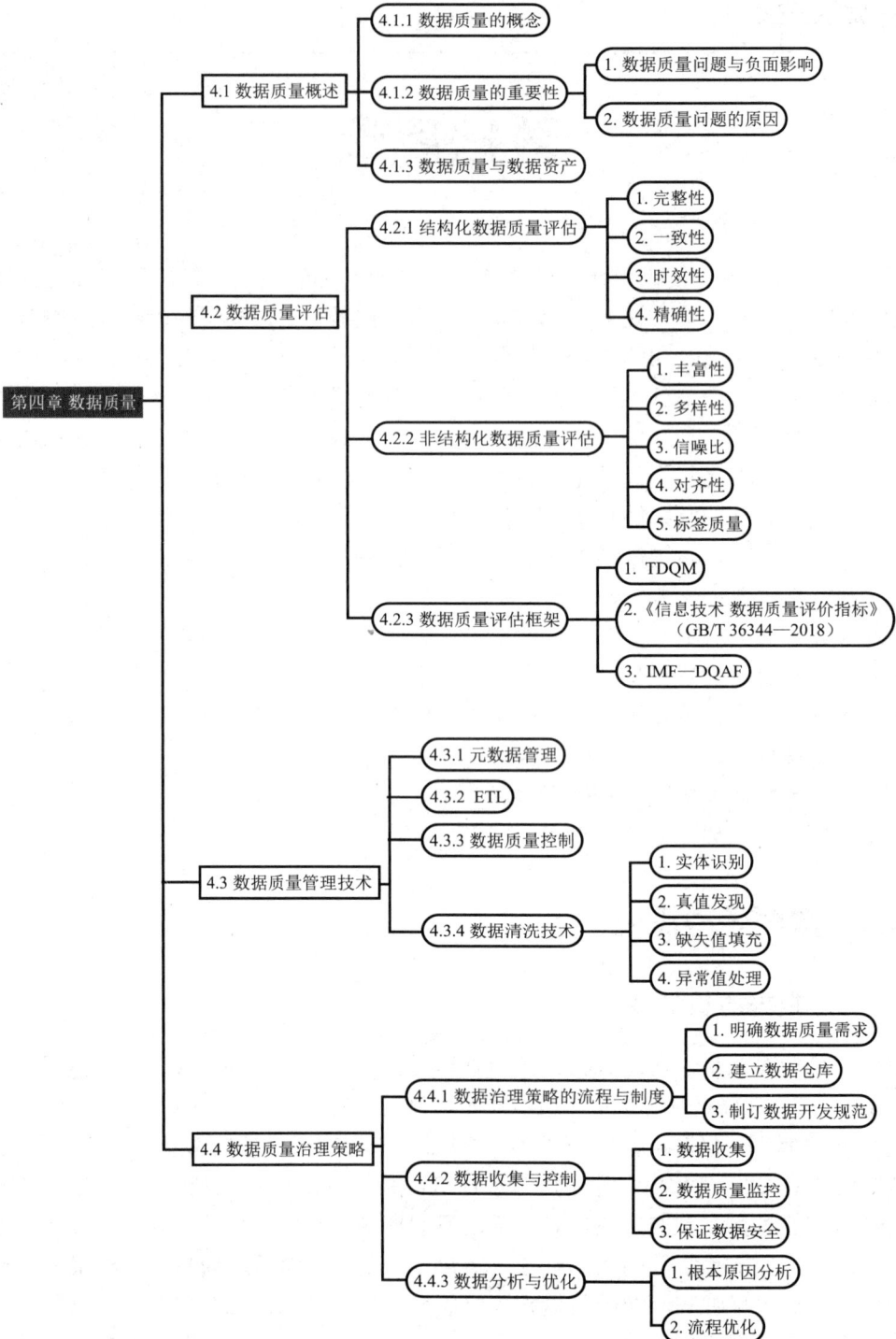

图4-1　第四章内容组织架构

早在 1865 年，理查德·米勒·德文斯教授在他的《商业和商业轶事百科全书》中使用了"商业智能"一词。理查德·米勒·德文斯教授用这个术语描述亨利·弗内塞爵士如何收集信息，然后在竞争对手之前采取行动，以增加利润。在信息时代，高质量的数据更是组织获得竞争优势的核心资产之一。数据质量的高低直接关系到数据产品的可用性和信任度，从而影响数据驱动的决策过程。

根据 Gartner 公司的报告，组织因数据质量不佳而遭受的年均损失高达 1 290 万美元。只有当数据质量达到预期用途的标准时，数据使用者才可以信任这些数据，并利用它们来改进决策，从而发展新的商业策略或优化现有策略。在数据价值链中，优秀的数据质量管理不仅能提升数据的准确性和可用性，还能显著减少错误决策带来的风险和成本。

4.1.2　数据质量的重要性

1. 数据质量问题的负面影响

数据质量对依赖数据进行决策的组织至关重要，它不仅关乎操作效率和成本控制，还直接影响客户满意度、合规性及风险管理。现在，大数据和人工智能技术日益普及，数据质量更是确保算法准确性和模型可靠性的关键。因此，无论怎样强调数据质量管理的重要性都不为过，数据质量管理是组织运营效率、决策过程和战略规划的基石。

数据端如果存在问题，那么所有基于这些数据的商业决策和判断都可能失去准确性。数据端的问题不仅会导致决策失误，还可能掩盖错误决策的真正原因，让人难以区分问题究竟是源于人的主观判断失误，还是数据本身存在缺陷。以下是几个不同行业中的数据质量问题造成负面影响的典型案例。

（1）金融行业：银行并购导致的数据不一致

HZ 银行，作为一家全球性的金融巨头，在全球拥有多个金融中心和广泛的业务网络，从零售业务到投资银行业务应有尽有。近年来，HZ 银行一直在寻求扩展在亚洲市场的业务，特别是在快速增长的东南亚地区。在这种战略考量下，HZ 银行选择了收购一家名为"亚洲 XT 银行"的地方性银行，以此作为进一步深入该地区市场的跳板。亚洲 XT 银行虽然规模较小，但在本地市场有着坚实的客户基础和良好的商业信誉。亚洲 XT 银行业务主要集中在为中小企业提供贷款服务及个人银行业务，由于该银行深谙当地文化和市场需求，所以能够提供高度个性化的服务，深受客户信赖。

在 HZ 银行与亚洲 XT 银行的数据整合过程中，两家银行使用的日期格式不一致，导致出现了一个典型的数据兼容问题。在亚洲 XT 银行的系统中，日期格式采用"日 / 月 / 年"，而 HZ 银行则使用"月 / 日 / 年"的日期格式。在迁移数据时，系统未能正确配置数据转换规则，导致了日期字段的错误解析。

客户王小姐在 HZ 银行的系统中尝试申请贷款时遇到了问题。王小姐的生日是 1985 年 5 月 12 日，但由于日期格式的混淆，在 HZ 银行系统中被错误地被录入为 2005 年 12 月 5 日。这个错误导致系统计算出的年龄远低于实际年龄，使王小姐被系统识别为未成年，从而自动拒绝了她的贷款申请，理由是"申请者未达到法定贷款年龄"。

这一错误不仅让王小姐对 HZ 银行的服务产生了质疑，还让她面临了无法及时获得必要资金支持的实际困难。在宏观层面上，这一事件在社交媒体上被广泛讨论，不少人以戏谑的方式评论这一"时光倒流"的错误，引发公众对 HZ 银行数据管理能力的质疑，从而影响了银行的品牌形象和客户信任。

（2）零售行业：错误的顾客行为数据解析

Big Market 是一家全国连锁的大型超市集团，专注于提供从日常食品到家电的多样化产品。为了维持市场竞争力并优化客户购物体验，Big Market 投资了先进的数据分析技术，利用一个名为"智购"的专用软件系统，监控和分析顾客行为。智购主要分析以下几个关键数据点：顾客购物车组成，记录顾客购买哪些商品，以及购买这些商品的数量和频率；促销活动反应，监控特定促销活动期间商品的销售增量，以判断促销的效果。此外，营销部门通过市场监测系统定期调整促销策略，这一系统可以根据购物数据来预测未来的市场趋势和顾客需求。库存管理团队则依赖"库存控制"来确保各店铺的产品供应与需求相匹配，防止过剩或缺货现象的出现。

在数据整合和分析过程中，由于智购中的一个编码错误，购物车分析模块错误地将非促销期间的常规购买行为标记为对促销活动的响应，一款高端烹饪油在非促销期间的正常购买行为被误解为促销效果，导致营销部门和库存管理团队对该产品的需求预测出现严重偏差。这种误解导致大卖场在接下来的促销周期中过量订购了该款高端烹饪油，结果造成了严重的库存积压。顾客对不断推广的该产品感到疲劳，因为它并不符合大多数顾客的实际需求。频繁的库存积压和不精准的市场推广策略导致资源浪费，且长期来看，这一现象影响了顾客对大卖场品牌的信任和满意度。顾客可能因为常见的产品频繁缺货而开始寻找其他购物选择，进一步侵蚀了大卖场的市场份额。

（3）制造行业：不一致的供应链信息

DZ 公司是全球领先的汽车零部件制造商，专注于生产高性能的引擎和传动系统部件。DZ 公司在全球设有多个生产设施和仓库，这些设施分布在亚洲、欧洲、北美洲和南美洲。虽然全球业务范围广泛，但 DZ 公司面临一个重大挑战——各地区仓库管理系统中的数据存在不一致。具体来说，不同地区采用了不同的物料编码系统，并且库存更新频率存在差异，这导致 DZ 公司难以实时准确地掌握全球库存水平。这种数据不一致对 DZ 公司的运营产生了直接和严重的影响。

在欧洲的一个工厂中，仓库系统延迟更新库存数据，导致工厂管理层错误地认为某特定零部件库存充足，没有及时下达新的生产订单。实际上，这些零部件在亚洲市场需求激增，库存即将耗尽。这种信息滞后导致该工厂在关键生产期间突然停产，同时，亚洲的工厂因为同样的数据不一致问题，过度生产了另一类零部件，导致资源浪费和资金占用。

在微观层面上，生产效率的降低和成本的增加成为日常。生产中断迫使 DZ 公司进行加急采购，以尽快恢复生产。这不仅增加了采购成本，还产生了高额的运输费用，高额的运输费用加速了零部件的送达。在宏观层面上，这种生产和供应链的混乱影响了 DZ 公司的市场响应速度和客户满意度。随着交货延迟现象的增多，客户开始寻找更可靠的供应商，导致 DZ 公司逐渐失去市场份额。长期下来，DZ 公司品牌信誉受损，重建市场地位的难度和成本显著增加。

2. 数据质量问题的原因

在当今信息爆炸的时代，庞大的数据量可以比作一个充满嘈杂声的市场，每个数据点都在试图传递信息，在这种混乱中辨识真实可靠的数据变得尤为困难，不仅是信息的真实性难以辨认，还面临更严峻的问题——这些数据往往是不同版本的"事实"交织在一起的，这增加了从中发现真相的复杂性。数据管理领域面临的数据可能存在各种各样的问题。这些问题从多个方面加剧了数据质量的复杂性，使得企业和组织在尝试使用这些数据时，往往只能得到片面或不完整的信息。

首先是数据来源的不一致性。数据来源的不一致性通常源于数据被收集和处理的多个系统或平台之间的不兼容。当从多个来源收集数据时，格式、结构和语义上的差异可能会对数据集成和准确性方面造成重大挑战。例如，不同系统可能使用不同的数据格式或标准，导致同一数据在不同系统中的表示方法不一致。

企业在运营过程中从多渠道收集数据确实带来了复杂的数据整合问题。内部系统，如客户关系管理（CRM）、企业资源规划（ERP）等，以及外部来源，如社交媒体、合作伙伴和第三方数据服务等，每个渠道都可能遵循不同的数据标准和格式。这种多样化不仅涉及数据存储方式的差异，还包括数据的命名规则、格式和结构的不一致性。

随着技术的发展，企业可能会采用多种数据存储和处理工具，如关系型数据库、NoSQL数据库、数据湖等。不同技术平台对数据格式和结构的要求不同，进一步加剧了数据不一致的问题。此外，在数据迁移和集成的过程中，技术的限制或操作的失误而导致数据的丢失、重复或错误，增加数据不一致的风险。

其次是员工知识背景的差异。在企业内部，不同的教育和专业背景影响着个人对数据质量的认知和操作。例如，开发部门的员工可能注重数据处理的技术细节，他们的工作重点是确保数据处理流程的技术准确性和效率。销售部门的员工可能更关注数据内容的实用性，如数据中是否使用了标准化的业务术语，以及这些数据如何直接支持销售策略和客户管理。这种背景差异可能导致"高质量数据"的定义在不同团队间存在偏差，使整个组织在追求数据质量的目标上出现分歧。

最后是计算和存储资源的限制。在数据处理和分析的过程中，充足的计算资源是确保数据质量的关键因素之一。然而，随着数据量的持续增长，尤其是在大数据和机器学习应用中，现有的计算资源往往难以满足处理需求。计算能力的不足不仅会延长数据处理的时间，还可能导致数据处理任务的失败或者错误，从而影响数据的准确性和可靠性。此外，数据质量改进措施的实施也受到了计算资源的限制，如数据清洗和转换等操作需要大量的计算资源来执行。

与计算资源的限制类似，存储空间的不足也是影响数据质量的一个重要因素。数据的存储和备份需要大量的存储空间，而存储资源的限制可能导致数据不完整、过时或丢失。例如，存储空间如果不足以保存所有必要的数据备份，可能会导致重要数据的丢失，进而影响数据的完整性和可用性。此外，存储空间的限制还可能影响数据的访问性和处理速度，因为数据可能需要被存储在较慢的存储介质中，从而增加数据处理和检索的时间。

4.1.3　数据质量与数据资产

数据以多种形式存在，如电子表格、文本、图像和视频，并被广泛应用于各行各业。数据已经逐渐成为一种新的生产要素，和传统的生产要素，如劳动、资本、土地等并列。这意味着数据资源正逐渐转化为数据资产，根据国家标准文件《信息技术服务 数据资产管理要求》（GB/T 40685—2021），数据资产指企业合法拥有的或控制的、能够计量的，并能为组织带来经济和社会价值的数据资源。

企业在运营过程中会积累大量数据，这些数据经过处理和分析后，能够转化为数据资产，为企业创造经济和社会价值。然而，数据资源要成为数据资产需要满足一定的条件，而且价值需要通过科学的评估方法来确定。在大数据时代，企业依靠数据进行战略决策、优化运营、提升客户体验，因此数据的质量直接影响到这些决策和策略的成功与否。高质量的数据能够确保企业在快速变化的市场环境中做出及时而准确的反应，帮助企业抓住机会并规避风险。相反，低质量的数据会导致误导性分析和错误决策，可能带来巨大的经济损失和品牌损害。

在数字化尚未广泛普及的早期，许多企业主要将数据用于内部操作和管理决策。例如，零售企业可能利用销售数据来管理库存、优化产品布局和促销策略。银行和金融机构利用客户的交易历史和信用数据来评估贷款申请者的信用风险。制造业企业则可能依赖生产和供应链数据来提高运营效率和降低成本。这些数据通常在内部数据库中存储，并通过报表、会议或内部系统进行分析和应用。

随着大数据技术和云计算的发展，企业意识到通过数据共享可以实现更大的价值。数据在组织之间的流通可以帮助企业获得更全面的市场洞察、改进产品、优化客户体验，并创新商业模式。例如，通过与合作伙伴共享数据，企业可以创建更完整的用户画像，提高营销活动的针对性。对于拥有数据的企业，出售数据可以成为一种重要的收入来源，尤其是对于那些能够收集并维护大量高质量、独特数据的公司。例如，社交媒体平台（脸书、Twitter 和新浪微博等）拥有大量的用户行为数据，这些数据可以被提供给广告商，用于实施精准的目标广告投放。购买数据的企业通常是为了弥补自身的数据不足，提高决策的准确性或开发新的业务领域。

在数字经济时代，我们每天能接触到的信息以百万级计算，但是我们很难把这些数据与资产联想在一起，是什么决定了数据资产的价值？数据定价是必要的，因为它为数据的交换提供了一个量化的价值基础，确保数据交易的公平性和透明性。然而，数据的价值不易评估，因为它依赖数据的质量、独特性，以及在特定用途中的潜在价值。数据资产的价值在于其能够为决策提供支持或直接转化为经济效益。数据质量直接影响数据的可靠性和应用的有效性，高质量的数据能确保决策的有效性，降低因错误或不准确的数据导致的风险。因此，数据质量直接决定了数据的使用价值和经济价值，从而对市场定价产生决定性影响。

数据的质量会影响维护和管理的成本。高质量的数据可能需要更复杂的技术和更高标准的安全措施来收集和维护，这增加了成本。然而，长远来看，高质量的数据减少了因数据错误所需的额外修正和处理成本，可能会降低整体的生命周期成本。维护数据质量不仅是保证数据资产价值的需要，还是确保企业和政府运作效率和决策正确性的关键。与实物交易一样，数据资产定价的目的是帮助数据提供者和用户达成共识，促进数据的有效流通和利用，这样才能最大程度地促进商品流通，进而产生经济效益。

4.2 数据质量评估

量化数据质量对企业而言至关重要，因为它直接关系到决策的准确性和业务的效率。

数据质量的量化指利用客观的指标和方法来评估数据的特征，从而为企业提供一个清晰的数据质量视图，这有助于企业识别数据中的问题，优化数据管理流程，提高决策质量，并最终提升业务成果。

在量化数据质量时，需要考虑数据在不同情境中的使用，以及最终用户、数据生产者和数据管理者之间的不同视角。从消费者的角度来看，数据质量指适合消费者使用的数据、满足或超过消费者期望的数据、满足预期用途要求的数据；从商业的角度来看，数据质量是在预期的操作、决策和其他角色中适用的数据，或者表现出符合已设定标准的数据，以便实现适用性；从基于标准的角度来看，数据质量指数据（作为对象）在特定质量维度（固有特性）上符合既定要求的程度，这些维度涵盖了数据的有用性、准确性及其应用的适用性。为了同时满足这些需求，学界与业界已开发出了许多种数据质量评估方法。

数据质量评估方法主要分为定性评估方法、定量评估方法和综合评估方法。定性评估方法主要依靠评判者的主观判断。定量评估方法则为人们提供了一个系统、客观的数量分析方法，结果较为直观、具体。综合评估方法则将定性评估方法和定量评估方法结合起来，发挥两者的优势。

定性评估方法一般基于一定的评估准则与要求，根据评估的目的和用户对象的需求，从定性的角度对数据资源进行描述与评估。具体步骤是确定相关评估准则或指标体系，建立评估准则及各赋值标准，通过对评估对象进行大致评估，给出各评估结果，评估结果有等级制、百分制等表示方法。定量评估方法指按照数量分析方法，从客观量化角度对基础数据资源进行的优选与评估。

在本章的后续部分中，我们将详细探讨如何应用这些评估方法和维度来具体评估结构化数据和非结构化数据的质量。结构化数据，如数据库中的表格数据，评估指标已在发展中得到了广泛的共识；非结构化数据，如文本、图片、视频等，由于其格式多样、标准不一，所以评估的难度较大，随着人工智能技术的发展，评估维度也在逐渐增加。

4.2.1 结构化数据质量评估

结构化数据指按照一定格式或模式进行组织的数据，这种数据可以轻松地在关系数据库中存储、访问和处理。结构化数据通常以行和列的形式进行组织，类似表格，每列都有确定的数据类型，并且所有的数据条目都遵循相同的结构。这种格式化的组织方式使结构化数据非常适合进行高效地查询和分析。

这些数据因为具有明确的结构，所以可以通过 SQL 等工具进行高效的数据检索和分析操作。结构化数据的标准化格式还有助于实现数据之间的一致性和兼容性，是许多业务和分析应用的基础。

1. 完整性

完整性（Integrity）关乎数据集是否包含了充分的信息，足以满足数据查询和分析的需求，意味着该数据集中数据缺失的情况极少或几乎不存在。高完整性的数据集意味着所有必要的数据项都已被纳入，从而可以更准确地反映现实世界的状态，支持有效的数据分析和决策。数据的完整性对数据分析和决策的准确性至关重要。数据缺失可能导致分析结果的偏误，进而影响基于这些数据的决策。因此，评估数据的完整性，帮助识别数据集中的缺陷，是数据预处理过程中的一个重要步骤。下面介绍几种常见的完整性检查方法。

① 直接扫描。直接扫描是一种简单且直接的方法，用于计算数据集中 NULL 值或缺失值的比例。这种方法通过统计每个字段中缺失值的数量，并将其与总记录数相比，从而得到缺失数据的百分比。例如，在一个包含员工信息的数据库表中，工作人员计算员工的电子邮件地址字段中缺失的记录数，可以评估这一关键信息的完整性。

② 完整性约束检查。这种方法涉及在数据库中实施和检查数据完整性约束，如非空约束（Not Null）、唯一约束（Unique）、主键约束（Primary Key）等。通过这些约束，可以保证录入数据库的数据满足一定的完整性要求。例如，一个订单表必须有非空的订单 ID 和客户 ID，以确保每条记录都有基本的交易标识和客户信息。

③ 参照完整性检查。参照完整性是数据库完整性的一个重要组成部分，确保一个表中的外键值必须在另一个表的主键中有对应的记录。例如，一个员工表中的部门 ID 必须是部门表中存在的 ID。这种检查确保了数据之间的逻辑关联性和完整性，防止了数据关联的断裂。

2．一致性

一致性（Consistency）针对的是数据集整体语义和逻辑一致、无矛盾的需求。一致性问题常出现在数据集成、迁移或多系统数据共享场景中。数据在逻辑上不一致可能会引发分析误差，甚至导致错误的业务决策和客户信任度下降。为此，系统地发现并解决数据中的一致性问题对任何依赖数据进行决策的组织来说是至关重要的。下面介绍几种常见的一致性评估方法。

① 数据审核。数据审核是通过人工检查来评估数据一致性的传统方法。这种方式涉及人工比对不同系统中的数据记录，以识别不一致之处。例如，客户的姓名在 CRM 系统中显示为"John Doe"，而在财务系统中显示为"J. Doe"。人工审核可以直接识别和修正客户的姓名不一致问题。然而，人工审核在处理大规模数据集时效率较低，成本较高，且易受人为错误的影响。

② 规则校验。规则校验通过定义和实施一系列业务规则来自动化检查数据一致性。这些规则可能基于数据的属性关系，如函数依赖和条件函数依赖。例如，邮编与城市之间存在函数依赖关系。两条记录的邮编如果相同，则它们的城市名称也应相同。自动化工具实施这些规则检查，可以快速发现数据中的一致性问题，并自动或半自动修正这些问题。

③ 交叉数据检验。交叉数据检验是另一种有效的一致性评估方法，特别是在处理涉及多数据源的复杂数据集时。比较和验证不同数据源之间的记录可以确保信息的一致性。例如，客户的购买记录在销售数据库中与在财务数据库中应完全对应。

3．时效性

时效性（Timeliness）指数据能够反映出被捕获或生成时的最新状态的能力。时效性是评价数据是否能够满足当前分析需求的一个重要指标。在动态快速变化的业务或技术环境中，数据的时效性尤为重要，因为陈旧的数据可能导致错误的决策和失去机遇。下面介绍几种常见的时效性的评估指标。

① 延迟时间。延迟时间是衡量数据从生成到可用于决策分析的时间间隔。这个时间

间隔可以用秒、分钟或小时来计量，是评估数据流程效率的直接指标。在数学中，延迟时间可以表示为 $T_{可用}-T_{生成}$，$T_{可用}$ 是数据变得可用的时间点，而 $T_{生成}$ 是数据产生的时间点。

② 实时性指数。这是一个更综合的指标，考虑了数据的生成频率和数据的使用频率。如果数据的生成频率高于数据的使用频率，数据的实时性较高；反之，则较低。可以用以下公式表示：

$$实时性指数 = \frac{1}{延迟时间} \times \frac{数据生成频率}{数据使用频率}$$

考虑一个股票交易系统，交易信息几乎是实时生成的，而交易分析系统每 5 分钟刷新一次数据。如果数据生成的频率是每秒一次，而数据使用频率是每 5 分钟一次，实时性指数会反映出数据在使用前已经积累了大量的更新，可能需要调整系统以减少这种延迟。

③ 数据失效时间。数据失效时间指数据在生成后仅在一个特定时间段内有效的时间窗口。这对某些高度依赖时效性的数据类型极为重要，如股市报价或新闻事件，这些数据可能在几分或几秒后就失去参考价值。例如，在金融市场中，股票的买卖报价信息十分重要，但这些信息很快就会过时。一条股票报价信息的有效时间可能只有几秒。报价信息如果在生成后 5 秒内未被使用，它可能就不再具有交易价值，因此失效时间设置为 5 秒。这要求交易系统必须能够在极短的时间内处理和展示这些数据，以保持数据的实用性和实时性。

4. 精确性

精确性（Accuracy）是衡量数据在描述现实世界的特定细节时的准确度和一致性。在数据科学及其他专业领域中，精确性不仅关注数据正确地反映现实情况，还关注数据呈现的细节是否精细、一致且可复现。精确性保证了数据在使用过程中的有效性，尤其是在需要进行高度详细的分析和决策制定时至关重要。例如，在气候科学中，为了确保全球比较和分析的可比性，温度记录需精确到小数点后两位。同样，在工程领域中，准确的尺寸测量对确保结构的完整性和功能性也是必不可少的。下面介绍几种常见的精确性评估方法。

① 分辨率检查。分辨率检查确保所有数据点都符合预定的精确度标准，这在处理空间数据时尤为重要。例如，气候系统的复杂性，导致即使是小数点后几位的微小差异也可能导致对长期气候预测产生显著偏差。因此，环境科学家在全球气候的研究中制定了统一的精确度标准，要求所有温度数据必须精确到小数点后两位。这种标准有助于整合来自世界各地的数据，为气候变化模型提供一致且可靠的输入，从而减少预测偏差。

② 数据集对比。数据集对比是通过比较不同数据集来进行精确性评估的方法。数据集对比特别适合整合多个来源或不同时期数据的场景，确保所有数据都遵循相同的标准，从而提升整体的数据质量和可用性。此外，在统计学和机器学习领域，一系列指标用于比较原始数据与预测数据之间的关系。数据集对比主要用于评估预测模型的性能，对于有兴趣深入了解的读者，建议进行进一步的探索和研究。

4.2.2 非结构化数据质量评估

非结构化数据指没有预定数据模型或不宜以传统的关系型数据库表格的形式存储的数据。非结构化数据通常不遵循固定的格式，因此在管理、处理和分析上比结构化数据更为复杂。非结构化数据的形式多样，包括文本、图片、视频、音频和社交媒体内容等。非结构化数据的典型例子如下。

① 文本文件包括电子邮件、PDF 文件、Word 文档、博客帖子和社交媒体更新等。

② 多媒体内容包括数字照片、音频录音和视频文件等。

③ 网页内容包括 HTML 文档和与之关联的图像、视频和嵌入式内容。

非结构化数据由于不符合严格的数据模型，所以它的处理通常需要更先进的技术和算法，如自然语言处理（NLP）、机器学习和图像识别技术，以提取有用的信息和见解。非结构化数据的处理和分析可以帮助企业更好地了解客户行为、市场趋势及其他重要的业务洞察。非结构化数据虽然管理起来更为复杂，但由于其丰富的信息内容和形式，所以它们在数据科学和人工智能领域具有极高的价值。

1. 丰富性

非结构化数据的丰富性（Richness）指数据中包含的信息量和信息层次的丰富程度。对图像、视频、音频和文本数据而言，丰富性决定了数据的潜在价值和可用性。评估丰富性的几个方面包括以下内容。

① 数据量。数据量通常指数据集中包含的信息量大小，更大的数据集通常提供更全面的信息，增加了数据的应用潜力和分析深度。

② 细节层次。数据是否提供足够的细节和深入的信息。例如，高分辨率的图像提供的细节比低分辨率的图像提供的细节多，高质量的音频记录比低质量的音频记录更清晰。

③ 背景和上下文信息。数据是否包括足够的背景信息，帮助用户更好地理解和利用数据。例如，一个新闻报道的视频应包含足够的背景信息，使观众能够理解报道的事件背景。

2. 多样性

多样性（Diversity）是衡量数据集包含不同类型、形式或类别内容的广度。在非结构化数据中，多样性对提高模型的泛化能力和减少偏见非常重要。评估多样性的几个方面包括以下内容。

① 类型多样性。数据集中是否包含多种类型的数据。例如，在视觉识别系统中，数据集应包括不同环境、不同时间、不同条件下拍摄的图像；或者是否包含了多种模态的数据类型，以应对数据的使用需求。

② 主题覆盖度。数据内容是否涵盖广泛的主题或情景。例如，语音识别系统的训练数据应包括各种口音、语速和语调的语音样本。

③ 视角多样性。数据是否从多个角度或视角展示信息。这在新闻报道或社会事件的记录中尤为重要，不同的视角可以帮助减少信息的单一性和偏见。

3. 信噪比

信噪比（Signal-to-noise Ratio）是衡量数据中有效信息与背景噪声的比例。在非结构化数据中，高信噪比意味着数据的质量越高，噪声越少，从而更适合进行高质量的分析和学习。评估信噪比包括以下几个方面。

① 视觉数据的噪声。图像和视频数据中的噪声可能包括光照不均、模糊或像素错误。

② 音频数据的噪声。音频文件中的背景噪声、杂音或者回声可以显著影响声音的清晰度和识别精度。

③ 文本数据的干扰。在文本数据中，错误的拼写、语法错误或者不相关的信息都可以视为噪声。

4．对齐性

对齐性（Alignment）指数据内容是否符合人类的价值观和伦理标准，这在使用非结构化数据进行机器学习和数据分析时尤为重要。数据不仅要准确无误，还应当符合道德和社会责任标准。评估对齐性包括以下几个方面。

① 伦理和道德标准。数据内容不应包含或传播有害的偏见、歧视或不道德的信息。

② 文化敏感性。数据应考虑到文化多样性和敏感性，避免包含可能引起特定群体不适的内容。

5．标签质量

在非结构化数据中，特别是在机器学习和人工智能应用中，标签质量（Annotation Quality）是至关重要的。标注或标签是用来指示数据内容特定方面的信息，如对象标识、情感倾向、事件类型等。这些标签对训练、验证和测试机器学习模型至关重要，它们的质量直接影响到模型的性能和应用效果。评估标签质量包括以下几个指标。

① 标签粒度。确保标签的详细程度和分类的精细性满足特定任务的需求。

② 混淆矩阵。使用混淆矩阵来评估标签的准确性，特别是在有监督学习的场景中，混淆矩阵可以帮助识别分类错误和优化分类标准。

4.2.3　数据质量评估框架

随着数据质量评估的不断增长，世界各地的研究机构和专业团体逐渐开发了一系列数据质量管理框架，这些框架提供了一套全面的方法和工具，旨在帮助组织评估、监控和提升数据质量。这些框架涵盖了从定义和测量数据质量到实施改进措施的各个方面，它们结合了多学科的知识和实践，包括计算机科学、统计学、管理学和组织行为学等。下面将简要介绍一些已被广泛应用的数据质量评估框架，通过介绍这些框架的核心组成部分，分析其对业界的重要贡献，并展示数据质量评估框架如何帮助组织在不断变化的数据环境中保持数据质量。

1．TDQM

全面数据质量管理（Total Data Quality Management, TDQM）理论是在 20 世纪 80 年代由麻省理工学院斯隆管理学院建立的，它是世界上第一个数据质量研究计划，其主要目标是借鉴全面质量管理（Total Quality Management, TQM）的思想创立基于相关学科的数据和信息质量理论，使之成为数据质量管理的统一知识体系．这些学科包括计算机科学、统计学、会计学、管理学和组织行为学等。TDQM 的研究工作源于行业对高质量数据的需求，其主要目标是在这个新兴领域奠定坚实的理论基础，并从这项工作中制定实用的方法，帮助商业和工业提高数据质量。

TDQM 主要解决的问题是如何系统地提高数据的质量以满足商业和工业的需求。TDQM 提供了一套完整的方法论，帮助组织识别和解决数据质量问题，确保数据能有效支持业务运作和决策制定。

TDQM 的核心架构可以概括为四个主要部分，分别是定义、测量、分析和改进。

①定义（Definition）。TDQM 关注明确数据质量的概念，包括数据质量维度（准确性、完整性、一致性、可靠性和及时性）的定义和衡量方法。

②测量（Measurement）。这部分关注使用预先定义的衡量方法来评估数据质量。这些活动可以帮助组织了解数据质量的当前状态，并提供改进数据质量的基础。

③分析（Analysis）。该部分涉及识别数据质量问题，并计算数据质量不佳对组织效能的负面影响，以及高质量数据带来的益处。分析过程使用统计工具和技术来量化数据问题的规模和影响。

④改进（Improvement）。改进是 TDQM 实践中最为关键的一步，它要求组织重新设计业务流程和实施新技术，以显著提升数据质量，可能包括数据清洗、数据集成、数据监控和数据治理等活动。

2. 《信息技术 数据质量评价指标》（GB/T 36344—2018）

《信息技术 数据质量评价指标》（GB/T 36344—2018）是一项国家标准，由国家市场监督管理总局和中国国家标准化管理委员会于 2018 年 6 月 7 日发布，并于 2019 年 1 月 1 日开始实施。

过去，国内缺乏统一的评价标准，不同的组织和个人对数据质量的理解和评价标准各不相同，这给数据质量管理带来了很大的困难。《信息技术 数据质量评价指标》（GB/T 36344—2018）提供了一个统一的评价框架，使不同的组织和个人可以使用同一套标准评价数据质量，从而提高了数据质量管理的效率。

《信息技术 数据质量评价指标》（GB/T 36344—2018）的核心架构包括数据质量评价指标的框架和说明。《信息技术 数据质量评价指标》定义了一系列的评价指标，其中包括数据的准确性、完整性、一致性、可用性等多个方面。通过这些指标，我们可以对数据的质量进行全面的评价。

3. IMF-DQAF

国际货币基金组织数据质量评估框架（International Monetary Fund Data Quality Assessment Framework, IMF-DQAF）是由国际货币基金组织（IMF）与其他国际机构共同开发的一项重要工具，旨在提升全球统计数据的质量与透明度。IMF-DQAF 的诞生背景是准确、及时的宏观经济数据的需求日益增长，尤其是在经济政策制定和金融分析领域。IMF-DQAF 汇集了多种最佳实践和国际公认的统计概念及定义，包括联合国官方统计的基本原则和 IMF 的一般数据传播系统。

IMF-DQAF 的评估结构分为六个部分。

①法律和制度环境审查。评估数据生成的法律框架和政策支持。

②完整性保证分析。评价数据集的全面性。

③方法论的健全性分析。评估统计方法的科学性和合理性。

④ 准确性和可靠性分析。检查数据的精确度和可信度。

⑤ 服务性和可访问性分析。评价数据对用户的服务水平和获取便利性。

⑥ 实施数据质量审查程序。定期对数据质量进行审查和改进。

下面用一个具体案例解释这个框架是如何运作的。假设一个名为"小国"的发展中国家，小国的经济发展迅速，但在数据管理和统计信息方面面临诸多挑战。作为一个正在发展的小型经济体，小国希望改进金融数据的质量以吸引更多的外国投资者。因此，小国决定运用 IMF-DQAF 来评估和提高其宏观经济统计的质量。具体的实施过程如下。

首先，检查小国的统计数据支持环境，包括法律和机构框架。例如，如果发现小国的统计机构受到内部干预，IMF 可能会推荐加强法律独立性。小国如果没有法律要求银行定期报告其财务状况，那么这可能会影响数据的可靠性和及时性。

其次，小国需要从五个维度评估其数据质量，分别为方法论、来源数据、统计技术、服务性和可访问性。例如，小国可能会发现银行业的数据来源不稳定，或者统计方法不符合国际标准。这些问题都需要通过改进数据收集和处理的过程来解决。

4.3 数据质量管理技术

在前文中我们已讨论了数据质量问题发生的原因。本节我们会从技术人员的视角出发，讨论如何从技术的角度进行数据质量管理，这一过程涉及数据库技术和数据处理技术。本节不会涉及具体的 Shell 命令或代码，希望能让读者掌握这些庞大的数据仓库到底是如何运作和管理的。

4.3.1 元数据管理

元数据，即"关于数据的数据"，提供了对数据的详细描述，包括数据的来源、结构、质量、处理规则等。元数据的类型多样，包括描述性元数据、结构性元数据和管理性元数据，每种类型的元数据都对数据的管理和使用发挥不同的作用。

描述性元数据帮助用户发现和识别数据资源，提供了关于数据内容的信息，如标题、大小和关键词等。结构性元数据定义了数据资源之间的层次关系，如页码、目录和文章编号，增强了数据的组织和呈现。管理性元数据涉及数据的访问规范和限制，包括版权、权利管理和许可协议等，是数据责任和道德使用的关键。

目前市场上有多种主流的元数据管理工具，各自具有独特的功能和特点。

Apache Atlas 是一个开源的元数据管理工具，专注于数据治理和血统追踪。Apache Atlas 支持广泛的大数据生态系统，如 Hadoop、Kafka 等，并提供了丰富的 APIs 来支持自定义和扩展，非常适合需要强大数据治理功能的企业。Informatica 提供了一套全面的数据管理解决方案，包括强大的元数据管理工具。这些工具支持从各种数据源抽取和整合元数据，帮助企业构建一个统一的元数据存储库，进而支持数据治理、数据质量控制和数据集成。Alation 是一个现代的数据目录，提供搜索和发现功能，使用户可以轻松找到组织内的信息资产。Alation 集成了机器学习技术，提高了数据目录的智能性和用户交互体验，支持数据治理和合规性项目。

上述的元数据管理工具都包含了一些基础功能和元素。用图书馆作为例子来理解其中的一些关键元素。在下面的例子中，图书馆就相当于一个庞大的数据存储库，而书籍则相当于数据本身。元数据在这里就是关于书籍的详细信息，如书名、作者、出版日期和分类等。

① 元数据类型和实例。在图书馆中，元数据类型可以被看作是不同种类书籍的分类标准。科技、历史等都是不同的书籍类型，每本书都是一个"实例"，它具体描述了一本书的所有特定信息。例如，《哈利·波特与魔法石》这本书就是小说类型的一个实例，它的元数据包括作者（J.K. 罗琳）、出版社（布隆斯伯里出版社）、出版日期（1997 年）等。

② 分类。分类在图书馆中相当于给书籍加上标签或者标记，以帮助识别书籍的特定属性或内容。例如，图书馆可能会有儿童文学、推荐阅读、紧急参考资料等分类标签。在元数据管理中，这些分类帮助用户根据需要快速找到特定类型的书籍。

③ 数据血统。数据血统在图书馆的语境中可以理解为一本书的历史记录。例如，这本书是如何从一个简单的手稿变成多次出版的作品的？每一次的借出和归还记录分别在什么时候？在元数据管理中，数据血统帮助我们了解数据的来源和变化过程，这对于保证信息的准确性和完整性至关重要。

④ 搜索和发现。搜索和发现可以理解为图书馆的检索系统，可以让访客根据书名、作者名、ISBN 号或者分类等条件来查找书籍。元数据管理工具提供了类似的功能，使数据科学家和分析师可以通过各种元数据属性快速地定位和检索数据集。

⑤ 安全性和数据掩码。在图书馆中，某些珍贵或敏感的资料可能只对特定的访客开放。类似地，在元数据管理中，对敏感数据的访问可以通过权限设置来控制。数据掩码则相当于对书籍内容的某些部分进行隐藏。例如，数据掩码可能只允许特定研究人员访问某些珍贵文献的全文，而其他人则只能看到摘要。

4.3.2　ETL

ETL（Extract Transform Load）是用来描述将数据从来源端经过抽取（Extract）、转换（Transform）、加载（Load）至目的端的过程。ETL 一词较常用于数据仓库，但对象并不限于数据仓库。

ETL 是一个存在已久的数据集成流程,用于将多个来源的数据组合成单个一致的数据集,以便加载到数据仓库、数据湖或其他目标系统中。ETL 为数据分析和机器学习工作流奠定了基础。借助一系列业务规则，ETL 能够以满足特定商业智能需求的方式来清理和组织数据（月度报告），同时 ETL 还可以处理更高级的分析，从而改善后端流程或最终用户体验。

① 抽取。在数据转换过程中，原始数据将从源位置复制或导出到暂存区。数据管理团队可以从各种结构化数据源或非结构化数据源中提取数据。在 ETL 过程中，提取指从各种数据源中获取数据的步骤。这些数据源可能是数据库、文件、其他软件应用程序或者互联网上的数据。

② 转换。在数据转换过程中，原始数据执行数据处理操作。在这里，数据得到转换和整合，以用于其预期的分析用例。此阶段可能涉及过滤、清理、去重、验证和认证数据等任务。转换可以包括多种操作，如改变数据的格式（日期格式）、合并数据（将姓名和地址合并为一条记录）、清洗数据（去除不完整或错误的数据）、增加新的计算字段（计算总消费金额）等。

③ 加载。在数据加载过程中，转换后的数据从暂存区移至目标数据仓库。通常，这

涉及对所有数据进行初始加载处理，然后定期加载增量数据变化，偶尔需要进行完全刷新以擦除和替换仓库中的数据。转换好的数据接下来需要被加载到一个新的地方，这样才能更方便地进行查询和分析，这个新的地方通常是一个数据库，也可能会把这些数据加载到一个电子表格或者专门的分析软件中，便于进行进一步的分析和准备报告。

④ 抽取、转换、加载这三个步骤合称为 ETL，并且 ETL 逐渐发展成为一种技术。这三个步骤对于数据处理非常关键，同时也相对复杂，将这三个步骤明确定义为一个流程，有助于标准化数据的整合和处理方式。这种标准化可以确保数据在不同项目、团队，甚至不同组织间的一致性和可重复性。通过遵循 ETL 的标准步骤，组织可以更系统地处理数据，减少错误，提高效率。

假设一下，大型零售公司 Big Market 在全国各地都有分店。每个分店都有自己的销售系统，用于记录每天的销售数据。这些销售数据包括商品的信息、销售数量、销售价格、销售时间等。然而，历史原因导致这些分店使用的销售系统并不完全相同，数据的格式和结构也有所不同。公司的管理层希望能够对全国的销售数据进行统一分析，以便更好地了解销售情况，制定销售策略。这就需要 ETL 将所有分店的销售数据汇总到一起。

首先，ETL 的抽取步骤会从所有分店的销售系统中提取出销售数据。这可能涉及与各种不同的系统接口读取和复制数据。其次，在转换步骤，ETL 会将这些数据转换成统一的格式和结构。这可能涉及清洗数据（去除错误的记录）、转换数据格式（统一日期的格式）和合并数据（将商品的名称和类别合并为一条记录）等操作。最后，在加载步骤，ETL 会将转换后的数据加载到公司的数据仓库中。通过这个 ETL 过程，公司的管理层就可以对全国的销售数据进行统一地分析。公司的管理层可以看到哪些商品销量最好、哪些地区的销售额最高、哪些时间段的销售活动最活跃等。这些信息对于制定销售策略、优化供应链、提高客户满意度等都非常有用。

既然在原始数据中已经有了这些数据，为什么还需要重复工作将它们提取并保存到新的地方呢？这一过程看似重复，实则是数据管理流程中的重要环节，与数据链条的相关性密不可分。在现实商业操作中，数据通常由一线记录人员在多个不同的前端系统中输入，这些系统包括销售点系统、客户关系管理软件或在线交易平台等。这些系统各自为战，数据格式和存储标准可能不统一，且它们的主要职能是支撑日常业务活动，而非进行复杂的数据分析。

抽取这一步骤就是将这些散布在各个源系统中的数据聚合到一起，以便进行后续的统一处理。抽取不仅是简单的数据复制，还涉及从技术上确保数据的完整性和一致性，为进一步的数据转换和数据分析奠定基础。此外，这一过程还能确保在不影响前端业务系统性能的前提下，进行有效的数据处理。信息技术人员在这一链条中扮演着桥梁的角色，他们负责设计和维护 ETL 流程，确保数据从源头平滑地转移到数据仓库或其他分析平台中。在抽取过程中，信息技术人员还需考虑如何处理数据安全问题，确保敏感信息的保护，同时遵守相关的数据保护法规。

Big Market 的管理人员作为数据链的终端用户，依赖这些经过整理和分析的数据来做出决策。如果没有 ETL 过程中的这些精细操作，公司的管理层将无法获得所需要的高质量数据，这直接影响到他们的决策质量。

因此，ETL 流程是连接数据的录入和业务决策的关键纽带，不仅是简单的数据转移，更是确保数据能够被高效、安全地用于支持高层的战略决策的过程。通过这种方式，数据从一个静态的记录转变为能够推动业务发展的动态资产。此外，在计算机技术层面，ETL还涉及如何优化数据结构，以提高查询效率和支持高效的数据分析。ETL技术帮助设计数据仓库和数据库的架构，确保数据加载到系统中时，既能满足存储的需求，又能满足快速检索和分析的需求。将ETL定义为一种技术还有助于实现过程的自动化，这意味着可以使用软件工具来自动执行ETL任务，而不是手动处理。同时，ETL工具通常包括监控和日志记录功能，可以跟踪数据处理的每一个步骤，帮助识别和解决问题。

4.3.3　数据质量控制

数据质量控制（Data Quality Control, DQC）是对本地或云端数据质量管理的流程化环境，DQC是一种系统的方法，用于确保企业的数据在准确性、完整性、一致性和时效性等方面满足业务需求。随着技术的发展，数据质量控制的环境也在不断演变。目前，已有一些成熟的开源生态或者闭源生态可以实现高效的数据质量控制。

Apache Griffin是eBay开源的一款基于Apache Hadoop和Apache Spark的数据质量服务平台。Apache Griffi是一个完全闭环的平台化产品，其质检任务的执行依赖内置定时调度器的调度，调度执行时间由用户在UI上设定。任务将通过Apache Livy组件提交至配置的Spark集群。这也就意味着质检的实时性难以保障，无法对产出异常数据的任务进行强行阻断，二者不是在同一个调度平台被调度，时序上也不能保持串行。

DataWorks是阿里云推出的一种专业高效、安全可靠的一站式大数据智能研发平台，DataWorks的产品架构如图4-2所示。DataWorks基于MaxCompute、Hologres、EMR、Anal平ticD平、CDP等大数据引擎，为数据仓库、数据湖、湖仓一体等解决方案提供统一的全链路大数据开发治理平台。

图4-2　DataWorks的产品架构

通常，DQC 模块都应该集成和包含如下几个功能，以方便数据开发者便利地对数据质量进行管理和解读。

① 规则定义。在这个功能中，用户可以设定一系列的标准或规则，用于评估数据是否达到了所需的质量标准。例如，可以设定一个规则来检查销售数据中的每一笔交易是否都记录了日期和金额，确保数据的完整性。这就像是为数据设定了一系列的检查关卡，以确保所有数据都是准确的和可用的。

② 数据质量检测。这个功能类似执行一个定期的健康检查。基于上面定义的规则，系统会自动检查数据是否符合这些标准。例如，系统可能定期检查数据库中的数据，确保没有任何重复记录或缺失的重要信息，保持数据的唯一性和完整性。

③ 结果分析。检测完数据后，这个功能会对检测结果进行分析，并以易于理解的方式展示出来，如通过图表或摘要报告。这有助于用户快速地看到哪些数据质量良好，哪些数据存在问题，从而可以针对性地采取改进措施。

④ 数据质量报告。通过这个功能，系统会生成详细的数据质量报告，这些报告包括数据质量的各种统计信息和发现的问题。报告可以帮助管理层和团队成员了解当前数据质量状况，并基于这些信息做出更明智的决策。

⑤ 数据质量监控。此功能确保数据质量在持续的基础上进行监控。一旦数据出现变化，系统会立即进行检查。如果发现数据质量存在问题，系统可以暂停数据的进一步处理或通知责任人，从而阻止可能的错误数据流向生产环节，避免问题扩散。

⑥ 规则管理。规则管理是一种维护和管理上述检查规则的功能。用户可以添加、修改或删除规则、管理规则的应用方式及监控规则执行的效果。这提供了灵活性，随着业务的变化，数据质量的标准也可以相应调整。

4.3.4 数据清洗技术

数据清洗技术是数据质量管理中不可或缺的一部分，旨在通过一系列技术手段来提高数据的准确性、一致性和完整性等。本节将介绍几种常用的数据清洗技术，数据清洗技术通过不同的方法和步骤，帮助数据科学家和分析师处理数据中的各种问题，使数据能够更好地支持业务需求和分析任务。

1．实体识别

实体识别全称命名实体识别（Named Entity Recognition, NER），是 NLP 中的一项基础技术。NER 的主要任务是识别文本中的预先定义好的实体类型，如人名、地名、机构名等。简单来说，实体可以被认为是某一个概念的实例。例如，"人名"是一种概念，或者说实体类型，那么"张爱民"就是一种"人名"实体了。同样，"时间"是一种实体类型，那么"中秋节"就是一种"时间"实体了。实体识别的过程就是将想要获取到的实体类型，从一句话里面挑出来。

在数据质量管理中，数据专家通过实体识别技术识别、关联和合并数据集中描述相同实体（人、地点、组织）的多条记录。实体识别是用来确保数据的一致性、消除重复记录及提高数据的整体质量的。实体识别通常涉及以下几个关键步骤。

① 数据预处理。实体识别之前，需要对数据进行预处理，包括标准化数据格式、纠

正错误和消除明显的重复项。这一步骤是实体识别成功的基础。

② 实体规范化。实体规范化涉及将实体的不同表示形式转换为一个标准化、一致的格式。例如，将"Robert""Bob""Rob"统一标记为同一个实体"Robert"。

③ 特征提取。特征提取指从数据中提取有助于区分不同实体的属性或特征。这些特征可能包括名称、地址、电话号码等。

④ 实体匹配。在提取特征之后，下一步是使用各种算法来匹配和识别描述同一实体的不同记录。这可能包括简单的字符串匹配技术到更复杂的机器学习模型。

⑤ 实体解析。实体解析涉及将匹配的记录合并为单个、统一的实体记录，并解决其中的任何冲突（当两个记录为同一实体提供不同的信息时）。

实体识别的方法可以大致分为确定性方法和概率性方法两大类。

确定性方法通常基于规则或简单的匹配算法，如基于字符串相似度的匹配（Levenshtein距离），或者基于特定属性的精确匹配。这些方法易于实现，但可能无法处理复杂的或模糊的匹配情况。概率性方法，如机器学习算法，能够端到端地处理实体匹配中的不确定性和复杂性。例如，使用基于 Transformer 的 NLP 模型识别描述同一实体的不同记录。这些方法通常更加灵活和强大，但需要大量的训练数据，并且实现起来更复杂。

2. 真值发现

在现实世界的数据收集过程中，各种原因（人为错误、测量误差、数据损坏等）导致不同数据源提供的信息经常会存在差异或直接冲突。在没有绝对准确的参考标准的情况下，确定哪些信息是最可信的变得极为重要。真值发现（Truth Discovery）是一项关键的技术，旨在从多个数据源中的冲突信息中识别出最可靠的信息作为"真值"。这个过程对提高数据的准确性和可信度至关重要，尤其是在涉及多个数据提供者、数据质量参差不齐的情况下。实现真值发现的方法主要有以下几种。

① 投票方法。最简单的真值发现方法之一是投票，即对于给定的事实，选择被最多数据源支持的信息作为真值。尽管这种方法易于实现，但投票方法假设所有数据源都同等可信，这在现实情况中往往不成立。

② 源可靠性评估。更复杂的方法考虑了数据源的可靠性。源可靠性评估首先评估每个数据源的可信度，然后根据数据源的可信度对信息进行加权，以此来确定真值。源可靠性评估通常比简单投票更为准确，因为它考虑到了数据源的质量差异。

③ 机器学习方法。近年来，机器学习方法，尤其是集成学习和深度学习技术，已被应用于真值发现。机器学习方法通过从数据中自动学习数据源的可靠性和信息的可信度，能够处理非常复杂的真值发现任务。

3. 缺失值填充

缺失值填充旨在解决数据集中存在的空值或缺失值问题，从而提升数据的完整性和可用性。缺失值的存在不仅影响数据分析的准确性，还可能导致数据分析结果的偏差。因此，采取有效的缺失值填充策略对保证数据质量至关重要。

缺失值的产生原因多种多样，包括数据采集过程中的错误、数据传输过程中的丢失、数据录入时的疏忽或者数据隐私保护措施所致的错误。缺失值的处理方法取决于缺失数据的性质和背景知识及数据的应用场景。处理缺失值主要有三种基本方法：删除、填充和忽略。下面主要讨论缺失值填充方法，它可以进一步分为以下几种具体技术。

① 重新采集。在某些情况下，最直接地解决缺失值问题的方法是重新采集丢失的数据。这种方法适用于数据可以再次获取的情况，如通过再次调查或重新测量。

② 默认值填充。默认值填充是一种简单直观的缺失值处理方法，它通过一个预设的值来填充所有缺失值，如 0、平均数、中位数或者最常见的值（众数）等。例如，对于数值型数据，可以使用平均值 μ 来填充缺失值：$X_{\mathrm{miss}}=\mu$。对于分类数据，则可以使用出现频率最高的类别来填充。

③ 统计填充。统计填充方法基于数据的分布特性，使用统计模型预测缺失值。例如，可以利用数据集中其他非缺失值的统计信息（均值、中位数或众数）来填充缺失值。

④ 热卡填充（热启动填充）。热卡填充方法基于数据项之间的相似性来填充缺失值。具体来说，对于每个缺失值，找到一个与之最相似的数据项，并用这个数据项的值来填充缺失值。相似度可以通过多种方式计算，如欧氏距离、余弦相似度等。

⑤ 预测填充。预测填充方法使用机器学习模型来预测缺失值。首先，将数据集分为训练集（不含缺失值的数据）和测试集（含缺失值的数据）；其次，使用训练集训练一个预测模型；最后，用这个模型来预测测试集中的缺失值。常见的预测模型包括线性回归、决策树、随机森林等。

上述方法尽管在处理缺失值方面都有其应用场景，但它们也面临着各自的挑战。例如，重新采集数据可能面临资源和时间的限制，而统计填充方法和预测填充方法则可能因模型选择不当而导致填充值的偏差。此外，机器学习算法和其他迭代算法可能因初始参数选择不当而收敛到局部最优解。因此，根据实际需求和数据特征选择合适的缺失值填充方法是一个成熟的数据科学家和数据行业从业者的重要技能。

4．异常值处理

异常值也称为离群值，指那些显著偏离数据集中其他数据点的值。这些值可能由数据录入错误、测量误差或自然波动等多种因素产生。异常值的存在可能会干扰数据分析结果，导致模型估计偏差，因此对异常值进行有效的管理和处理是必要的。

异常值识别是处理的第一步，旨在通过多种方法发现数据集中的潜在异常值。常用的统计方法包括标准差法和四分位数间距（IQR）。标准差法依据数据是否服从正态分布，将超过平均值 ±2 或 3 个标准差的值视为异常值。IQR 法则是计算上四分位数（Q3）与下四分位数（Q1）的差值，通常将 Q1−1.5IQR 或 Q3+1.5IQR 之外的值视为异常值。

除了统计方法，可视化技术也是识别异常值的有效工具。箱线图和散点图都是常用的图表类型，箱线图展示数据的分布情况，而散点图帮助观察数据点之间的偏离。

识别出异常值后，可以采取以下几种方法进行处理。

① 删除。直接删除包含异常值的数据点。删除简单直接，但可能会导致信息的丢失，特别是当异常值数量较多时，可能会显著减少数据集的规模。

② 替换。替换指将异常值替换为平均值、中位数、众数或其他业务逻辑下合理的值。替换可以保持数据集的完整性，但可能会改变数据的原有分布规律。

③ 修正。异常值如果是由明显的错误造成的，如录入错误，可以尝试将这些值修正

79

为正确的值。这要求我们对数据背景有足够的了解。

④ 分箱。分箱指将数据分为几个区间（箱），然后将异常值所在的箱的值替换为该箱的中值或边界值。这种方法对于处理数值型数据的异常值尤其有效。

⑤ 转换。转换指对数据进行数学变换，如对数转换、平方根转换等，使数据更加稳定，减少异常值的影响。

4.4　数据质量治理策略

在具备了数据质量评估指标和框架之后，组织需要在更高层面上展开数据质量管理。管理不仅是一门艺术，还是一项系统工程，特别是在数据质量治理领域，它远超出简单的评估技术和方法。有效的数据质量治理要求管理者处理技术细节，更重要的是如何将技术、人员和制度有机地整合起来，这正是管理者需要考虑的关键。本节将数据质量治理划分为三个阶段，从方法论角度探讨管理者在每个阶段应采取的行动，每个环节在治理过程中的定位，数据质量治理策略路径图如图 4-3 所示。

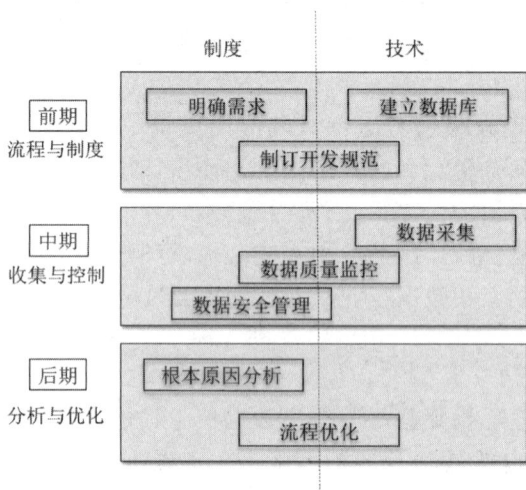

图4-3　数据质量治理策略路径图

① 流程与制度（前期）。流程与制度阶段主要关注数据质量管理的规划和初步设定。管理者需要确定数据质量的目标和标准，这些通常基于组织的业务需求和数据治理政策。在此阶段，管理者要建立清晰的数据收集、处理和存储的指导原则，以确保从源头上控制数据质量。

② 收集与控制（中期）。在数据的日常操作中，中期管理的焦点转向监控和维护数据质量。这需要管理者实施连续的数据质量评估过程，监控数据是否符合既定的质量标准，并且根据实际情况调整数据处理流程。此外，中期还需要关注数据安全性和合规性，确保数据在使用过程中的安全和符合法规要求。

③ 分析与优化（后期）。后期管理聚焦于数据质量的持续改进和优化。管理者需要根据之前的数据监控和评估结果，识别数据质量问题的根源，并实施改进措施。这可能包括改进数据收集方法、更新数据处理技术或调整数据管理策略。分析与优化阶段的关键是建立一个灵活的反馈机制，使数据质量管理能够适应快速变化的业务环境。

4.4.1　数据治理策略的流程与制度

数据治理策略的首要步骤是建立清晰的流程与制度。在这一阶段，我们着眼于设计和实施标准化的数据治理策略流程和技术体系，这些流程将指导我们如何收集、存储、维护和分发数据，关键在于制订一套既符合组织内部治理需求，又能满足外部法规要求的政策和程序。从规范化的数据建模到严格的权限分配，每一项制度都旨在为数据的完整性和安全性奠定基础，确保数据质量管理的可持续性发展。

1．明确数据质量需求

在制定任何管理计划时，首先要做的就是明确需求，明确数据质量的需求就是要了解你的数据需要达到什么样的标准，以及这些数据将如何支持你的业务目标。数据质量需求往往与上下游业务需求直接相关，无论是技术人员还是管理人员，大部分工作内容的关键都需要与他人合作并满足他们的需求。因此，确定部门或者上下游的需求应该是员工第一件需要花心思去做的事。

在明确需求之后，组织应该进一步制定数据标准。数据标准化通过统一数据格式和值，确保了不同系统和部门之间的数据可以相互比较和整合。例如，客户信息在不同的业务系统中可能有不同的表示方式，标准化处理后，可以确保所有系统中的客户信息都是一致的。

2．建立数据仓库

数据仓库（Data Warehouse, DW）是一个专门设计用于支持企业决策制定的数据存储解决方案。数据仓库通过集成来自企业不同源的数据，提供了一个统一的、综合的数据视图。技术永远是业务发展的原动力，特别是对于一个管理和利用数据的组织。因此，数据仓库是企业数据管理的核心，它能通过提供集成、一致、安全和高质量的数据，支持企业的决策制定过程。

随着技术的发展，数据仓库的环境也在不断演变，不同的组织或企业可以根据其不同的需求确定底层的数据仓库环境。目前，常见的数据仓库环境如表4-1所示。

表4-1　常见的数据仓库环境

名　　称	数据仓库类型	描　　述
Teradata	本地数据仓库	Teradata 是一个大规模并行处理系统，用于构建大型数据仓库
IBM DB2	本地数据仓库	IBM DB2 是一个基于关系型数据库系统的数据仓库解决方案，它提供了强大的数据处理和数据分析功能
Oracle Data Warehouse	本地数据仓库	Oracle Data Warehouse 是一个基于 Oracle 数据库系统的数据存储和管理平台，它具备高度的可扩展性和灵活性，能够满足各种定制需求
Amazon Redshift	云基础数据仓库	Amazon Redshift 数据仓库是一个企业级的关系数据库查询和管理系统
Google BigQuery	云基础数据仓库	Google BigQuery 是一个完全托管式、具有高度扩展性的无服务器数据仓库，其特点是执行快速、反应敏捷，同时具备机器学习能力

（续表）

名　称	数据仓库类型	描　述
Microsoft Azure SQL Data Warehouse	云基础数据仓库	Microsoft Azure SQL Data Warehouse 是一个数据仓库，它用于存储和管理大量数据，并支持数据分析和报告
Apache Hive	开源数据仓库	Apache Hive 是一个基于 Hadoop 的数据仓库工具，可以将结构化数据映射到 Hadoop 分布式文件系统（HDFS）上，并提供类似 SQL 的查询语言（HiveQL）来查询和分析数据
Presto	开源数据仓库	Presto 是一个开源的分布式 SQL 查询引擎，适合实时交互式分析查询，支持海量的数据

数据仓库的建立规范应当是组织制订数据管理策略前期最重要的环节。在明确了业务需求之后，组织或企业应当根据制订的数据标准和组织需求，选择最适当的数据仓库方案，这对后续的数据质量管控至关重要。

3．制订数据开发规范

制订有效的数据开发规范是数字化时代组织管理的关键步骤。无论是数据模型的创建、修改还是指标的变更，都需要遵循一套统一的流程来确保数据的准确性和可靠性。制订数据开发规范不仅有利于数据质量的控制，还是组织日常运作的关键环节。制订数据开发规范通常包含如下几个步骤。

① 设计与评审。无论是新建数据模型还是进行模型或指标的变更，首要任务是根据业务需求设计合适的数据结构。设计完成后，需在团队内部进行详尽的评审，这一步骤的关键是确认设计的合理性及其支持业务的能力。

② 代码编写与测试。确认设计无误后，开发人员将根据设计文档编写代码。编写的代码需要在测试环境中运行，以验证其执行的准确性和效率。这一阶段的测试帮助确保代码在实际应用中能够无误地执行预定任务。

③ 配置数据质量控制。在代码和数据验证通过后，开发人员配置相应的数据质量控制措施，这包括设置自动化的数据质量检查，如检查数据的完整性、准确性和一致性等。

④ 自动化质量报告与数据初始化。最后阶段是生成自动化的数据质量报告，并进行数据初始化。这些报告为组织提供了一个持续监控的工具，帮助组织及时发现并纠正数据问题。数据初始化则确保数据在正式环境中进行正确加载，为业务决策提供可靠支持。

实施统一的数据开发规范，不仅可以提高数据处理的效率，还可以显著提升数据质量，从而支持精准的业务决策和高效的业务运营。这一套规范流程确保了组织从数据模型的构建到数据的实际应用，每一步都保障了数据质量。

4.4.2　数据收集与控制

在数据收集与控制环节中，组织的重点是如何精确无误地收集数据，以及如何确保数据在生命周期中每个环节的数据质量都得到有效控制。数据质量管理不仅包括数据的录入和存储，更涉及实施数据监控和完善数据安全策略，确保数据在传输和使用过程中的质量得到保障。

1. 数据收集

数据收集是数据生命周期中的第一步，它为整个数据分析和决策过程奠定了基础。这一环节收集到的数据质量如果不高，那么后续的所有工作都可能受到影响，导致出现错误的分析结果和决策。

数据收集是收集特定主题信息的过程，确保数据的完整性至关重要。数据收集如果是不完整、非法或不道德的，分析结果将不准确，那么可能产生深远的影响。通常，组织和企业收集数据的过程应该遵循如下流程。

① 明确数据收集目标。在收集数据之前，组织和企业需要明确数据收集的目的和目标。这包括确定需要收集哪些数据，以及这些数据将如何使用。

② 设计数据收集计划。根据收集目标，组织和企业需要制订详细的数据收集计划。这包括选择合适的数据收集方法、工具和技术。

③ 执行数据收集。组织和企业按照计划执行数据收集工作。在这个过程中，组织和企业需要确保数据的准确录入和及时更新。

④ 验证和清洗数据。组织和企业收集到的数据需要经过验证和清洗，以去除错误和不一致的数据。

⑤ 存储和备份数据。组织和企业将清洗后的数据安全地存储，并进行定期备份，以防数据丢失。

2. 数据质量监控

数据质量监控是一套系统化的流程，旨在通过持续地评估和改进，提升数据的质量和适用性。数据质量监控不仅包括技术层面的实时监控，还涵盖了策略制定、资源分配、团队培训和数据治理等多个方面。组织管理层在数据监测过程中的职责并不直接涉及技术操作，而是更多地关注建立策略、监督执行和持续改进。数据质量监控包括以下几点关键原则。

① 确立明确的数据监控目标。数据监控的目标会根据数据架构的不同层次而变化。在操作数据存储层时，重点在于数据的实时性和完整性；在数据仓库细节层时，关注数据的准确性和一致性；而在应用数据存储层时，则更注重数据的相关性和定制化展现。

② 分配合适的资源和责任。组织管理人员需要指派专门的团队负责数据监控，并确保团队成员具备必要的技术支持和访问权限。清晰的责任界定对处理敏感数据尤为重要。

③ 实施跨部门合作。不同部门之间的合作对于数据监控至关重要。例如，IT 部门可以提供技术支持，而业务部门则可以提供数据应用的背景和需求。

④ 采用先进技术和工具。利用先进的数据监控和管理工具，如数据质量管理软件，可以自动化数据监控流程。这些工具可以帮助组织更有效地识别问题、生成报告并提供数据修复建议。

3. 保证数据安全

保证数据安全是管理数据质量不可或缺的一部分，因为安全漏洞可能导致数据损坏、丢失或未经授权的更改，这些都会破坏数据的完整性。在当今的数字环境中，数据是决策和运营效率的关键资产，数据的纯度至关重要。违规行为不仅会损害数据的机密性和完整性，还会影响数据系统的可信度。为了保护数据并保证其质量，组织可以采用以下几种全面的安全措施。

① 访问控制。实施严格的访问控制，如最低权限原则，确保个人只能访问角色所需要的数据，最大限度地降低数据暴露的风险。

② 数据弹性。数据弹性确保数据在事故发生后能够快速恢复，对保持高质量数据的连续访问至关重要。这涉及创建强健的备份和恢复计划。

③ 定期审计和监控。持续监控数据访问和使用情况，有助于及时发现异常并做出响应，降低数据泄露风险，确保数据准确可靠。

④ 员工培训。人为错误是许多数据泄露的重要因素，因此对员工进行安全最佳实践培训至关重要，如培训员工识别网络钓鱼企图和正确的密码管理。

4.4.3 数据分析与优化

在前期制订管理流程并在中期实行数据质量控制，这一阶段通常会发现不少原有的问题。在这一阶段，组织不仅要确保数据监控的连续性和系统性，还要挖掘数据背后的故事，寻找质量问题的深层次原因，并基于解决这些问题推动管理层面的持续优化。现在的关键是找到问题发生的原因并改进原先技术框架或者管理流程的不足。

1. 根本原因分析

根本原因分析（Root Cause Analysis, RCA）是一种系统化的问题解决方法，用于识别引起特定问题、事件或偏差的基本原因。在数据质量管理过程中，通过根本原因分析，组织可以解决表面的数据问题，而且能够深入挖掘并解决导致数据错误的根本原因，从而实现长期的数据质量改进。下面是一些在管理实践中常见的根因分析方法。

5 Whys 是一种根本原因分析工具，通过连续询问五次"为什么？"探索问题的原因及后果，直至找到问题的根本原因。5 Whys 是由丰田汽车公司的创始人之一的大野耐一在 20 世纪 60 年代提出的，最早在丰田汽车公司的生产过程中应用，以发现和解决问题。5 Whys 工具的使用步骤如下。

确定问题事件，并描述问题的具体情况。

问第一个"为什么？"找出直接原因。

对第一个答案再问"为什么？"深入挖掘。

重复对第一个答案再问"为什么？"，直到连续问了五个"为什么？"。

通常第五个"为什么？"的答案会指向问题的根本原因。

5 Whys 有助于组织深入分析问题，避免表面的解决方案，从而找到更持久的改进措施。举一个可能发生的实际案例介绍 5 Whys 工具的应用：一个企业的报表显示了异常的销售下降。

第一次"为什么？"。为什么报表显示销售下降？答案：因为某一产品类别的销售数据异常低。第二次"为什么？"。为什么这一产品类别的销售数据异常低？答案：因为输入系统中的数据显示大量客户退货。第三次"为什么？"。为什么会有大量客户退货？答案：因为客户收到的产品与订单不符。第四次"为什么？"。为什么客户收到的产品与订单不符？答案：因为订单处理系统中的产品编码错误。第五次"为什么？"。为什么订单处理系统中的产品编码会出错？答案：因为数据录入时没有进行适当的验证。根本原因：数据录入过程中缺乏有效的验证机制，导致错误数据影响了下游的销售和降低了客户满意度。

鱼骨图，又称因果图或 Ishikawa 图，是由日本质量管理专家石川馨发明的一种视觉化工具。鱼骨图通过图形化的方式帮助组织识别和展示问题的所有潜在原因。鱼骨图的构造包括以下几个部分。

问题或效果作为"鱼头"放在图的右侧。主要原因类别，如"人""机""料""法""环"作为"鱼骨"的主支架。每个主要原因下可以细分出更具体的次级原因。通过组织讨论，将所有可能的原因按类别归纳到图中。

鱼骨图的分析能够帮助组织针对每个原因讨论可能的改进措施。例如，想要提高数据录入和验证流程的严格性，鱼骨图的分析可以为市场组织提供数据管理培训，或升级 CRM 系统以支持自动数据清洗和维护功能。每项措施都应具有可执行性和针对性，确保能够有效提高客户数据的质量，从而增强市场营销活动的效果。

故障树分析（Fault Tree Analysis, FTA）是一种用于系统故障分析的逻辑图表达方式。故障树分析从顶层的不期望事件（故障）出发，通过逻辑关系反推可能的原因。故障树分析由贝尔实验室于 1950 年为美国航天和国防项目开发，其步骤包括：定义顶层事件，即需要分析的主要故障或问题；识别导致顶层事件的所有可能原因；将这些原因按逻辑关系组织成树状图；使用逻辑门（AND 门、OR 门）表示原因之间的关系；利用故障树分析确定各原因的重要性和发生概率。

假设有一个问题："企业数据仓库中的数据不一致导致报表错误"。使用故障树分析，可以从这个顶层问题（顶事件）逆推，逐步识别可能导致该问题的各种原因。

① 顶事件。报表数据不准确。该事件可以通过几种不同的逻辑门细分为多个子事件，代表各种可能的原因。

② 逻辑门。要使"报表数据不准确"这一事件发生，可能需要同时出现几个条件，如数据输入错误、数据转换错误等。

这个故障树可以进一步扩展，包括更详细的逻辑门和条件。这种方式可以帮助组织系统地理解和分析导致顶事件的多个原因，以及这些原因之间的逻辑关系。

2. 流程优化

在经历了先前的制度设计，持续进行数据质量监控，并解决了无数个组织流转中遇到的大大小小的问题之后，组织管理人员或许已经发现了整个流程的问题。此时，对整个流程和制度的持续优化有一些统一的方法论可以被参照并用来对当下现状进行完善。

① 上下游沟通。数据质量管理不仅是技术团队的责任，也是业务部门的共同任务。强化上下游之间的沟通，意味着要打破部门壁垒，建立一个跨功能的团队，负责数据质量管理的各个方面。这一团队应包括 IT 专家、数据科学家、业务分析师和质量管理专员等，他们共同协作，确保数据质量管理活动符合业务需求并有效解决数据质量问题。此外，实施定期的跨部门会议和工作坊，可以促进知识共享和最佳实践的交流。

② 制订与实施目标导向的改进计划。在识别数据质量的问题根源后，组织需要制订有针对性的改进计划。制订与实施目标导向的改进计划不仅要明确目标，还应详细规定实施步骤、责任人、时间表和预期成果。运用 SMART 原则（具体、可测量、可实现、相关性强、时限明确）设定目标，确保每项改进措施都是可执行且有效的。例如，数据不一致如

果是一个主要问题，那么改进计划可能包括使用新的数据整合工具和技术，以及对相关员工进行数据标准化培训。

③ 优化数据处理流程。对数据处理流程进行优化是提升数据质量的关键。分析根本原因可以识别出流程中的缺陷并进行改进。优化数据处理流程可能涉及重新设计数据收集、存储、处理和分析的流程，使这些流程高效且减少错误发生的机会。例如，引入自动化工具替代手动数据录入，不仅可以减少人为错误，还可以提高数据处理的速度。

复习思考题

1. 请解释数据质量的概念，并说明高质量数据对企业的重要性。
2. 请阐述数据质量评估的主要方法有哪些？
3. 请解释结构化数据和非结构化数据储存方式的区别，并举例说明。
4. 请以你熟悉的行业为例，描述 ETL 的实施过程。
5. 请描述分布式数据处理在数据质量管理方面的优势和挑战。

案例：GPT 时刻——大语言模型的智能涌现

在人工智能领域，大语言模型（LLM）已经成为一个热门话题。LLM 在多种应用场景中展示了惊人的能力，包括文本生成、语言翻译、情感分析等。然而，LLM 的性能极大地依赖于训练它们的数据的质量。据 OpenAI 披露，此前 GPT-3.5 的文本数据多达 45 TB，相当于 472 万套中国四大名著，而 GPT-4 在之前训练数据集的基础上又增加了多模态数据。预训练数据的数量、质量、多样性成为 LLM 能力表现的关键性因素，数据对 AI 领域的重要性值得组织重新审视。一些人将 GPT-3.5 的出现称作 AI 领域的"GPT 时刻"，这是一个标志性的重要节点，因为 GPT-3.5 重新定义了人们对 AI 潜力的理解和期待。

GPT 为什么突然展现出智能性？许多学者把这一现象称为涌现（Emergence）。Emergence 指的是当模型的规模和复杂性达到一定程度时，会出现一些新的能力或行为，这些是小规模模型所不具备的。这就像是一群鸟聚集在一起飞行时，能够形成复杂的队形，而单独一只鸟则无法展现这样的能力。规模法则（Scaling Law）是现代 AI 研究中的另一个重要概念，它描述了模型规模与性能之间的关系。简单来说，Scaling Law 认为，要达到更优的性能，模型的规模和所使用的训练数据量需要按照一定的比例增加。ChatGPT 比较大的突破是在 GPT-3 出现时，它的参数量大概为 1 750 亿，数据量为 45 TB。可以看出，在 LLM 的研究与应用中，数据的质量、数量和多样性不仅支撑了模型的基本性能，更是模型能否理解和生成高质量语言内容的关键。

随着 LLM 的不断进步，训练这些模型所使用的数据的质量和合规性问题也越来越受到关注。近年来，一些领先的 AI 开发机构，如 OpenAI，在训练语言模型的过程中，对数据的采集行为引起了广泛争议。例如，社交媒体平台对数据被用于训练 AI 模型表示不满，强调数据使用应遵循严格的合规性标准。

同时，随着 AI 模型对数据质量要求的提高，全球范围内"高质量语言数据"可能在不久的将来面临耗尽的危机。Epoch 研究小组的报告预测，到 2026 年前，全球可能会耗尽所有高质量的语言数据资源。这一预测揭示了一个严峻的现实：随着数据资源的枯竭，数据的获取和使用可能趋向碎片化和封闭化，进一步加剧数据质量和合规性面临的挑战。

在应对这些挑战的过程中，创新性解决方案逐渐出现。例如，"自我学习"或"反哺"策略，即允许 LLM 自行生成新数据，并通过质量过滤后用于进一步训练，提出了一种可能的自给自足的解决方案。然而，牛津大学和剑桥大学的研究人员警告，这种方法可能导致所谓的"模型崩溃（Model Collapse）"，即 AI 通过训练自生成的数据，可能培养出带有不可逆转缺陷的模型。

最终，谁能在保证数据质量和合规性的前提下，有效管理和利用数据，可能决定未来 AI 技术的领先地位。这一切都指向了一个共同的趋势：在大数据和 AI 技术的交汇点上，数据质量与合规性的平衡是推动未来创新的核心。基于上述案例，请思考和讨论如下问题。

在训练大型语言模型的过程中，如何确保所使用的数据在数量和质量上达到最佳平衡？

面对高质量语言数据资源可能耗尽的危机，哪些创新性解决方案可以有效应对这一挑战？

如何在数据碎片化和封闭化的趋势下，构建高质量、多样性的数据集，以支持大型语言模型的持续优化和发展？

参考文献

[1] 安小米,黄婕,许济沧,等.全景式大数据质量评估指标框架构建研究[J].管理科学学报,2023,26(5):138-153.

[2] 刘寒.大数据环境下数据质量管理、评估与检测关键问题研究[D].长春:吉林大学,2019.

[3] DATAVERSITY. A Brief History of Data Quality[EB/OL]. 2024.

[4] 宋金玉,陈连勇,陈刚.数据质量测量框架研究及领域测量框架构建[J].计算机科学,2024,51(4):19-27.

[5] 蔡莉,梁宇,朱扬勇,等.数据质量的历史沿革和发展趋势[J].计算机科学,2018,45(4):1-10.

[6] 孙俐丽.数据资产管理视角下的B2C企业数据质量控制研究[D].南京:南京大学,2017.

[7] Mohammad A, Mohammad M, Ahmad A, et al.Big data quality factors, frameworks and challenges[J].Compusoft, 2020, 9(8): 3785-3790.

[8] 全国信息技术标准化技术委员会.信息技术数据质量评价指标:GB/T 36344—2018[S].北京:中国标准出版社,2018:2-5.

[9] FORTUNE BUSINESS INSIGHTS.Business Intelligence(BI) Market Size,Share&Industry Analysis, By Component(Solution, Services), By Deployment(Cloud, On-premise), By Enterprise Type(SmallandMedium-Sized Enterprises(SMEs), Large Enterprises), By Application(Supply Chain Analytic Applications, CRM Analytic Operations, Financial Performance and Strategy Management, Production Planning Analytic Operations, Others), By End-use Industry(BFSI, IT and Telecommunication, Retail and Consumer Goods, Manufacturing, Healthcare, others), and Regional Forecast, 2025-2032[EB/OL].2024.

[10] 中国政府网.中国大数据技术产业显著进步:白皮书[EB/OL].2023.

第五章

数据采集的数据泄露与防御方法

本章首先向读者介绍数据采集的基本概念和方式，随后介绍了网络爬虫的基本知识及可能带来的风险，包括几种常见的攻击方法。接下来，我们介绍了几起因数据采集造成的数据泄露案件，并介绍了一些应对这些风险的防御方法。本章的学习目标如下。

- 了解数据采集的基本概念。
- 了解数据采集的方式。
- 熟悉网络爬虫的基本知识。
- 了解网络爬虫的攻击方式。
- 了解数据采集造成的数据泄露案例。
- 了解数据泄露的防御方法。

第五章内容组织架构如图 5-1 所示。

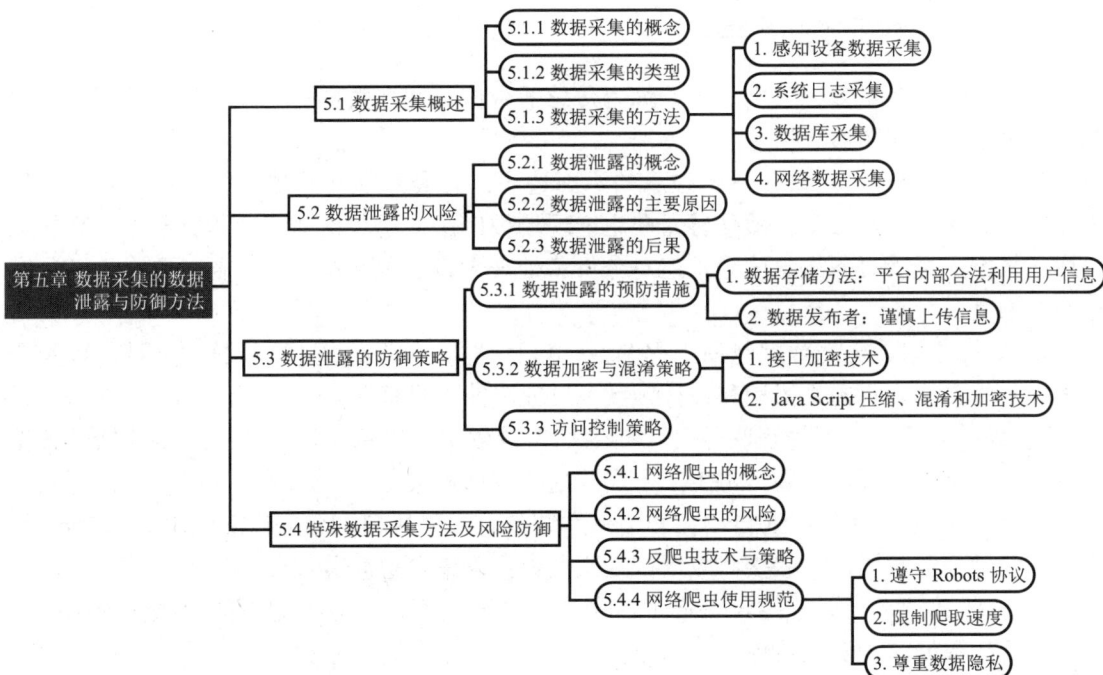

图5-1　第五章内容组织架构

5.1 数据采集概述

5.1.1 数据采集的概念

数据治理是企业对数据处理流程进行综合管理的一系列活动，涉及数据的采集、质量管理、管理策略、政策制定、业务流程优化及风险控制等多个方面。在大数据时代，数据采集作为数据治理的首要环节，对智能制造等现代产业的发展至关重要。

数据采集也称为数据获取，指利用各种装置从系统外部收集数据并输入系统内部的过程。随着互联网行业的快速发展，数据采集技术已经广泛应用于互联网及分布式领域，涉及摄像头、麦克风、传感器等多种数据采集工具。与传统的数据采集相比，数据采集不仅局限于结构化数据的获取，还局限于大量地半结构化数据与非结构化数据的获取，如网页文本、日志数据、关系数据库数据和传感器收集的时空数据等。

数据采集在多个领域发挥着重要作用。在电力领域中，实时监控电压、电流等数据可以及时报警并控制城市电网和路灯系统。在能源领域中，数据采集技术可以监控煤矿、石油、天然气、油田等资源，并监管供暖系统。在交通领域中，数据采集技术监控车辆和车牌，实施违章监控和交通灯控制。在环保领域中，数据采集实时监控自来水、污水管道、泵站和水厂。互联网领域在合法合规的前提下，可以抓取各种网络数据以支持信息的快速获取与分析。

综上所述，数据采集作为数据治理的重要组成部分，其在智能制造和现代产业自动化中的作用不可或缺。随着技术的发展，数据采集将继续在各个领域中发挥关键作用，支撑企业的数据驱动决策和业务创新。

5.1.2 数据采集的类型

数据采集涵盖了多种类型，可归纳为传感器数据、文档数据、数字化信息数据、接口数据、视频数据和图像数据等主要类别。

① 传感器数据。随着传感器技术的不断进步，各类工业传感器，如光电、热敏、气敏、力敏、磁敏、声敏和湿敏传感器在生产现场被广泛应用。这些工业传感器以极高的频率生成数据，尽管每条数据简短，但对分析和处理大量工业数据至关重要，要求设备具有极高的精度。

② 文档数据。文档数据包括工程图纸、仿真结果、CAD 设计图等技术文档，以及众多传统工程文档，它们是工程和设计领域不可或缺的信息资源。

③ 数字化信息数据。互联网时代催生了大量数字化信息，这类数据通常存储于数据库中，数字化信息数据成为日常生活中最普遍的数据形式。

④ 接口数据。现代工业自动化和信息系统具有多种接口，允许以 txt、JSON、xml 等格式方便地获取数据，这些接口数据在互联网数据采集中扮演着重要角色。

⑤ 视频数据。视频监控设备在生活和工作中无处不在，它们记录的视频内容构成了庞大的视频数据，为安全监控、行为分析等应用提供了丰富的素材。

⑥ 图像数据。在日常生活和工作中，人们使用各种成像设备拍摄的图片，如巡检人员记录的设备和环境照片、个人拍摄的生活照片等，都属于图像数据的范畴。

数据采集的多样性体现了信息时代的丰富性和复杂性。不同类型的数据采集技术满足了不同领域的具体需求，从工业自动化到日常生活，从工程图纸到网络视频，数据采集为信息的数字化、网络化和智能化提供了基础支撑。

5.1.3　数据采集的方法

1．感知设备数据采集

利用传感器、摄像头及其他智能设备作为数据采集的前端工具，感知设备自动捕获信号、图像或视频数据。感知设备在工业自动化、智能家居、环境监测等多个领域发挥着关键作用，能够收集温度、湿度、压力、流量等多种类型的数据。这些原始数据经过处理，可用于生产监控、故障预测和设备维护等应用。大数据智能感知系统的设计目标是实现对各种结构化数据、半结构化数据和非结构化数据的智能化识别、定位、跟踪、传输和初步处理。关键技术涉及智能识别、适配、传输和接入等，针对大数据源进行优化。

2．系统日志采集

系统日志是记录硬件、软件和系统事件的关键组件，涵盖系统日志、应用程序日志和安全日志等。在互联网应用中，日志数据是分析用户行为、系统性能和安全问题的基础。企业平台每日生成的大量日志数据（流式数据）需要通过专门的系统日志进行处理。日志采集系统的核心任务是收集业务日志数据，以供离线和在线分析系统使用。这种大数据采集方式具备高效的数据聚合、移动能力，并提供高容错性能，以确保高可用性、高可靠性和可扩展性。

3．数据库采集

企业通常使用传统的关系型数据库，如 MySQL、Oracle，以及新兴的 NoSQL 数据库，如 Redis、MongoDB、HBase 存储和管理数据。在大数据采集过程中，企业通常在数据采集端部署大量数据库，并通过负载均衡和分片技术，实现高效的数据收集和管理。

4．网络数据采集

网络数据采集通过互联网搜索引擎技术，实现有目的、行业针对性的数据抓取，并根据特定规则进行数据分类和存储。这一过程通常依赖垂直搜索引擎技术、网络蜘蛛（数据采集机器人）、分词系统、任务与索引系统等技术的结合。随着互联网信息量的爆炸性增长，企业对信息获取和处理的需求日益增加。常用的网络爬虫系统包括 Apache Nutch、Crawler4j、Scrapy 等框架。这些网络爬虫系统通过并行抓取数据，充分利用计算资源和存储能力，显著提高了数据采集的效率，并加快了开发人员开发系统的速度。

5.2　数据泄露的风险

5.2.1　数据泄露的概念

数据泄露也称信息泄露，指未得到授权的个人或团体通过非法手段访问、获取、披露或使用存储在数字系统中的敏感或私密信息的行为。私密信息不仅包括个人信息，如姓名、地址、身份证号码、银行账户信息，还涵盖商业机密、财务数据、知识产权、医疗记录等各类数据。数据泄露可能通过安全漏洞、黑客攻击、内部泄密、不安全的数据处理实践或用户自身的疏忽等多种途径发生，其后果可能极为严重，不仅威胁到个人隐私和财产安全，还可能导致企业面临信誉损失、客户流失、法律诉讼和巨额罚款问题。数据泄露的防范要求个人和企业增强网络安全意识，采取包括技术防护措施、法律规范遵守、员工教育和应急响应计划在内的综合策略，以确保信息安全和维护网络空间的信任。

5.2.2 数据泄露的主要原因

数据泄露的主要原因涉及多个方面，包括软件或系统存在的安全漏洞、人为的疏忽和不当操作、网络钓鱼、社会工程学手段诱导用户泄露敏感信息、恶意软件的潜入和数据窃取、内部人员的滥用权限、物理安全措施的不足、供应链安全漏洞、不安全的远程访问实践、对数据保护法规的忽视、缺乏对员工的网络安全意识培训、第三方合作伙伴的安全风险，以及硬件故障等技术问题。这些因素共同构成了数据泄露的复杂背景，这就要求企业和个人采取全面的预防和应对措施，以强化数据安全和降低泄露风险。现阶段数据泄露事件的频繁发生反映的并不是我国现行立法体系不够完善，而是数据泄露治理理念与治理体系不够完善。

5.2.3 数据泄露的后果

数据泄露的后果是全面且深远的，不仅涉及法律责任和经济赔偿，还包括对企业声誉的长期影响和对消费者隐私权的侵犯。在国际上，如欧盟的通用数据保护条例（GDPR）规定，企业在数据泄露发生后 72 小时内必须向监管机构报告，否则可能面临高达全球年收入 4% 或 2 000 万欧元的重罚。在美国，加州消费者隐私法案（CCPA）要求企业在数据泄露时承担相应的法律责任。

同样，中国对数据泄露也有严格的法律规定。依据《网络安全法》，网络运营者要切实履行保障个人信息安全的责任，违反规定可能遭受警告、罚款或其他业务限制性措施。随着《数据安全法》和《个人信息保护法》的实施，数据处理者需要遵循更严格的数据保护要求，数据泄露时不仅要采取补救措施，还必须向有关部门报告，违反个人信息保护规定可能导致行政处罚，包括罚款和吊销营业执照。

因此，数据泄露的后果不仅包括经济损失和品牌信誉的损害，还可能面临来自监管机构的严厉处罚，以及消费者信任的丧失。这强调了企业必须采取有效措施保护数据安全，以避免这些严重后果，确保遵守国际和国内的数据保护法规。

5.3 数据泄露的防御策略

5.3.1 数据泄露的预防措施

数据储存方与数据发布者均应尽力采取预防措施，防范数据泄露。

1. 数据储存方：平台内部合法利用用户信息

数据储存方也就是用户上传信息的平台，如脸书这些社交网络平台，它们应当对用户信息加以维护，员工不能利用工作便利私自倒卖数据，前文中提到脸书的数据泄露就是与其有关联的企业不能安分守己导致的，它们应当遵守以下道德规范保护用户数据。

① 尊重用户隐私。平台应尊重用户的隐私权，不应收集、存储或使用用户未明确同意可以使用的个人信息。

② 透明的数据政策。平台应提供清晰、易于理解的隐私政策和用户协议，让用户了解数据如何被收集、存储和使用。

③ 数据最小化原则。平台只收集完成服务所必需的数据，避免收集不必要的个人信息。

④ 数据安全。平台采取适当的安全措施保护用户数据，防止数据泄露、篡改或损坏。

⑤ 员工训练和管理。平台定期对员工进行数据安全和隐私保护的培训，确保员工了解并遵守相关政策。同时，平台应对员工的数据访问进行严格的管理和审计，防止数据滥用。

⑥ 合规性。平台应遵守所有适用的数据保护和隐私法规，如我国的《网络安全法》，GDPR 或 CCPA（由于可能爬取国外网站数据）。

⑦ 用户控制。平台应允许用户控制他们的数据，包括查看、修改、删除自己的数据，以及决定自己的数据如何被使用，甚至需要建立更加严密的安全保护措施，如 Google 强制 YouTube 用户开启两步验证方案（登录 Google 账户时，不仅需要输入密码，还需要输入短信、语音通话或移动应用程序发送到手机的代码），现在很多数据管理方都在使用这种方式，其中苹果用户应当很熟悉这种方法。

⑧ 数据共享和第三方合作。在与第三方共享数据或进行合作时，平台应确保第三方也遵守相同的数据保护和隐私标准。

2. 数据发布者：谨慎上传信息

在网络上上传个人信息的数据发布者，也需要对自己上传的信息负责。例如，数据发布者应谨慎分享个人信息，避免在公开场合分享电话号码、家庭地址等敏感信息；使用隐私设置，许多社交媒体平台都提供了隐私设置选项，可以限制访问对象的方位，正确配置这些设置，可以有效地保护个人信息不被滥用；定期检查账户安全，定期更改密码，并开启两步验证等额外安全措施。这可以增加账户的安全性，阻止未经授权的访问。

5.3.2　数据加密与混淆策略

网站为了保护其本身的一些数据不被轻易抓取，通常会采取数据加密和混淆策略，总体上可以归类为接口加密技术与 JavaScript 压缩、混淆和加密技术。

1. 接口加密技术

数据通常利用服务器提供的接口进行获取，应用程序或移动设备通过请求特定的数据接口检索所需信息，并将其展示给用户。然而，鉴于某些数据的高价值性或敏感性，平台必须采取相应的保护措施。不同的接口实现对应不同级别的安全防护。一些接口未设置任何安全措施，允许任何人无限制地调用和访问，且不存在时空限制或频率控制，这样的接口安全性极低。一旦接口调用方法泄露或被截获，未授权的个体便可能无限期地操作或访问数据。若接口中包含重要信息或私密信息，这些信息就面临被轻易篡改或盗取的风险。

为了增强接口的安全性，客户端与服务端会协商一种接口验证机制，通常涉及多种加密技术和编码技术，如 Base64、Hex 编码及 MD5、AES、DES、RSA 等加密算法。例如，客户端和服务器可以约定使用一个签名作为接口调用的校验依据，其生成逻辑为客户端对 URL 路径进行 MD5 算法加密处理，然后与 URL 的某个参数结合并进行 Base64 编码，生成签名字符串。此签名通过请求 URL 的参数或请求头部信息发送给服务器。服务器在接收请求后，采用相同的方法对 URL 路径进行 MD5 算法加密并与 URL 参数结合，再进行 Base64 编码，生成服务器端的签名。随后，服务器将自生成的签名与客户端提交的签名进行比对，如果两者一致，则向客户端提供正确的响应结果；如果不一致，则拒绝提供服务。这一过程有效提升了接口调用的安全性，防止未授权的数据访问和潜在的数据泄露风险。

基于这种实现策略，企业可以进一步引入时间戳验证机制，以确保请求的时效性，同时采用非对称加密技术增强数据加密的安全性。在加密算法的选择上，企业可以利用 JavaScript 的 crypto-js 库、Python 的 hashlib 模块或 Crypto 库等成熟工具。

对于网页应用，如果使用 JavaScript 执行客户端的加密逻辑，企业会面临源代码暴露给用户的风险。因此，企业需要采取相应的措施保护 JavaScript 代码，避免加密逻辑被轻易识别和篡改。这可以通过代码混淆、使用 HTTPS 协议传输加密参数等方式实现。

2. JavaScript 压缩、混淆和加密技术

在 JavaScript 代码的优化过程中，压缩技术扮演着重要角色。压缩技术通过剔除代码中的冗余空格和换行符，以及通过代码复用简化公共代码段，最终将代码精简至数行。这种做法尽管显著降低了代码的可读性，但它对于提高网页的加载效率具有积极影响。然而，仅依靠移除空白字符的简单压缩手段，对代码保护的贡献微乎其微，现代集成开发环境和浏览器的格式化功能可以迅速恢复代码的原始布局。

当前，前端开发广泛采用 Webpack 等打包工具，打包工具在编译过程中对源代码进行压缩和重写，生成的 JavaScript 文件通常具有不规则的命名，并且内容被压缩至极短的几行，其中的变量名也简化为简短的字母序列。总体而言，JavaScript 压缩的技术仅提供了有限的保护，真正的安全性提升还需依赖更深层次的混淆和加密技术。

JavaScript 混淆技术通过降低代码可读性为其提供保护层。JavaScript 混淆技术主要有以下几种。

① 变量混淆。通过将原本具有描述性的变量名、函数名和常量名替换为随机生成的、无实际意义的字符串，如单字符或十六进制值，从而显著降低代码的可理解性。

② 字符串混淆。将程序中的字符串资源进行数组化处理，应用 MD5 算法或 Base64 编码等加密手段，确保代码中不存在明文字符串。这种做法能有效防止通过简单文本搜索识别代码的逻辑起点。

③ 属性名隐藏。对 JavaScript 对象的属性名执行加密操作，以掩盖对象间的真实调用逻辑。

④ 控制流改造。重新组织代码的执行逻辑和函数调用顺序，使代码结构显得杂乱无章。

⑤ 引入僵尸代码。在代码中故意植入无效的代码片段或函数，以增加分析的复杂度。

⑥ 增加调试难度。利用调试器的特性，对运行时的环境进行检查，并设置断点，使

代码在调试状态下难以顺畅运行。

⑦ 代码自变异。每次代码执行时自动进行结构上的变异，功能虽然保持一致，但表现形式却有所不同，有效防止了对代码的动态分析。

⑧ 域名执行限制。JavaScript 代码只能在特定的域名环境中执行。

⑨ 反格式化机制。设计代码使其在被格式化后无法正常工作，导致浏览器响应异常。

⑩ 采用特殊编码。将代码转换成非传统的、难以被人阅读的形式，如使用表情符号或其他特殊字符集。

JavaScript 加密技术将关键逻辑以 C 语言或 C++ 语言实现，并由 JavaScript 进行接口调用，实现了更为严密的保护，相当于在二进制层面上增强了代码的安全性。目前，主要的加密方法包括以下几点。

① Emscripten。Emscripten 允许将 C 语言或 C++ 代码编译成一种特殊的 JavaScript 变体，即 asm.js。Emscripten 编译的代码，虽然在前端环境中以 JavaScript 的形式存在，但提供了接近原生代码的性能和安全性。

② WebAssembly。作为一种高效的代码表示方式，WebAssembly 支持将 C 语言或 C++ 等语言编译成一种体积小巧、执行迅速的字节码。这种字节码与 JavaScript 功能等价，但在语法上独立于 JavaScript，且在浏览器中运行于沙盒化的环境中，提供了更高级别的安全性。

随着 WebAssembly 的逐渐普及，WebAssembly 已成为前端加密技术的主流选择，因其不仅具有性能上的优势，还增强了代码的安全性和保密性。

5.3.3　访问控制策略

访问控制策略作为一项关键的网络安全策略，发挥着至关重要的作用，它能够有效地抵御未授权访问及潜在的网络威胁。例如，通过设定对单一 IP 地址请求频率的限制，可以预防恶意用户发起的大规模网络攻击，包括拒绝服务攻击（DoS）和分布式拒绝服务攻击（DDoS）。此外，访问控制还能避免网络爬虫对网站内容的过度抓取，保障网站的顺畅运作。

在执行访问控制过程中，会采用一系列技术手段，包括但不限于防火墙规则、路由策略、身份验证和授权机制等。这些技术手段使网络管理员能够更高效地监管网络资源，加强网络安全防护，确保数据的完整性与可用性。总体而言，访问控制是网络安全管理中不可或缺的一环，对保障网络稳定运行和防御网络攻击具有显著效果。本节内容将重点介绍身份验证和授权机制。

在当今数字化时代，几乎所有使用计算机或上网的用户都拥有自己的数字身份，这可能包括电子邮件地址与密码的组合、互联网浏览记录、在线购物历史及在电子商务平台保存的信用卡信息等，这些信息通常存储在身份和访问管理系统中。

计算机和计算设备同样具有可识别的身份，网络系统和协议采用多种方法标识这些设备，如 IP 地址或 MAC 地址。企业也拥有允许外部系统识别并进行交互的存储特征。甚至可以说，API 端点也具有数字身份。在 API 的使用过程中，端点需要验证其身份以发送和接收 API 请求。API 是软件程序向另一个软件程序请求服务的接口，而 API 端点则是这些请求的发起点或接收点，如软件程序或 API 服务器。正确保护和管理 API 端点的数字身份对确保网络安全至关重要。

基于 API 网关的身份验证一般分为基于 Cookie、令牌、授权码和最基础的基于用户名和密码的身份验证。

基于 Cookie 的身份验证：服务器产生一个 Cookie，用来存储用户的身份信息，发给客户端。客户端每次发出请求时都会携带这个 Cookie，服务器验证 Cookie 中的身份信息，从而实现客户端的身份验证。Cookie 的优点是实现简单，无须在客户端和服务器之间传输安全凭据，但缺点是安全性较低，容易被拦截，且攻击者可以伪造 IP 地址进行访问。

基于令牌的身份验证：此方法涉及客户端与服务器端之间安全凭证的交换。客户端提交用户名和密码后，服务器验证并发放一个令牌，如 JSON Web Tokens (JWT)。客户端在后续请求中携带此令牌，服务器据此确认其身份。基于令牌的身份验证的方法安全性高，但实现复杂度和资源消耗也相对较大，且令牌的有效期限制可能影响其安全性。

基于授权码的身份验证：OAuth 2.0 是一种新型的授权认证框架，可以实现客户端之间的认证，服务器端不需要保存用户的账号和密码。优点是实现较为安全，支持多种授权模式，可以实现不同客户端之间的认证。网关会通过校验授权码验证请求者的身份，安全性高，缺点是受授权码失效期限的影响，且授权码需要保存在客户端，容易被窃取，且复杂性高。

基于用户名和密码的身份验证：这是一种传统的认证方式，网关通过用户名和密码确认用户身份。基于用户名和密码的身份验证虽然直接，但存在存储和泄露的风险。

在身份验证过程完成后，可以通过访问控制确定用户的授权，一般的访问控制分为以下几类。

强制性访问控制（MAC）：强制性访问控制为个人用户和他们被允许访问的资源、系统或数据建立严格的安全策略。这些安全策略由管理员控制，个人用户没有权力以与现有策略相矛盾的方式设置、改变或撤销权限。在这个系统下，主体（用户）和客体（数据、系统或其他资源）都必须被赋予相似的安全属性，以便彼此互动。例如，银行行长不仅需要正确的安全许可才能访问用户数据文件，而且系统管理员还需要指定这些文件可以由行长查看和修改。这个过程虽然看起来多余，但它确保用户无法通过获得某些数据或资源的访问权执行未经授权的操作。

基于属性的访问控制（ABAC）：将用户的访问权限与用户的属性联系起来，根据用户的特征决定用户是否有资格访问某个资源，以此限制用户对资源的访问。因此，ABAC 可以更加精细地控制用户的访问权限，它可以根据不同的用户属性设置不同的访问策略，而且能够更加灵活地管理用户的权限。同时，ABAC 还可以实现跨系统的权限管理，这使 ABAC 成为一种非常有用的访问控制方。

基于角色的访问控制（RBAC）：基于角色的访问控制实际上指基于组（定义的用户集，如银行员工）和角色（定义的操作集，如银行柜员或分行经理可能执行的操作）建立权限。用户可以执行分配给他们角色的任何操作，并且可以根据需要分配多个角色。与 MAC 一样，用户无权更改分配给其角色的访问控制级别。例如，任何被分配到银行柜员角色的银行员工都可能被授权处理账户交易和开设新的用户账户。分行经理可能担任多个角色，如授权他们处理账户交易、开设用户账户、将银行柜员的角色分配给新员工等角色。

自主访问控制（DAC）：一旦用户被授予访问对象的权限（通常由系统管理员或通过现有的访问控制列表授予），他们就可以根据需要向其他用户授予访问权限。然而，用户能够在没有系统管理员严格监督的情况下确定安全设置并共享权限，这可能会导致引入安全漏洞。

在评估哪种用户授权方法最适合一个组织时，必须考虑到安全需求。通常，对数据保密性要求高的组织（政府组织、银行等）会选择更严格的访问控制形式，如 MAC，而那些喜欢更灵活及基于用户或角色授予权限的组织则倾向于使用 RBAC 和 DAC。

5.4　特殊数据采集方法及风险防御

5.4.1　网络爬虫的概念

本节内容聚焦网络数据采集，特别是网络爬虫技术的重要性和应用。在当今数字化时代，互联网已成为信息汇聚的核心平台，网络空间积累了大量有价值的数据。鉴于此，网络爬虫作为搜集网络数据的高效工具，已成为现代数据采集的关键组成部分。网络爬虫的使用不仅关系到技术层面的实现，更涉及法律、伦理和数据治理等重要议题，这使对确保数据安全和推动数据治理方面的研究尤为关键。

网络爬虫也称为网络机器人或蜘蛛，是一种根据预设规则自动抓取网页信息的自动化程序。网络爬虫主要目标是将目标网页的数据下载到本地环境，为进一步的数据分析提供素材。网络爬虫技术的兴起得益于网络数据的海量可用性，它使数据的收集变得更加便捷，并通过数据分析揭示出有价值的信息和结论。

网络爬虫根据应用目标和行为特征，主要分为两类：通用爬虫和专用爬虫。通用爬虫的设计目的是遍历整个互联网，而专用爬虫则针对特定网站或特定主题的内容进行深入抓取。在使用网络爬虫时，必须确保其合法合规，并遵循相应的道德标准和网站规定，以保障互联网环境的健康发展和数据的合理利用。

5.4.2　网络爬虫的风险

网络爬虫作为一种新兴的科学技术，是一把双刃剑，自然带有技术的双重特性。网络爬虫的应用若偏离正轨，则可能引发法律上的诸多风险，因此应引起业界人士的高度警觉。Robots 协议虽然基于尊重信息发布者意愿、保护隐私权及维护网站用户个人信息安全的准则而设立，是互联网隐私保护的关键规范，然而，Robots 协议本质上是一种道德自律的体现，缺乏法律强制力。Robots 协议更多地代表了一种基于诚信的合作精神，互联网企业唯有遵循这一准则，方能确保网站及用户数据的隐私安全不受侵害。

当前，网络爬虫技术的应用可能触及的法律风险主要包括以下三个方面。

① 违背数据来源方的意愿，如绕开网站设置的反爬虫机制或强行破坏这些机制。

② 爬虫操作会对目标网站的常规运作造成实际干扰。

③ 爬虫捕获的信息属于法律保护范畴内的敏感数据类型。

在民事法律领域，应用网络爬虫技术进行大规模收集公民个人信息的行为时，公民个人信息无论是公开的还是非公开的，都需要谨慎对待。此类行为可能涉及个人隐私权和数据保护法规，因此在未经授权的情况下使用爬虫技术搜集个人信息，可能会触犯法律规定，引发法律风险。根据《民法典》总则第一百一十条的规定，应当认定为构成非法收集个人信息的违法行为。使用爬虫技术爬取的数据属于公民的个人隐私，又在其他地方对该信息进行传播时，以致对相关用户造成损害后果的，根据《民法典》的相关规定，认为该行为可能构成侵犯公民个人的隐私权。

在互联网和大数据时代背景下，数据已是很多企业的无形资产，也是竞争的重要资源。恶意使用爬虫程序抓取数据，不仅侵犯个别企业的合法权益，也可能会扰乱市场竞争秩序，影响企业之间的公平竞争。

网络爬虫技术不仅在民法、竞争法等领域表现出侵权、不正当竞争的风险，也在刑法领域滋生了犯罪的风险。根据侵犯法益的不同，网络爬虫技术的刑事风险主要体现在以下三个方面。

危害计算机信息系统安全：网络爬虫技术通过模仿浏览器的行为访问网络资源，以收集目标数据。本质上，网络爬虫技术模拟了用户的正常访问行为，但区别在于网络爬虫能够利用背后的计算能力，在极短的时间内向目标网站发起大量请求。这种高频访问可能导致目标网站流量激增，引发服务拥堵，不仅干扰了其他用户的正常访问，还可能因为服务器压力过大导致服务中断或系统崩溃。网络爬虫技术若被用于恶意目的，如发起自动化网络攻击，其行为与黑客攻击无异，对计算机信息系统安全构成严重威胁。这些攻击可能包括非法访问系统、破坏系统功能、篡改或损毁系统中存储和处理的数据和应用程序，以及散布恶意软件，如计算机病毒等。特别是当这些行为针对的是国家事务、国防建设、尖端科学技术等关键领域之外的系统时，法律后果可能极为严重，涉及非法侵入计算机信息系统和破坏计算机信息系统等多项罪名。

危害知识产权：数据作为承载客观事实的符号集合，本质上是信息的载体，它可能涉及知识产权的归属问题。当数据内容包含版权作品，如影视作品、文学作品等，未经授权的网络爬虫爬取行为，便构成了对知识产权的侵犯。与传统的手动侵权方式相比，网络爬虫的自动化特性使它在侵权行为上的法益侵害性更为显著，因为它能够快速且大规模地抓取和存储版权作品。此外，网络爬虫技术获取的数据若被用于进一步的传播，将引发一系列法律问题。这些行为的合法性必须基于对数据性质及适用的保护规则进行具体分析。例如，数据如果包含淫秽物品，并且利用这些淫秽物品谋取利益，就可能触犯非法传播淫秽物品罪及利用淫秽物品牟利罪。同样，传播的数据如果包含了商业秘密或个人敏感信息，那么行为人可能面临非法提供公民个人信息罪或侵犯商业秘密罪的指控。

危害个人信息安全：数据的价值源于蕴含的信息，尤其是那些能够映射个人特征的信息，因其具备广泛的应用潜力和深度挖掘的价值，被视为数据经济中的宝贵资源。随着数据产业的蓬勃发展，个人信息与数据主体之间的分离现象愈发明显，导致数据在物理空间上与个人分离，越来越多地集中在网络服务提供商手中。在公民享受互联网服务的过程中，个人信息往往被服务提供者收集并转化为数据形式存储于数据库中。这种集中存储的做法也带来了风险。一些运营者可能未能实施充分的技术保护措施，或者未能有效抵御技术手段更高的攻击者，导致个人信息的安全防护存在漏洞。恶意的网络爬虫可能利用这些漏洞，获取并滥用用户的个人信息。此类个人信息的非法获取不仅侵犯了个体的信息权和隐私权，还可能引发更广泛的公共信息安全问题。个人信息的泄露可能导致身份盗窃、金融诈骗等一系列安全威胁，对个人和社会都构成了严重挑战。因此，确保个人信息的安全，防止数据泄露，已成为数据产业和整个社会迫切需要解决的重要课题。这要求相关企业和组织采取更加严格的数据保护措施，加强技术防护和法规建设，以维护个人信息的安全和公共信息的安全环境。

5.4.3　反爬虫技术与策略

网站管理员可使用 API 管理工具实施有效的网络安全策略。具体而言，API 管理工具可以帮助网站管理员控制谁可以访问 API，以及他们可以访问的频率。API 管理工具通常提供以下功能。

① 访问控制。API 管理工具可以控制哪些用户或应用程序访问 API。例如，API 管理工具限制只有特定的 IP 地址或用户才能访问 API。

② 速率限制。API 管理工具可以控制用户或应用程序可以访问 API 的频率。例如，API 管理工具可以限制每分钟、每小时或每天访问 API 的次数。

③ 认证和授权。API 管理工具可以验证用户或应用程序的身份，并确定他们可以访问哪些 API。

④ 监控和分析。API 管理工具可以收集关于 API 使用情况的数据，并提供可视化的报告和分析。

常见的 API 管理工具有很多，以下是一些例子。

① API Umbrella 是一款用于管理 API 和微服务的开源工具，提供了速率限制、API 密钥、缓存、实时分析和 Web 管理界面等功能。

② Gravitee.io 是一个用于管理 API 的开源平台，提供了速率限制、IP 地址过滤、跨域资源共享、即插即用选项、基于 OAuth 2.0 和 JSON Web 令牌策略的开发者门户、负载平衡等功能。

③ APIman.io 是由 Red Hat 引入的一个 API 管理平台，提供了快速运行、具备可分离策略引擎的基于策略的治理、异步功能、增强的结算和分析选项、REST API 可用性的管理、限速等功能。

④ WSO2 API 管理器是一个完整的生命周期 API 管理平台，可以随时随地运行。可以在企业内部和私有云上执行 API 的分发和部署。

⑤ Kong Enterprise 是一种广泛采用的开源微服务 API 工具，它使开发人员能够快速、轻松、安全地管理一切。Kong Enterprise 的企业版具备许多特性和功能，如开源插件的可用性、一键式操作、通用语言基础架构功能、强大的可视化监控功能、常规软件运行状况检查、OAuth 2.0 权限及更广泛的社区支持。

⑥ Tyk.io 用 Go 编程语言编写，也是公认的开源 API 网关。Tyk.io 带有开发者门户，详细的文档，用于 API 分析的仪表板 API 的速率限制，身份验证及各种其他此类规范，可帮助组织专注于微服务环境和容器化。

网站管理员还可以利用基于身份验证的反爬虫技术实施网站防御。常见的三种基于身份验证的防御措施包括以下几点。

① 封禁 IP 地址。网站管理员在审查日志时可能会注意到某些 IP 地址在短时间内发送了大量请求。爬虫程序由于通常以自动化方式频繁抓取网页信息，所以请求频率远高于正常用户，并且请求间隔往往呈现规律性。一旦检测到此类行为，网站管理员可以在服务器端对这些异常 IP 地址进行封禁处理。

②封禁 User-Agent。User-Agent 是 HTTP 请求头部的一个字段，用于告知服务器客户端的信息（浏览器类型、版本等）。许多爬虫程序会使用默认或明显的 User-Agent 标识（python-requests/2.18.4），服务器可以通过识别这些特定的 User-Agent 值拦截请求，并返回 403 错误码。此外，服务器还可以检查其他头部信息，如 Host 和 Referer，以进一步增强防护效果。这种方法能有效阻止那些未经定期更新维护的爬虫程序及新手爬虫开发者发出的请求。

③封禁 Cookie。Cookie 反爬虫策略指服务器通过验证请求中的 Cookie 值辨别合法用户与爬虫程序的方法。每当用户访问网站时，服务器都会为其分配一个 Cookie。检测到某个 Cookie 如果在一定时间内产生了过多请求，那么可以暂时禁止该 Cookie 的访问权限，并在一段时间后自动解禁。此外，结合 JavaScript 使用 Cookie 可以进一步增加爬虫操作的复杂度，这一策略在 Web 应用中十分常见。

5.4.4 网络爬虫使用规范

个人开发者从网站爬取信息做个人研究应保证数据采集合法化，具体遵守以下网络规范。

1. 遵守 Robots 协议

Robots 协议，也被称为 robots.txt，是一种在网站根目录下的纯文本文件。Robots 协议允许网站管理员向搜索引擎爬虫传达界面或文件可以或者不可以被抓取的信息。Robots 协议的主要目的是给予网站管理员一种方式指示搜索引擎和其他网络爬虫，哪些部分对于爬取是开放的，哪些部分是封闭的。

Robots 协议作为数据爬取的协议在互联网产业相互爬取数据的限制中起到很大的作用，但是 Robots 协议在数据爬取中的效力如何至今仍然没有被确定。Robot 协议并不是一个强制性的标准，也就是说，数据爬虫可以选择不遵守这个协议。然而，作为一个负责任的数据收集者，应该尊重和遵守这个协议。这不仅是出于对网站管理员的尊重，也是为了维护网络的健康生态。所有的数据爬虫如果都不遵守 Robots 协议，那么可能会导致服务器过载，甚至可能会导致服务中断。因此，在进行网络爬取时，数据科学家应该首先查看目标网站的 Robots 协议，理解并遵守其中的规则。这样，既可以获取需要的数据，又可以确保行为不会对目标网站造成负面影响。这是作为数据科学家的职责，也是对网络社区的尊重。

2. 限制爬取速度

在进行网络爬取时，过于频繁的爬取可能会对网站服务器造成压力，甚至可能被视为分布式拒绝服务（DDoS）攻击。大量的请求如果在短时间内发送到服务器，那么可能会导致服务器的资源（带宽、处理器时间等）被耗尽，从而影响到其他用户的访问体验，甚至可能导致服务器崩溃，此时爬虫行为会被视作黑客攻击。因此，一个负责任的数据收集者应该适当地限制爬取速度。这可以在连续的请求之间设置延迟实现。例如，每爬取一个界面后，可以等待几秒钟再发送下一个请求。此外，一些网站可能会在其 Robots 协议中指定允许爬虫访问的速率，数据收集者应该遵守这些规则，以确保爬虫行为符合网站管理员的期望。

3．尊重数据隐私

在进行网络爬取或数据收集时，数据收集者必须始终尊重用户的数据隐私。这意味着不应收集、存储或处理用户的敏感信息，如姓名、地址、电话号码、电子邮件地址、身份证号、银行账户信息等，除非数据收集者已经得到了用户的明确许可。即使在得到许可的情况下，数据收集者也应该确保这些信息的安全，防止数据泄露或被未经授权的第三方访问。

复习思考题

请思考和讨论如下问题。

1. 解释什么是网络爬虫？并描述网络爬虫在数据采集中的作用。
2. 解释什么是 Robots 协议？说明在网络爬虫的开发过程中，为什么要遵守这个协议。
3. 使用 Python 中的 requests 库编写一个简单的脚本，实现对某个网页内容的抓取。
4. 讨论使用网络爬虫时可能会遇到的法律风险，并举例说明。
5. 如果一个网站没有明确地通过 Robots 协议禁止爬虫，是否意味着可以无限制地抓取该网站数据？为什么？
6. 讨论如何识别和应对网站采取的反爬虫策略，如频率限制、验证码、假数据等。
7. 个人开发者在进行数据采集的时候，需要注意哪些方面？
8. 基于 API 网关的身份验证有哪些？
9. 最常见的三种基于身份验证的反爬虫措施是什么？
10. 造成网站数据抓取不全可能的原因（网站可能采取了哪些反爬虫措施）？
11. Honeypot 技术如何识别网络爬虫？

案例：脸书数据门事件

2011 年，脸书由于更改了一些用户设置却没有通知用户，所以美国联邦贸易委员会（FTC）指控脸书欺骗用户，强迫用户分享更多用户本无意分享的个人信息。脸书最终与美国联邦贸易委员会就该案达成和解协议，即 2011 和解令。2011 和解令的要求之一是，脸书在隐私设置变化时要事先征得用户同意。

2018 年 3 月 17 日，美国《纽约时报》和英国《卫报》共同发布了深度报道，曝光脸书上超过 5 000 万用户信息数据被一家名为"剑桥分析"（Cambridge Analytica）的企业不当获取，用于在 2016 年美国总统大选中针对目标受众推送广告，从而影响大选结果。脸书官方声明坚称是剑桥分析 App 开发者 Aleksandr Kogan 滥用了用户数据。具体来说，剑桥分析被指运用剑桥大学心理学教授 Aleksandr Kogan 开发的性格测试应用"thisismydigitallife"，在脸书上获得了 5 000 万份用户个人数据，在选举期间针对这些人进行定向宣传报道。据悉，这 5 000 万份用户个人数据，包括了 11 个州的 200 万个匹配文件，占北美脸书用户的近三分之一，而且，其中有四分之一是选民。在 2018 年 3 月 17 日对华盛顿邮报发布的声明中，脸书称"我们拒绝任何认为我们违反了和解令的指控。我们恰当地尊重了人们拥有的隐私权。隐私权和数据保护是我们所做的每个决定的基础。"

经过一个星期的舆论发酵，2018 年 3 月 19 日，脸书发表声明称，其已雇佣数字取证企业对剑桥分析指控开展调查，并立刻限制了相关软件的应用，但据官方表示，较多外部开发人员通过 API 保留访问用户基础信息的时间，导致脸书采取的措施无法完全对用户信息进行重新保护。

2019 年 7 月，脸书与美国联邦贸易委员会达成了和解，并针对 2018 年剑桥分析的隐私泄露丑闻进行高达 50 亿美元的罚款。令人咋舌的是，在脸书传出接受罚款的消息后，脸书的股价上升 1.81%，脸书市值增长 104 亿美元，所收获的利润远远超过了罚款金额。

这样的结果并没有意味着脸书在隐私丑闻上彻底脱身，对于社交平台来说，信息保护的路并不好走。2019 年 10 月 18 日，品牌咨询机构 Interbrand 发布了"2019 年全球最佳品牌报告"，脸书的排名跌出前十。Interbrand 纽约办事处首席执行官 Daniel Binns 在后来的采访中提及了脸书在用户隐私和安全性措施上的欠缺，并表示这大幅影响了消费者对其的选择。

参考文献

[1]　黄源，龙颖，吴文灵，等. 大数据治理与安全[M]. 北京：清华大学出版社，2023.

[2]　陈顺. 网络爬虫抓取数据法律规制的不足与完善[D]. 南京：南京大学，2021.

[3]　隆益民. 开放信息模型安全的研究[J]. 网络安全技术与应用，2024(8)：12-19.

[4]　卢冠宏. 基于API网关的应用安全研究[D]. 广州：广州大学，2023.

[5]　罗翊华，刘敬一，韩甜甜，等. 脸书侵犯用户隐私事件中的个人信息保护措施探究[EB/OL]. 2021.

[6]　孙永兴. 网络爬虫技术的安全风险和刑法应对[J]. 信息安全与通信保密，2022(12)：62-72.

[7]　郑文平. 网络爬虫与爬虫对抗技术研究[J]. 电脑编程技巧与维护，2022(12)：173-176.

[8]　战茅，赵燕君. 基于ABAC的跨域安全访问控制技术研究[C]. 苏州：中国计算机学会，2015.

[9]　张厚灿. 数据爬取行为的违法性分析范式[C]//新兴权利集刊2024年第1卷——智慧法治学术共同体研究文集. 2024：11.

[10]　周瑞珏. 数据泄露风险治理中网络安全保险的介入路径[J]. 北方法学，2024，18(2)：76-90.

第六章

数据开放共享的隐私泄露与防御方法

在信息技术高速发展的今天，数据已经成为推动社会进步与经济增长的关键资产。然而，数据价值的实现离不开数据挖掘技术的驱动，随着大数据、人工智能等技术的快速进步，研究人员已经能够通过高级算法与模型挖掘数据背后复杂的规律与深层的价值。与此同时，不断迭代发展的数据挖掘技术也对数据的多样性和规模提出了更高的要求。然而，在现实中，数据的分布往往呈现出规模小、分布散的特点，分散在各个独立的机构中。因此，数据的开放与共享成为释放数据、挖掘潜力、揭示数据背后蕴含的更为复杂的关系和模式、深度转移数据价值的关键一环。

然而，数据的开放与共享并非没有代价。正如开采宝贵的矿藏经常伴随着安全隐患一样，数据开放与共享在带来丰富数据资源、增加数据多样性的同时，也带来了诸多隐私问题和安全问题。这些问题既包含技术层面的考量，也触及道德和法律的领域，构成了数据共享、挖掘及价值实现过程中不容忽视的重大障碍。

为了应对数据开放带来的潜在隐私泄露的问题，研究人员通常在数据发布之前利用MD5 算法加密、数据抑制、数据泛化等基础匿名技术，对可能识别出特定用户的信息进行匿名处理。这些基础的匿名技术构成了数据隐私保护的第一道防线。但是，随着大数据技术的普及，用户在生活中的每一个在线活动都将产生数据，如社交媒体互动、在线购物行为等。这使攻击者利用外部公共数据对匿名用户进行重识别的隐私攻击变得更为简单，大幅增加了隐私泄露的风险。为了更有效地应对上述攻击，研究人员提出了 K 匿名化技术、L 多样性技术、T 相近性技术等更为高级的隐私保护模型。K 匿名化技术旨在确保任何数据集中的个体信息不能单独识别，而是至少与 $K-1$ 个其他个体的信息"融为一体"。L 多样性技术则进一步增强了隐私保护，要求敏感属性信息在每个"匿名组"中呈现 L 个不同的敏感属性值。T 相近性技术则关注敏感信息的分布，确保匿名后的数据在统计学上与原始数据保持一定程度的相似性。这些技术各有侧重，共同构成了一个多层次的数据隐私保护策略，旨在保护个人隐私的同时，最大限度地保留数据的有效性和可用性。在后文中将依次对这些技术进行详细介绍。

总之，数据的开放与共享在促进知识创新和技术进步方面发挥着不可替代的作用，但同时也必须面对隐私保护的严峻挑战。不断优化和发展数据匿名化和隐私保护技术，人们可以在确保数据使用者受益的同时，最大程度地保护数据主体的隐私权益。

下面，本章将依次对数据开放共享、隐私的概念、数据开放共享中隐私泄露的真实案例，以及针对开放数据场景的攻击和防御方法进行介绍。

第六章内容组织架构如图 6-1 所示。

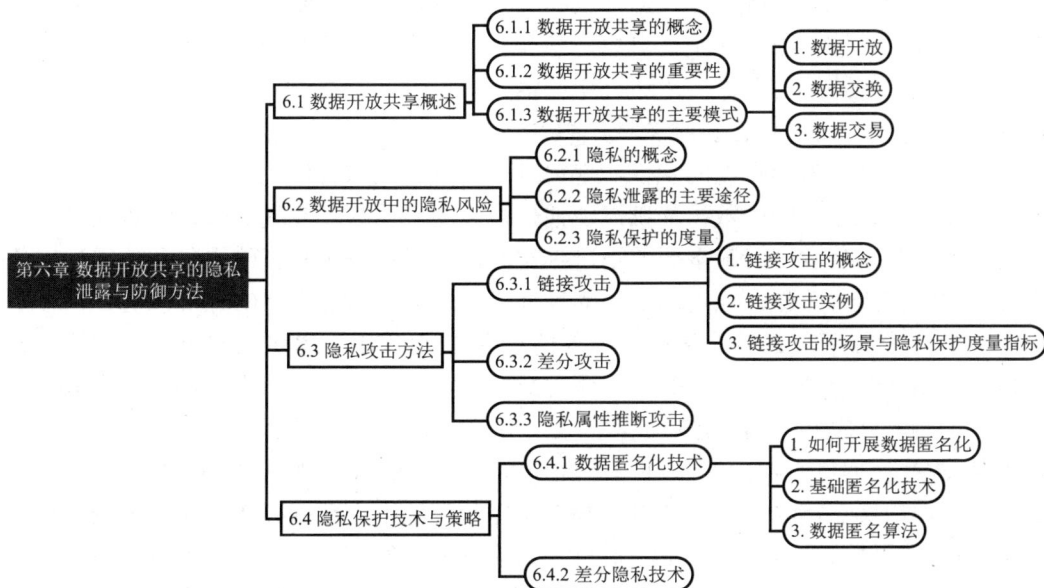

图6-1　第六章内容组织架构

6.1　数据开放共享概述

数据开放共享已成为当今大数据时代的显著趋势。因此，本节将先阐述数据开放共享的概念及重要性，接着详细介绍我国数据开放共享的三种主要方式。

6.1.1　数据开放共享的概念

数据开放指将数据无障碍地提供给公众或特定用户群，使其能够自由访问、使用和重新分发的过程。这一概念强调透明度和无歧视性，追求开放性和持续性，旨在消除数据的封闭性，使数据成为社会资源的一部分。组织或企业可以分享其持有的信息，促进社会的创新、透明度和参与度。

数据共享则是一种在不同组织、机构或个体之间分享数据资源的协同过程。数据共享强调通过整合和交换数据实现更广泛合作，强调数据的可访问性和可利用性。在数据共享的框架下，参与各方能够相互利用对方的数据资源，以便更加全面和深入地理解复杂问题、制订有效策略和实施解决方案。这种协作模式不仅有助于避免资源的浪费，还能显著提高数据的综合利用率，促进跨领域的合作和创新。

6.1.2　数据开放共享的重要性

数据开放共享的重要性体现在多个层面，从优化资源利用、促进创新，到解决社会问题乃至应对全球危机等方面，都起到了关键性的作用。

① 优化资源利用与促进创新。数据开放共享有助于减少数据采集和处理的重复性工

作，优化资源配置。跨组织间的数据开放共享，可以提升数据的综合利用效率，降低数据处理和管理的成本。与此同时，数据开放共享为不同领域的创新提供了巨大的潜力。数据开放共享通过让不同的组织和个体自由访问和利用数据，极大地加速了新技术、新产品和新服务的开发，为持续创新提供了动力和灵感。

② 科学研究与发展。在科学领域，数据开放共享极大地拓宽了研究人员获取和利用数据的渠道，加速了科学探索的步伐，也促进了多学科间的合作。此外，共享的数据资源也为研究团队提供了广阔的数据基础，使他们得以验证猜想，复现实验，显著提高了科学研究的透明度和可复制性。最重要的是，数据开放共享促进了知识的累积和传播，这使研究人员能够避免重复工作，加速新发现的过程，推动创新解决方案的开发。例如，在基因组学领域公开数据库，美国国家生物技术信息中心（NCBI）提供的 GenBank，使研究人员可以自由访问和分享遗传序列数据。这种数据开放共享加速了对生物进化历史的理解，促进了新药物的开发和疾病治疗研究。

③ 解决社会问题。数据开放共享有助于帮助人们更深入地理解社会问题，从而制订更有效的解决方案。例如，在公共卫生与疾病控制问题上，数据开放共享的健康数据使政府和卫生组织能够快速响应公共卫生危机，如流行病暴发，全球科学界和卫生组织共享了大量疾病传播数据、病例研究和疫苗研发进展，这对理解病毒特性、加速疫苗和治疗方法的开发，以及协调国际防控措施起到了关键作用。通过数据的共享，研究人员能够迅速识别疫情热点，预测疫情走向，指导公共卫生决策，有效控制疫情扩散；在教育资源优化问题上，开放教育资源（OER）的推广使高质量的教学材料对不同地区的用户免费可用，特别是在资源不足的地区，这有助于缩小教育差距，提高教育质量。

④ 透明治理与公共参与。政府和公共机构的数据开放共享有助于提高治理的透明度，增强公众对政策制定和执行过程的理解。这不仅提升了公众对政府的信任度，也鼓励了公民更加积极地参与社会事务。例如，我国的国家数据共享交换平台集成了来自各级政府部门的开放数据资源，包括社会、经济、环境等多个领域的数据资源。通过提供这些数据，国家数据共享交换平台旨在支持政策制定、学术研究和商业创新，同时增强政府工作的透明度。此外，我国多个城市正在开展"智慧城市"项目，"智慧城市"项目涉及将城市管理和服务数字化，其中包括开放交通、公共安全、市政服务等领域的数据。这些项目通过提高数据的可访问性，促进了市民参与城市管理，提升了城市服务的效率和质量。

⑤ 推动经济增长。数据开放共享为数据驱动型经济的蓬勃发展提供了强有力的支持。企业的创业者可以依托开放的数据资源，开发新的商业模式和服务，激发市场活力，推动经济持续增长。例如，开放的健康和医疗数据使医疗健康领域的企业能够与其他行业（保险、IT、零售）合作，共同开发新的产品和服务。例如，基于健康数据的个性化保险产品和健康管理应用不仅提高了医疗服务的质量，还拓宽了市场和消费群体，促进了跨行业的经济增长。此外，全球多个国家的气象局开放了气象数据，这不仅支持了天气预报服务的改进，还催生了基于气象数据的新商业模式，如农业规划工具、旅游规划应用和灾害预警服务。这些基于开放数据的服务创造了新的消费需求，为经济增长注入了新动力。

⑥ 应对全球挑战。在全球化背景下，数据开放共享是促进国际合作、有效应对气候变化、生物多样性保护等全球性挑战的关键。国际数据开放共享和协作使全球能够更加有效地集结力量，共同面对这些复杂而紧迫的问题。例如，全球气候变化是当前面临的最大

挑战之一，国际组织和科研机构通过共享气候监测数据，包括全球表面温度、海平面升高和冰盖融化等数据，支持气候变化的科学研究和政策制订。此外，在生物多样性保护问题上，全球生物多样性信息设施等平台聚合来自全球的物种分布数据，用于支持生态系统保护的相关研究和管理决策，帮助研究人员和保护者识别生物多样性热点、评估物种灭绝风险，并制订保护策略。

6.1.3 数据开放共享的主要模式

近年来，数据开放共享已经成为我国数据治理领域的一大议题。在我国，数据开放共享主要采取三种形式：数据开放、数据交换、数据交易。

1．数据开放

在我国，数据开放主要指政府数据面向公众开放。数据开放主要适用于非敏感、不涉及个人隐私的数据，并且需要保证数据经过二次加工或聚合分析后仍不会产生敏感数据。

例如，我国国家统计局的数据平台提供了全国范围内的大量统计数据，包括国内生产总值、城市和农村居民收入、就业数据、物价指数等。这些数据对分析和理解国家经济和社会发展趋势非常重要。此外，不少地方政府也建立了自己的数据开放平台，向公众提供本地区的经济、文化、环境等方面的数据。例如，上海、北京、深圳等城市都有自己的数据开放平台。

在公共卫生领域，我国通过卫生部门的数据平台公开了关于疾病传播、医疗资源分布等方面的数据，特别是在疫情期间，政府会及时公开感染人数、疫苗接种情况等数据，以便公众能够实时了解疫情动态并参与防控措施。

这些开放的数据不仅提升了公众对社会现状的理解，促进了公民在公共事务中的参与，还激发了科研和创新活力。政府数据的开放，加强了政府与公众之间的透明度和交流，为构建一个开放、透明、互动的治理环境奠定了基础。

2．数据交换

数据交换主要指政府部门之间、政府与企业之间通过签署协议或进行合作等方式开展的非营利性数据开放共享。根据交换的方式，可以分成两种。①第三方机构为双方提供数据交换服务，这需要参与者信用较好，或是存在关联关系。这种交换方式适合非涉密或是保密程度比较低的数据。②无须第三方机构参与，数据直接封装在业务场景中的闭环交换。这种交换方式适用于敏感数据、安全标记、多级授权、基于标准的访问控制、多租户隔离、数据族谱、血缘追踪及安全审计等安全机制构建安全的交换平台空间，确保了数据可用不可见。

政府部门之间的数据交换，如税务局和工商局合作，实现企业纳税信息和工商注册信息的数据共享。这有助于加强税收管理，减少企业逃税行为，同时提高了监管的效率。此外，为了加强社会保障和人口管理，公安部和人社部之间进行数据交换，以确保身份信息、社保信息的一致性和准确性。这有助于防范社会保障欺诈和保障个人权益。这些数据交换案例旨在提高政府不同部门之间的协同工作效率，更好地服务社会，同时确保数据交换的安全性和合规性。这也是推动数字化治理和提高政府治理水平的重要举措。

在政府与企业之间，2013 年 2 月 25 日，国家市场监督管理总局与百度举行合作签约，总计 20 余万条权威药品信息全面入驻百度，已实现"安全用药，搜索护航"；2017 年 7 月，腾讯与中国地震应急搜救中心达成战略合作，中国地震应急搜救中心将依托腾讯 LBS 大数据，助力防灾、减灾、救灾等决策；2017 年 11 月，国家信息中心与京东金融在北京签署《关于加强信用信息共享的合作备忘录》，向京东金融共享并定期更新可向社会公开的公共信用信息。这些合作案例展示了政府与互联网企业在信息化、数字化时代的合作形式，通过共享数据和资源，实现更高效、智能的公共服务。

3．数据交易

数据交易主要指对数据明码标价进行买卖。在我国，根据交易发生的主体，数据交易可以分为三种：基于大数据交易所的交易、基于数据资源企业的交易、基于互联网企业的交易。目前，我国大数据交易的主流模型还是以大数据交易所的交易为主。

在基于大数据交易所的交易方面，比较典型的代表有北京大数据交易服务平台、贵阳大数据集交易所、长江大数据交易所等。交易所的运营坚持国有控股，政府指导，保证了数据的权威性，同时激发了不同交易主体的积极性，推动数据交易从商业化向社会化、从无序化向规范化的稳固转变。

在基于数据资源企业的交易方面，我国比较典型且具备一定市场规模和影响力的数据资源企业有数据堂、爱数据等。与大数据交易所的交易不同的是，数据资源企业推动的大数据交易更多以盈利为目的，数据变现的意愿更加强烈。与互联网企业不同的是，数据资源企业本身并不产生数据。

在基于互联网企业的交易方面，百度、腾讯、阿里、字节等多家互联网企业，凭借自身庞大的业务与用户规模和强大的技术优势，收集了数以亿计的数据，并派生出数据交易平台，与前面的大数据交易所的交易和数据资源企业的交易不同的是，互联网企业本身就产生数据，且数据交易一般是基于企业本身的业务派生而来的。

6.2 数据开放中的隐私风险

随着互联网的兴起与数字化时代的到来，个人在互联网、社交媒体、移动应用等数字环境中无时无刻不产生个人信息，因此隐私保护逐渐成为人们关注的焦点。

本节首先对隐私作出定义，其次探讨隐私保护的度量方法，最后对隐私泄露的潜在威胁进行分析。

6.2.1 隐私的概念

当人们谈论隐私时，实际上在谈论个人对自己信息和个人生活的一种掌控权，这包括了一系列的权利，人们决定哪些信息可以被分享，哪些是私密的。隐私就是个人不希望让外界知晓的信息，其不仅包含了数据本身，更包含了数据所间接反映的特性，如个人的患病记录、个人的资产状况等。

隐私的定义包含主体和客体，主体即外界，客体即隐私信息。不同的文化、不同的个体对主体和客体的定义有很大的差异。

在主体差异方面，个人资产状况对家人来说不是隐私信息，但是对家人以外的人就是隐私信息。这一主体的范围往往随着个体的变化而变化。在客体差异方面，如个人的患病记录，一些保守的病人可能会视自己的疾病信息为隐私，而开放的病人则不会。

从隐私所有主体的角度出发，可以将隐私分为两类。

① 个人隐私。隐私信息仅涉及单人，任何可以确认特定个人或可确认与特定人相关的信息，但是个人不愿披露的信息，均为个人隐私。

② 共同隐私。隐私信息涉及多人，不仅包含个人的隐私，还包含多个所有人所共同表现出的且不愿被披露的信息。例如，企业中某部门的平均薪资，或是社交平台上两个用户之间的关系信息。

6.2.2　隐私泄露的主要途径

潜在的隐私侵犯主体主要有以下几类。

① 黑客和攻击者。具有恶意意图的黑客和攻击者可能通过网络攻击手段获取非法访问敏感信息，如通过入侵系统、窃取登录凭证等，或是基于已有的知识对包含隐私信息的开放共享匿名数据集进行去匿名化。

② 内部恶意行为。企业内部的雇员、合作伙伴或其他关联方可能滥用他们的权限，故意、不慎泄露、滥用或窃取个人信息。

③ 应用程序和服务提供商。字节跳动、腾讯、百度等互联网企业，在使用所开发的应用程序和在线服务时，服务提供商可能收集、存储和分享个人信息，有时未经用户明确同意。

6.2.3　隐私保护的度量

隐私在本质上还是信息，因此隐私的度量同等于信息的度量，香农提出的信息熵理论解决了信息的量化和通信的理论基础，因此对于隐私的度量工作都是建立在信息熵理论的基础之上。在隐私保护的过程中，人们更多地关注隐私保护的程度，而度量隐私保护的方法有许多，最直观也最好理解的方法是使用潜在攻击者可以获取的隐私信息的多少来度量，即基于概率论使用"披露风险"进行表征。

"披露风险"即潜在的攻击者根据发布的信息，并结合其他背景知识，进而推断出隐私信息的可能性。如果用事件 A 表示攻击者根据背景知识 U 推断出隐私信息 X，那么"披露风险"可以表示为

$$\text{Risk}_X^U = P(A) = P(X|U)$$

在一般情况下，关于隐私信息的背景信息越多，"披露风险"越高。对于一个数据集来说，当数据集中的每一条数据的"披露风险"都小于或等于阈值 α（$\alpha \in [0,1]$），则该数据集的披露风险较低。

此外，还有许多基于具体隐私攻击场景设计的隐私保护度量指标，如检察官攻击风险、记者攻击风险、营销者攻击风险等，在后文中介绍到具体隐私攻击内容时文章将对其进行相应介绍。

6.3 隐私攻击方法

在本章中，将对现在主流的一些针对开放数据集隐私攻击的方法进行介绍。其中包括在本节中介绍的隐私泄露案例中涉及的攻击技术——链接攻击，以及基于查询输出差异进行隐私攻击的差分攻击技术，和基于机器学习、深度学习技术的隐私属性推断攻击。

6.3.1 链接攻击

1. 链接攻击的概念

链接攻击（Linkage Attack）是一种数据隐私攻击，主要目的是在不同的数据集之间建立联系，从而识别或揭露个人身份或其他敏感信息。链接攻击尤其针对那些被匿名化或去标识化的数据集，展示了即使在去除明显个人标识信息后，个人隐私仍然可能受到威胁，因此链接攻击又被称为重识别攻击（Re-identification Attack）。链接攻击的基本原理包括以下几点。

① 使用多个数据源。攻击者利用多个不同的数据源，这些数据源本身可能不包含足够的信息来识别个人，但当结合起来时，可以揭示个人身份。

② 寻找共同身份特征。攻击者会在不同数据集中寻找共同的、唯一的特征，如特定的人口统计特征组合、地理位置、消费习惯等。

③ 建立关联。通过匹配这些特征，攻击者可以将看似匿名的记录与特定个人或敏感信息关联起来。

2. 链接攻击实例

结合一个具体的例子来理解链接攻击是如何进行的，不过在介绍这个例子之前，需要先明确几个概念。

① 标识符（Identifier）。标识符是直接指向个人身份的数据元素。标识符是明确和唯一地识别个人的关键属性。常见的标识符包括身份证号码、社保号码、驾驶执照号码、手机号码等。

② 准标识符（Quasi-Identifier）。准标识符指那些单独使用时可能无法识别个人，但与其他数据结合使用时可能泄露个人身份的信息。在不同的环境和数据集中可能发生变化。常见的准标识符包括年龄、性别、种族、职业、地理位置（邮编、城市）、教育水平等。

③ 敏感属性（Sensitive Attribute）。敏感信息也被称为"隐私"。敏感属性通常关联到个人的私人生活、身份、健康状况、财务状况等。常见的敏感属性包括疾病诊断信息、收入水平、政治立场、家庭地址等四种信息。

在理解了上述概念之后，考虑一个具体的场景：假设，现在的你是一名隐私攻击者，而近日一家医疗机构为了推动医疗数据挖掘技术的进步，将其过去 10 年的患者诊断数据进行公开发布。数据集一共包括五个属性：姓名、出生日期、性别、邮政编码、疾病，原始的医疗数据集如表 6-1 所示。

表 6-1　原始的医疗数据集

姓　　名	出 生 日 期	性　别	邮 政 编 码	疾　　病
Andre	1976-1-21	男	53715	心脏病

（续表）

姓　　名	出生日期	性　　别	邮政编码	疾　　病
Beth	1986-4-13	女	53715	肝炎
Carol	1976-2-28	男	53703	支气管炎
Dan	1976-1-21	男	53703	骨折
Ellen	1986-4-13	女	53706	流感
Eric	1976-2-28	女	53706	高血压

姓名是标识符，出生日期、性别和邮政编码是准标识符，而最后一列疾病是敏感属性。和 AOL 及 Netflix 一样，为了避免个人隐私信息的泄露，医疗机构对上表中的个人唯一标识符 —— 姓名进行了匿名化处理（用唯一的序列号表示），因此，匿名化处理后的医疗数据集如表 6-2 所示。

表 6-2　匿名化处理后的医疗数据集

姓　　名	出生日期	性　　别	邮政编码	疾　　病
U1	1976-1-21	男	53715	心脏病
U2	1986-4-13	女	53715	肝炎
U3	1976-2-28	男	53703	支气管炎
U4	1976-1-21	男	53703	骨折
U5	1986-4-13	女	53706	流感
U6	1976-2-28	女	53706	高血压

作为隐私攻击者的你想要对这个医疗数据集进行去匿名化处理，以了解当地居民的疾病信息。为了实现这个目标，你希望能够借助链接攻击进行去匿名化处理。根据链接攻击的基本原理，除了这份刚发布的医疗数据集，你还需要额外的其他数据源（背景知识）来辅助实现这个目标。通过你的不懈努力，你拿到了当地社会保障局（简称"社保局"）花名册信息，其中记录了当地居民的社保基本信息，姓名、出生日期、性别和邮政编码这四个对于链接攻击来说最重要的属性，社保局花名册信息如表 6-3 所示。

表 6-3　社保局花名册信息

姓　　名	出生日期	性　　别	邮政编码
Dan	1976-1-21	男	53703
Eric	1976-2-28	女	53706

根据这个名单，你可以很容易地根据我们前面定义的准标识符（出生日期、性别和邮政编码）对医疗数据集中的 U4 和 U6 这两个人进行去匿名化处理，得到了他们的标识符信息，也就是 Dan 和 Eric 这两个人，链接攻击结果如表 6-4 所示。

表 6-4　链接攻击结果

姓　　名	出生日期	性　　别	邮政编码	疾　　病
Dan	1976-1-21	男	53703	骨折
Eric	1976-2-28	女	53706	高血压

至此我们便完成了所谓的"链接攻击"。总结一下，链接攻击利用标识符和准标识符在不同数据集之间建立联系，从而识别或推断个人身份或其他的敏感信息。这种攻击方法尤其针对那些被匿名化处理或去标识化处理的数据集。在链接攻击过程中，标识符和准标识符起着关键作用。

3．链接攻击的场景与隐私保护度量指标

针对链接攻击者具有不同的目的和攻击能力这一现象，数据隐私领域的著名学者 EI Emam 又将上述链接攻击分为检察官攻击（Prosecutor Attack）、记者攻击（Journalist Attack）和营销者攻击（Marketer Attack）。检察官攻击的目的是了解特定人员（攻击者认识的人员）的敏感信息。链接攻击的发起者一般具备一定的背景知识，即明确链接攻击目标一定在某个公开数据集中存在，同时知晓链接攻击目标的部分身份属性信息（性别、年龄、地区等，即上述概念中提及的"准标识符"），通过在去标识化的公开数据集中匹配已知的身份属性来锁定链接攻击目标所属的记录。记者攻击的目的是希望通过证明某个组织发布的匿名数据集中的数据能够被重新标识，从而让数据发布组织感到难堪或者名誉扫地。发起记者攻击的链接攻击者往往拥有私有的或者可访问的身份数据库，但是不明确数据库中的人员是否在公开数据集中存在。营销者攻击的链接攻击者往往也拥有私有的或可访问的公开身份数据库，通过将身份数据库中的成员与去标识化的公开数据集进行关联，从而拓展成员的画像维度。相较于记者攻击，营销者攻击往往不需要证明正确性，只需要保证具有较高概率的关联性即可。链接攻击的不同攻击场景及其特点如表 6-5 所示潜在链接攻击者指那些可能试图通过非法手段连接目标网络或系统的人或实体。这些攻击者可能包括黑客、国家、恐怖分子和有组织犯罪成员。

表 6-5　链接攻击的不同攻击场景及其特点

链接攻击场景	链接攻击能力	链接攻击目的	潜在链接攻击者	举　　例
检察官攻击	1. 明确链接攻击目标在公开数据集中存在； 2. 知晓链接攻击目标的部分身份属性信息	了解特定人员的敏感信息	1. 朋友 2. 同学 3. 邻居	张三知道他的同学参与了一项调查，并且他的信息被包含在一个公开的匿名数据集中。于是，张三尝试在这个数据集中定位到他同学的具体记录
记者攻击	拥有私有的或者可访问的身份数据库	证明某个组织发布的匿名数据集中的数据能够被重新标识	1. 竞争对手 2. 研究人员 3. 公众人士	研究人员将去标识化的医疗患者信息数据集与公开的州选民的登记表进行关联，恢复和确认大部分患者信息的身份

链接攻击场景	链接攻击能力	链接攻击目的	潜在链接攻击者	举　例
营销者攻击	拥有私有的或者可访问的公开身份数据库	将身份数据库中的成员与去标识化的公开数据集进行关联，从而拓展成员的画像维度	1. 广告商 2. 互联网企业 3. 掌握黑灰产业数据库的黑客	互联网企业从网络上搜集用户的各类数据集，进行统一实体识别，从而对用户的特征维度进行扩展和精确画像

EI Emam 针对不同的攻击场景提出了对应的用于衡量隐私泄露风险的指标，下文对检察官攻击场景下的三种不同的风险衡量指标，即最低检察官风险、最高检察官风险和平均检察官风险进行介绍。在正式介绍具体的风险衡量指标之前，本节希望先引入等价类的概念。在链接攻击的过程中，无论处于哪种攻击场景，攻击者均希望基于已知的属性信息（准标识符）匹配公开数据集中的某一条记录。为了抵御这种链接攻击，研究人员提出了 K- 匿名隐私保护算法、L- 多样性隐私保护算法和 T- 相近隐私保护算法等隐私保护算法模型。K- 匿名隐私保护算法通过对隐私保护算法集中的记录进行修改，使记录在准标识符上的取值相同，进而使得它们之间难以区分。在这种情况下，攻击者将无法通过已知的属性定位到具体的某一条记录。在准标识符上，取值相同的记录被认为属于同一个等价类，所有属于同一个等价类的记录共同构成了等价组。因此，最低检察官风险可以用公式表示为

$$R_a = \frac{1}{n} \sum_{j \in J} f_j \times I\left(\frac{1}{f_j} > \tau\right)$$

表示等价类构成的集合，f_j 代表当前第 j 个等价类对应的等价组中记录的数量，f_j 倒数则表示当前等价组中的记录存在被重识别的风险。τ 表示最低重识别的风险阈值，$I(*)$ 则表示指示函数，当事件 * 为真时，取值为 1，否则取值为 0。因此，最低攻击风险即公开数据集中重识别的风险概率大于预先设定的"最低风险阈值 τ"的记录的数量占记录总数的比重。

最高检察官的风险可以表示为 min，其可以用公式表示为

$$R_b = \frac{1}{j \in J \min\left(f_j\right)}$$

$j \in J \min\left(f_j\right)$ 即表示最小的等价类组的大小，其倒数即为该等价类组中记录被重识别的概率，对应了数据集中最大的重识别的风险概率。

平均检察官风险则可以表示为

$$R_c = \frac{1}{n} \sum_{j \in J} f_j \times \frac{1}{f_j} = \frac{|J|}{n}$$

通过对数据集中的每条记录被重识别的风险求和取平均值得到平均检察官风险。

6.3.2　差分攻击

针对差分攻击技术，我们继续使用上一节中的场景进行阐述。医疗机构在得知自己匿

名化处理后的数据集仍然会造成隐私泄露，但是依旧希望提供疾病的发病率信息供相关研究人员参考。于是，医疗机构决定使用"集合查询"的方法发布数据中的信息。医疗机构仅公布查询患者的数量，而非具体的个体疾病信息，查询的信息每日更新。例如，假设截至第 T 日，医疗机构共有 99 位患者，第 T 日的查询结果如表 6-6 所示，研究人员希望了解流感的发病率，即在查询系统中输入"流感"，数据库将统计并返回医疗机构中流感患者的数量（39 人）。因此对于查询者而言，查询者可以通过多次查询得到表 6-6 第 T 日的查询结果。

表 6-6 第 T 日的查询结果

肝　炎	支 气 管 炎	流　感
20 人	40 人	39 人

过了一天，即 $T+1$ 日，医疗机构新增了 1 位患者，假设现在你（攻击者）知道这位新增患者的身份，且通过查询得到了表 6-7 中的第 $T+1$ 日的查询结果。第 $T+1$ 日的查询结果如表 6-7 所示。

表 6-7 第 $T+1$ 日的查询结果

肝　炎	支 气 管 炎	流　感
20 人	40 人	40 人

你可以立刻推断出这位新增病人所患的疾病为流感。这一推断过程正是差分攻击的典型案例，差分攻击通过分析查询结果的细微变化揭露个人隐私信息。

6.3.3　隐私属性推断攻击

隐私属性推断攻击是一种数据隐私攻击，目的是从公开的和可获取的数据中推断个人的敏感信息。隐私属性推断攻击通常针对那些被认为是匿名的或去标识化的数据集而言，攻击者通过分析这些数据集中的非敏感属性来推测出敏感信息。攻击的实施主要分为以下四步。

① 数据收集。攻击者收集公开可获得的数据，这些数据可能包括社交媒体帖子、公共记录，或者共享的匿名化数据集。

② 分析非敏感信息。使数据集中的直接敏感信息（健康信息、财务状况）被去除或匿名化处理，攻击者也会分析可获得的非敏感信息（年龄、性别、地理位置、购买行为等）。

③ 模式识别和关联分析。攻击者使用数据挖掘和机器学习技术识别数据集中的模式和关联情况。例如，某些购买行为可能与特定的健康状况相关。

④ 推断敏感属性。基于这些模式和关联情况，攻击者推测个人的敏感信息。例如，根据某人的购买历史和在线行为推断他们可能患有特定的疾病。

然而，随着机器学习或深度学习等人工智能技术的飞速发展，基于这些技术的隐私属性推断攻击变得更为容易。下面我们还是以前面几节使用的场景来进行举例。

假设现在医疗机构并不打算发布任何数据以保护患者的隐私，但是你作为攻击者拥有了相较于前面两节而言更加强大的背景知识，你知道了医疗机构中三分之一患者的疾病信息和他们的个人信息，以及你能够获取你所在社区的所有人的购买行为记录，通过比对个人信息，你可以很容易地获得表 6-8 中的攻击者已知的三分之一患者的信息。注意，我们定义在当前的场景中只有疾病为敏感属性，而近一周购买记录为非敏感属性。那么直观地讲，医疗机构中三分之二的患者的隐私信息得到了有效保护。攻击者已知的三分之一患者的信息如表 6-8 所示。

表 6-8　攻击者已知的三分之一患者的信息

姓　　名	出 生 日 期	性　　别	邮 政 编 码	疾　　病	近一周购买记录
Andre	1976-1-21	男	53715	心脏病	土豆、苹果
Beth	1986-4-13	女	53715	肝炎	苋菜、苦瓜
Carol	1976-2-28	男	53703	*	莲藕、梨
Dan	1976-1-21	男	53703	*	猪大骨
Ellen	1986-4-13	女	53706	*	橙子、猕猴桃
Eric	1976-2-28	女	53706	*	西蓝花、胡萝卜

此时，你基于机器学习或深度学习技术，利用你所知的三分之一患者的出生日期、性别、邮政编码，以及近一周的购买记录作为模型的输入特征，将疾病作为模型预测的标签，训练一个多分类模型，并利用这个训练好的模型和三分之二患者的特征信息，对他们的疾病进行预测。

从上述这个例子中，我们可以看到，即使在不发布任何隐私信息的情况下，潜在攻击者还是能够借助数据挖掘技术，从非敏感信息中推断出每个人的隐私信息。这种现象对当前大数据时代的隐私保护工作带来了极大挑战。互联网时代人们一直在生成数百万个关于自己的信息点。每次在社交平台上单击"点赞"按钮、在谷歌平台上搜索、在亚马逊平台上购物、在手机上发送短信或与银行、保险公司、零售店、信用卡公司或酒店进行交易时，都会创建数据。宾夕法尼亚工程大学计算机和信息科学教授 Aaron Roth 说："当你使用互联网时，你一直在生成数据，这会很快形成你的许多特征。"危险之处在于，潜在的攻击者可以利用这些看似无害的特征，预测除了这些特征，任何他感兴趣且敏感的信息。

6.4　隐私保护技术与策略

6.4.1　数据匿名化技术

为了应对上述数据开放共享场景中出现的隐私攻击 / 再识别 / 去匿名化问题，数据匿名化（Anonymization）技术被提出。数据匿名化技术是一种数据处理方法，目的是在保留数据集的用途的同时，去除或掩盖数据中能够识别个人身份的信息，保护个人隐私。数据匿名化技术的关键在于平衡数据的可用性和对隐私的保护性，降低个人信息泄露的风险。

1．如何开展数据匿名化

开展数据匿名化的过程是一个综合性过程，工作的开展主要包含以下四个步骤。

（1）识别数据敏感源

第一步，识别在数据集中有哪些信息是敏感的，包括直接标识符，如姓名、地址、电话号码、电子邮箱等个人身份信息（PII），以及与发布目的无关的其他敏感数据，如健康信息、财务信息、职业细节等，这是开展数据匿名化的基础，正确评估数据敏感性对提高隐私保护措施的有效性至关重要。此外，不同行业对于敏感信息有着不同的定义，因此在识别敏感源时，还需要结合对应的行业标准，明确特定行业下的敏感字段。例如，《信息安全技术健康医疗数据安全指南》（GB/T 39725—2020）就对医疗行业数据发布过程中需要明确保护隐私的字段做出定义。

（2）明确隐私需求

第二步，根据法律法规和组织政策的规定，确定对数据的隐私保护需求，如欧洲联盟（以下简称"欧盟"）的通用数据保护条例（GDPR）、美国的健康保险流通与责任法案（HIPAA）等。这些法规定义了处理个人数据时必须遵守的隐私保护标准。明确保护隐私需求是数据匿名化过程中的关键步骤，它涉及理解和定义数据处理和共享活动中必须遵守的隐私保护标准和目标。这一步骤确保了数据匿名化措施能够促进既定的隐私保护要求的实现。

此外，在明确隐私需求的过程中，我们往往需要考虑谁将访问数据，以及他们对数据的使用权限和目的，针对不同的数据访问主体，定义不同的隐私需求。在不同的数据开放场景下，数据的访问主体往往有很大的差异，一般可以简化为三类：①第三方机构，如医院将疾病数据共享给疾病研究所，推动相关疾病研究的进展；②公众，如政府定期向公众公开政府财政信息。③机构内部人员，这在大型的组织中十分常见。例如，一家大型的商业银行需要将客户的信息共享给营销部门，为了避免在组织内部发生隐私泄露事件，必须对数据进行匿名化处理，保护客户的隐私。针对不同的数据访问主体，我们结合相关政策和文件，明确不同数据访问主体下不同字段的隐私等级，并为不同隐私等级的数据选择合适的数据匿名化技术。

（3）实施数据匿名化技术

第三步，针对不同的隐私属性实施不同的数据匿名化技术，包括数据抑制、数据泛化和数据聚合等，在后文中将会对这些技术进行详细地介绍。匿名化技术可以利用数据处理等相关工具实施。

（4）数据质量和实用性评估

第四步数据质量和实用性评估是实施数据匿名技术的重要环节。这一环节确保经过匿名化处理的数据既能保护个人隐私，又能保持其对分析和决策的价值，即平衡隐私保护与数据价值之间的关系。数据质量和实用性评估可以根据是否明确数据应用场景将评估指标分为通用效用指标和任务相关效用指标，在后文中将会对这些指标进行详细介绍。

2．基础匿名化技术

为了让读者们更容易理解匿名化技术的实施过程，本节将沿用前文中医疗数据开放场景中的数据进行阐述，原始的医疗数据集如表 6-9 所示。

表 6-9　原始的医疗数据集

姓　名	出 生 日 期	性　别	邮 政 编 码	疾　病
Andre	1976-1-21	男	53715	心脏病
Beth	1986-4-13	女	53715	肝炎
Carol	1976-2-28	男	53703	支气管炎
Dan	1976-1-21	男	53703	骨折
Ellen	1986-4-13	女	53706	流感
Eric	1976-2-28	女	53706	高血压

（1）数据抑制

数据抑制（Data Suppression）是最简单和直接的一种匿名化技术，它通过将可能揭示或识别个人身份的信息完全删除或完全省略，实现对个人身份的保护。数据抑制通常被应用于高度敏感或具有唯一识别性的数据元素中。例如，在共享患者健康记录时，可能需要隐藏患者的姓名、地址等个人信息；发布学生的成绩时，可能会移除学生的姓名或学号。数据抑制技术简单、高效，但是过度使用数据抑制技术可能导致数据失去部分重要的信息和价值，尤其是当被移除的信息对于数据集的分析和解释至关重要时。

能够识别个人身份的信息有时并不只是姓名、身份证号这样的显式标识符，还可能是一些字段的组合。正如前文中介绍的"链接攻击""出生日期""性别"和"邮政编码"的组合也可能成为潜在的标识符。基于这一现象，我们希望对"姓名""出生日期""邮政编码"三个字段进行数据抑制，数据抑制的结果如表 6-10 所示。

表 6-10　数据抑制的结果

性　别	疾　病
男	心脏病
女	肝炎
男	支气管炎
男	骨折
女	流感
女	高血压

（2）数据泛化

数据泛化（Generalization）指通过降低数据的精确度实现隐私保护的技术，相较于数据抑制，数据泛化能够保留更多的信息（数据的总体趋势和模式），进而更好地在增强实用性和保护隐私之间实现平衡，在保护隐私的同时，增强数据的实用性。且相较于数据抑制，数据泛化更加灵活，可以根据隐私保护的需求，对精确度进行控制。数据泛化的应用场景不限，将年龄的精确值泛化为年龄段（20岁至30岁）；将具体地址泛化为城市或地区；或是在金融数据分析过程中，将具体的交易金额泛化为金额范围。

在本节医疗场景中，我们希望对"出生日期""邮政编码"这两列属性进行数据泛化。针对"出生日期"，我们可以仅保留日期中的年份，而针对"邮政编码"，我们可以通过加"*"的方式降低属性的精确度。数据泛化结果如表 6-11 所示。

表 6-11　数据泛化的结果

出 生 年 份	性　别	邮 政 编 码	疾　病
1976	男	537**	心脏病
1986	女	537**	肝炎
1976	男	537**	支气管炎
1976	男	537**	骨折
1986	女	537**	流感
1976	女	537**	高血压

（3）数据聚合

数据分析的开展由于有时仅需要统计信息而非统计原始数据，所以数据聚合（Data Aggregation）技术被应用于隐私保护领域，旨在通过将多个数据点组合成单个总结统计信息来降低数据的粒度，保护个人隐私（根据特定属性，如年龄、性别、职业将数据分组，并计算每个分组的统计信息），同时保持数据的实用性。数据聚合常用于统计分析和报告的场景中。

数据聚合的优势在于，在保证传递数据价值的同时，极大降低了传输数据过程中潜在的数据风险，但是过度聚合可能导致数据失去对特定问题的洞察力。在某些分析任务中可能不够具体或详细。

针对上述的医疗场景，相关的研究人员仅需要了解各个疾病的患病人数，那么就可以按照疾病属性进行分组，并统计患病人数，数据聚合的结果如表 6-12 所示。

表 6-12　数据聚合的结果

疾　病	患 病 人 数
心脏病	2
肝炎	3
支气管炎	2
骨折	1
流感	10
高血压	3

从上表中，我们获取不到任何关于患者个人的信息，由此可见数据聚合对隐私保护的效果。数据聚合由于对保留数据信息的影响极大，因此数据聚合受到数据开放目的或场景的限制，仅在聚合的统计信息能够满足数据需求的场景中使用。

3. 数据匿名算法

基础数据匿名化技术虽然能够在一定程度上保证数据中个人隐私不被泄露，但是简单地应用它们并不能完全杜绝所有的隐私攻击，正如前文中介绍的链接攻击。我们即使已经利用数据抑制，删除了数据集中的标识符（姓名），但是其余的三个属性（出生日期、性别、邮政编码）依旧构成了识别一个患者的准标识符，这使攻击者能够通过外部的社保数据对匿名数据集中的患者个人隐私进行重识别。为了应对上述的链接攻击，三种应用数据匿名化技术的算法被提出，下面我们将依次对这三种算法进行介绍。

（1）*K*- 匿名隐私保护算法

K- 匿名隐私保护算法，顾名思义，是确保数据集中的每个记录至少与其他条记录在准标识符属性上不可区分的一种匿名化方法。还是回到前文的案例中，如表 6-13 所示是我们掌握的匿名化处理后的医疗数据集。此时通过社保局的花名册我们能够得到如表 6-14 所示的社保局花名册信息，因此利用出生日期、性别和邮政编码这三个属性构成准标识符，我们能够得到 Dan 和 Eric 的疾病信息，链接攻击结果如表 6-15 所示。我们能够作出上述判断的一个很关键的原因：在匿名数据集中有且仅有一条数据的准标识符与外部数据中的准标识符相匹配。

119

表 6-13　匿名化处理后的医疗数据集

姓　名	出生日期	性　别	邮政编码	疾　病
U1	1976-1-21	男	53715	心脏病
U2	1986-4-13	女	53715	肝炎
U3	1976-2-28	男	53703	支气管炎
U4	1976-1-21	男	53703	骨折
U5	1986-4-13	女	53706	流感
U6	1976-2-28	女	53706	高血压

表 6-14　社保局花名册信息

姓　名	出生日期	性　别	邮政编码
Dan	1976-1-21	男	53703
Eric	1976-2-28	女	53706

表 6-15　链接攻击结果

姓　名	出生日期	性　别	邮政编码	疾　病
Dan	1976-1-21	男	53703	骨折
Eric	1976-2-28	女	53706	高血压

K-匿名隐私保护算法的思路就很简单，即希望通过数据抑制、数据泛化等数据匿名化技术，使在匿名数据集中准标识符属性相同的记录至少有 K 条。这样一来，在攻击者执行链接攻击时，就会发现根据外部数据准标识符匹配到的患者有很多个，这个时候就无法确定他们具体是谁了，更无法确定他们的隐私属性信息。例如，医院利用数据抑制的方法实现 K=2 的 K-匿名隐私保护算法，即通过删除"出生日期"属性得到如表 6-16 所示的 K-匿名隐私保护算法处理的结果（通过数据抑制实现）。这时表中性别同时为"男"，邮政编码同时为"53703"的患者记录有两条（U3、U4），攻击者进行链接攻击时，并不能确定哪一条记录属于 Dan，即不知道 Dan 的疾病到底是骨折还是支气管炎，这时链接攻击就会失败。

表 6-16　K-匿名隐私保护算法处理的结果（通过数据抑制实现）

姓　　名	性　　别	邮 政 编 码	疾　　病
U1	男	53715	心脏病
U2	女	53715	肝炎
U3	男	53703	支气管炎
U4	男	53703	骨折
U5	女	53706	流感
U6	女	53706	高血压

K-匿名隐私保护算法同样可以通过数据泛化的方法实现，如医院将出生日期泛化为年份得到如表 6-17 所示的 K-匿名隐私保护算法处理的结果（通过数据泛化实现）。这时表中出生年份和 Dan 一样为"1976"、性别为"男"，且邮政编码为"53703"的患者记录有两条，这时链接攻击依旧会失败。

表 6-17　K-匿名隐私保护算法处理的结果（通过数据泛化实现）

姓　　名	出 生 年 份	性　　别	邮 政 编 码	疾　　病
U1	1976	男	53715	心脏病
U2	1986	女	53715	肝炎
U3	1976	男	53703	支气管炎
U4	1976	男	53703	骨折
U5	1986	女	53706	流感
U6	1976	女	53706	高血压

（2）L-多样性隐私保护算法

尽管 K-匿名隐私保护算法的匿名性可以防止个人身份被直接识别，但它可能无法充分保护数据中的敏感属性。例如，在一个 K-匿名隐私保护算法的数据集中，攻击者仍然可能推断出某个人的敏感信息。在之前的例子中，假如表中出生年份和 Dan 一样为"1976"、性别为"男"，且邮政编码为"53703"的两位患者为 U3、U4，他们的疾病都为支气管炎，那么无论到底 U3 是 Dan，还是 U4 是 Dan，攻击者都能确定 Dan 的隐私属性信息，即疾病为支气管炎。为了克服 K- 匿名隐私保护算法匿名性的局限性，L- 多样性隐私保护算法的多样性被提出。L- 多样性隐私保护算法要求一个 K- 匿名隐私保护算法数据集中的每个等价类（相同的 K- 匿名隐私保护算法匿名组，在准标识符上相同的记录构成的集合）包含至少 L 种不同的敏感属性值，这一过程同样可以通过数据匿名化技术实现，此外还可以利用加噪的方式实现，即对敏感属性值进行修改。（注意：实施 L- 多样性隐私保护算法前必须先实施 K- 匿名隐私保护算法）。

假设，医院希望针对如表 6-18 所示的实现 L 为 2 的 L- 多样性隐私保护算法的多样性。利用数据匿名化技术的方式，医院可以对邮政编码使用数据泛化技术，隐去邮政编码的最后两位，得到如表 6-19 所示的 L- 多样性隐私保护算法的多样性处理的结果。这时出生年份为"1976"、性别为"男"、邮政编码为"537**"的三条记录（U1、U3、U4）构成的等价类中包含了两种不同的疾病，这时链接攻击就会失败。

表 6-18　已实现 K- 匿名隐私保护算法的数据表（K=2）

姓　名	出 生 年 份	性　别	邮 政 编 码	疾　病
U1	1976	男	53715	心脏病
U2	1986	女	53715	肝炎
U3	1976	男	53703	支气管炎
U4	1976	男	53703	支气管炎
U5	1986	女	53706	流感
U6	1976	女	53706	高血压

121

表 6-19　L- 多样性隐私保护算法的多样性处理的结果（L=2）

姓　　名	出 生 年 份	性　别	邮 政 编 码	疾　　病
U1	1976	男	537**	心脏病
U2	1986	女	537**	肝炎
U3	1976	男	537**	支气管炎
U4	1976	男	537**	支气管炎
U5	1986	女	537**	流感
U6	1976	女	537**	高血压

医院如果希望通过加噪的方式实现 L- 多样性隐私保护算法的多样性，即修改 U3 的疾病为骨折，这时出生年份为"1976"、性别为"男"、邮政编码为"53703"构成的等价类中包含了两种不同的敏感属性值，链接攻击就会失败。加噪的方式虽然相较于利用数据匿名化技术的方式更为便捷而且高效，但这是以牺牲部分数据价值实现的。

（3）T- 相近隐私保护算法

现在的数据集如果同时满足 K- 匿名隐私保护算法的匿名性和 L- 多样性隐私保护算法

的多样性，那么数据集就能够保证不会泄露隐私了吗？我们来看一个具体的例子，月收入数据集（已实现匿名性与多样性，$K=2$，$L=2$）如表 6-20 所示。

表 6-20　月收入数据集（已实现匿名性与多样性，$K=2$，$L=2$）

姓　　名	出 生 年 份	性　别	邮 政 编 码	月 收 入（千）
U1	1976	男	537**	20
U2	1986	女	537**	5
U3	1976	男	537**	15
U4	1976	男	537**	18
U5	1986	女	537**	4

数据集记录了该部门中每个员工的月收入（敏感属性），它实现了 $K=2$ 的 K-匿名隐私保护算法的匿名性和 $L=2$ 的 L-多样性隐私保护算法的多样性。敏感属性由于是数值型属性，所以很容易便满足了 L-多样性隐私保护算法的多样性。我们如果知道女生 Jane 在该部门任职且出生年份为"1986"、邮政编码以 537 开头，虽然链接到匿名数据集中匹配的记录有两条，且她们的月收入不相同，但是 5 000 与 4 000 很接近，再对比整个数据集的月收入分布，我们便可以得到我们想要的答案，即 Jane 的月收入并不高，在该部门中处于垫底的位置。我们再来看一个医疗场景的例子。

原始医疗数据集如表 6-21 所示。为了实现 $K=2$ 的 K-匿名隐私保护算法的匿名性和 $L=2$ 的 L-多样性隐私保护算法的多样性，医院决定对年龄属性进行数据泛化处理，并得到如表 6-22 所示的处理后的医疗数据集（已实现匿名性与多样性，$K=2$，$L=2$）。

表 6-21　原始医疗数据集

年　　龄	性　　别	邮　编	疾　病
30	男	537**	心脏病
35	男	537**	糖尿病
32	男	537**	心脏病
38	男	537**	心脏病
60	女	537**	高血压
65	女	537**	糖尿病

表 6-22　处理后的医疗数据集（已实现匿名性与多样性，$K=2$，$L=2$）

年　　龄	性　　别	邮　编	疾　病
30—40	男	537**	心脏病
30—40	男	537**	糖尿病
30—40	男	537**	心脏病
30—40	男	537**	心脏病
60—70	女	537**	高血压
60—70	女	537**	糖尿病

通过观察，我们可以看到一个偏斜现象，即年龄在 30 岁至 40 岁的男性主要疾病为心脏病。此时，我们知道这样的背景知识，Dan 存在该数据集中，且他是一位 38 岁的男性，居住地的邮政编码以 537 开头，那么我们大概率可以推断他的疾病为心脏病。在数据集被匿名化处理的前提下，特定群体内存在偏斜性导致攻击者仍然能够推测出某个人的敏感信息，这样的攻击我们称之为"偏斜攻击"。

为了防御 K- 匿名隐私保护算法的匿名性和 L- 多样性隐私保护算法的多样性无法应对的偏斜攻击，T- 相近隐私保护算法被提出。T- 相近隐私保护算法在考虑敏感属性值分布的基础上，通过修改敏感属性保护数据集中的隐私，使每个等价类的敏感属性取值分布与整张表中敏感属性取值分布的距离不超过阈值 T。例如，对于如表 6-22 所示的处理后的医疗数据集（已实现匿名性与多样性，K=2，L=2），整个数据集中疾病为心脏病的患者占比约 50%，那么可以修改第三条的疾病为糖尿病，使该等价类中的心脏病患者比例和数据集中的分布相同，T- 相近隐私保护算法处理的结果如表 6-23 所示。

表 6-23　T- 相近隐私保护算法处理的结果

年　　龄	性　　别	邮　　编	疾　　病
30—40	男	537**	心脏病
30—40	男	537**	糖尿病
30—40	男	537**	糖尿病
30—40	男	537**	心脏病
60—70	女	537**	高血压
60—70	女	537**	糖尿病

和 L- 多样性隐私保护算法类似，T- 相近隐私保护算法直接修改敏感属性的方法会破坏其他字段与敏感属性之间的关联，进而极大降低数据的价值。

6.4.2　差分隐私技术

上节虽然提出的三种数据匿名化算法相较于直接应用数据匿名化技术，距离保护开放数据集中个人隐私的里程碑更近了一步，但是这些算法设立的假设条件太多，且在现实生活中，我们并不能确定攻击者作出的攻击是基于什么样的背景知识，因此依然存在大量实现了 K- 匿名隐私保护算法的匿名性、L- 多样性隐私保护算法的多样性和 T- 相近隐私保护算法的相近性的数据集造成隐私泄露的案例。为了应对传统数据匿名化技术的局限性，差分隐私技术应运而生。

差分隐私技术采用在数据集上添加噪声的方式阻止攻击者识别单条数据。差分隐私技术的强大之处在于，它相较于传统匿名化技术具备更强的通用性，在攻击者掌握任意背景知识的条件下依旧能够提供强大的隐私保护。此外，差分隐私技术拥有坚实的数理理论支撑，相较于传统技术能够在隐私保护的过程中进行更加严谨的量化分析。

差分隐私这个概念最早由 Cynthia Dwork 等人提出，他们的工作为隐私保护设定了一个新的、更强的标准。概念被提出后，差分隐私技术受到学术界的关注，其数理理论研究得到了飞速发展，包括对隐私损失的量化、噪声添加机制的构建等，由此为差分隐私技术提供了坚实的数学与统计学基础。在 2020 年后，差分隐私技术正式被应用于隐私保护实践领域。美国人口普查局是最早考虑采用差分隐私技术的政府机构之一。他们开始研究如何在 2020 年人口普查中应用差分隐私技术来保护个人数据。（美国人口普查局的一个内部安全团队发现，2020 年收集的超过 1 亿条美国人口个人基本信息可以从模糊的数据中重建。多达 1.38 亿条美国人口的年龄、性别、居住地点、种族和民族等敏感信息可能被重新识别，这是导致美国人口普查局引入差分隐私技术用于公开数据集隐私保护的直接原因）。一些大型技术公司，如 Google 和 Apple 也开始采用差分隐私技术。例如，Google 在其一些产品中应用差分隐私技术来收集和分析用户数据，而不泄露个人信息。

简单来说，差分隐私技术的工作原理就是向数据查询的结果中添加噪声，使得仅有些许差别的两个数据库返回的查询结果依旧相同。让我们先回顾一下前文中的差分攻击技术，攻击者通过对前后两天的医疗数据集发起查询，希望能够从查询的差异中得知在 $T+1$ 天新增的那一位就诊者所患的疾病。差分隐私技术，则是使得攻击者在 $T+1$ 天的查询结果和 T 天的查询结果相同，这时攻击者便无法利用查询的差异实施攻击。

下面我们再通过一个更简单的例子展示差分隐私技术的具体实践过程。假设我们拥有一个非常简单的数据库，其中包含了 10 位成员的年龄信息，如表 6-24 所示。我们的目标是计算并发布这个小组成员的平均年龄，但是我们希望使用差分隐私技术确保对个人隐私的保护。

基于上述数据，我们可以轻易计算得到这个小组成员的平均年龄为 30.1 岁。假设现存在一位攻击者，已经知晓其中序号 1 至序号 9 这 9 位用户的年龄，那么他可以基于公布的小组成员平均年龄立即计算出第 10 位用户的年龄。为抵御此类差分攻击，我们将应用差分隐私技术，采用向数据集中添加噪声的方法修改平均值。差分隐私技术中添加的噪声通常来自特定的概率分布，如拉普拉斯分布（Laplace Distribution）或高斯分布（Gaussian Distribution）。噪声值通常由一个参数控制，称为隐私预算（Privacy Budget），参数的值越小，隐私保护的程度越高，但数据的准确性也相应降低。为了简化这个过程，我们在这个例子中将使用一个简单的方法添加噪声：向平均值添加一个介于 −5 到 5 之间的随机整数噪声。假设噪声值为 3，那么我们就得到了一个经过差分隐私技术保护的平均年龄为 33.1 岁的数据。通过这种方式，即使外部攻击者知道数据库中九个成员的年龄信息，他们也无法确定第 10 个成员的确切年龄信息，因为平均年龄已经被添加了噪声。这就是差分隐私技术如何在提供有用信息的同时，保护个体隐私的一个简单例子，小组成员年龄信息如表 6-24 所示。

表 6-24 小组成员年龄信息

序　　号	年　　龄
1	23
2	45
3	29
4	31
5	22
6	27

（续表）

序　　号	年　　龄
7	33
8	25
9	40
10	26

除了上述这种数据开放场景，差分隐私技术还适合应用于许多其他隐私泄露风险更高的数据开放场景中。例如，在上述例子中，我们视小组成员的年龄为隐私信息，因此采用数据聚合的方式，仅公布小组成员的平均年龄信息。倘若现在我们希望在保护各成员隐私不被泄露的情况下，直接公布各成员的年龄信息，差分隐私技术同样能够满足这一需求，即对数据集中的每一条记录添加噪声。为了简化这个过程，我们会在每条年龄信息上添加一个介于 −2 到 2 之间的随机整数噪声。差分隐私处理的结果如表 6-25 所示。

表 6-25　差分隐私处理的结果

序　　号	原 始 年 龄	添加噪声后的年龄
1	23	24
2	45	47
3	29	28
4	31	30
5	22	23
6	27	28
7	33	32
8	25	23
9	40	39
10	26	27

利用这种方式，每个数据点都受到了一定程度的干扰，即公布的数据中每一位成员的年龄均不是其真实年龄，这有助于增强对数据的隐私保护。由于我们确保添加的噪声总值为零，这意味着添加噪声后数据的平均年龄与原始数据的平均年龄相同。由此可以得出，差分隐私技术在一定程度上能够兼顾效用与隐私，即使为了隐私保护向数据集中添加噪声，但是依旧不影响数据整体的统计性质，保证了数据的效用。

下面我们用数学不等式的形式对差分隐私技术的工作原理进行阐述，差分隐私技术通常定义一个随机化算法 A。给定两个仅在一个元素上不同的数据集 D 和数据集 D'（这样的数据集被称为相邻数据集），我们说随机化算法 A 提供差分隐私，如果对所有数据集 D 和数据集 D'，以及所有随机算法可能输出集 S（攻击者拿到的添加噪声后的查询结果）满足以下不等式：

$$\Pr\left[A(D)\in S\right]e^{\epsilon}\times\Pr\left[A(D')\in S\right]\leqslant e^{\epsilon}\times\Pr\left[A(D')\in S\right]$$

其中 ϵ （称为隐私预算）是一个非负参数，它控制隐私的丢失程度，ϵ 越小，则攻击者查询得到的两个结果相同的概率越小，实现差分攻击的难度就越高，即隐私保护程度越高。攻击者的背景知识是数据集 D 和数据集 D' 的共有部分，即开放数据集中的大部分记录，而在如此强大的背景知识下，差分隐私技术依然能够提供有效的隐私保护，由此可见差分隐私技术的强大。

前面我们提到差分隐私技术是通过向查询结果中添加噪声实现的，因此如何添加噪声（也就是公式中的随机算法 A）成为设计差分隐私算法的核心。在实践中常用的随机化算法有拉普拉斯机制、高斯机制和指数机制。

① 拉普拉斯机制。拉普拉斯机制是最常用的差分隐私算法之一。通过在数据查询的结果上添加服从拉普拉斯分布的噪声来满足公式的要求，即假设 $F(D)$ 为正常的查询返回结果，而拉普拉斯机制返回的结果为 $F(D)+\lambda$，其中 λ 服从拉普拉斯分布。

② 高斯机制。高斯机制类比拉普拉斯机制，其添加的噪声服从高斯分布。高斯分布的尾部相较于拉普拉斯分布的尾部更"轻"，因此数值高的噪声出现的可能性更小，因此高斯噪声通常会产生较强的数据准确性，但在相同的 ϵ （隐私预算）下，隐私保护强度略低。高斯机制更适合需要平衡隐私保护与数据实用性的场景下，尤其是在复杂的数据处理流程中，如在深度学习中实现差分隐私技术。

③ 指数机制。与前面两种机制不同的是，指数机制主要用于处理非数值型的输出（选择一个选项或排名），而拉普拉斯机制和高斯机制主要用于处理数值型输出。此外，拉普拉斯和高斯机制通过在查询结果中直接添加噪声实现隐私保护，而指数机制通过概率加权选择实现隐私保护。首先，指数机制为每个可能的输出分配一个分数，这个分数反映了该选项的优先级别或合适程度。然后，指数机制根据这些分数以一定的概率选择输出。输出的概率与其实用性分数呈指数关系，同时考虑到 ϵ 隐私预算输出的选择基于一个经过调整的随机过程，其中具有更强的实用性分数的选项更有可能被选择，但仍然保留了选择其他选项的可能性，以确保隐私保护的实现。指数机制更适合需要从一组离散选项中选择最优选项的场景，如数据挖掘中的特征选择、机器学习模型的超参数选择等。

复习思考题

一、选择题

1. 数据开放共享的主要目的不包括以下哪项？
   A. 优化资源利用   B. 促进创新
   C. 提高数据处理成本   D. 解决社会问题
   答案：C

2. 以下哪种技术不是数据匿名化处理的方法？
   A. 数据抑制   B. 数据泛化
   C. K 匿名化   D. 数据加密
   答案：D

3. 在数据开放中，差分隐私技术的核心思想是什么？
   A. 通过将数据集合并保护个人隐私

B. 在查询结果中添加噪声以防止攻击者识别单条数据

C. 仅共享数据的统计信息而不共享原始数据

D. 对所有敏感数据进行加密处理

答案：B

二、判断题

1. 数据开放共享时，将姓名、地址等个人识别信息完全删除是一种有效的隐私保护方法。

（　　）

答案：错误

2. *K*-匿名隐私保护算法匿名化方法可以完全保护数据集中的敏感信息不被泄露。（　　）

答案：错误

三、简答题

1. 我国的数据开放共享主要采取哪些方式？它们之间的区别是什么？

2. 简述什么是标识符、准标识符、敏感属性？可以举一个简单的例子来说明。

3. 简述什么是链接攻击？以及如何通过 *K*-匿名隐私保护算法和匿名化技术防御链接攻击。

4. 链接攻击有哪些攻击场景？它们之间的共性和区别是什么？

5. 简述一下差分隐私技术中有哪些添加噪声的机制？它们分别适用于什么样的场景？

四、应用题

1. 假设有一个医疗数据集包含患者的年龄、性别、邮政编码和疾病信息。如果要实现 *K*-匿名隐私保护算法的匿名化保护（*K*=3），你会采用哪些数据处理技术？请给出具体的处理步骤。

2. 考虑到 Netflix Prize 数据泄露案例，如果你是 Netflix 的数据科学家，如何使用差分隐私技术重新设计数据共享策略，避免相似的隐私泄露事件？

3. 现有一个待匿名化处理的犯罪记录表 *T*，共包含五个属性：姓名、婚姻状况、年龄、邮编、犯罪历史。其中姓名为标识符、婚姻状况、年龄、邮编为准标识符，犯罪历史为敏感属性。待匿名化处理的犯罪记录表 *T* 如表 6-26 所示。

6-26　待匿名化处理的犯罪记录表 *T*

序　号	标　识　符	准　标　识　符			敏　感　属　性
	姓　　名	婚 姻 状 况	年　　龄	邮　　编	犯 罪 历 史
1	Joe	分居	29	32042	谋杀
2	Jill	单身	20	32021	盗窃
3	Sue	丧偶	24	32024	抢劫
4	Abe	分居	28	32046	殴打
5	Bob	丧偶	25	32045	抢劫
6	Amy	单身	23	32027	盗窃

对上述数据集进行匿名化处理得到下表，记为 T^*。匿名化处理后的犯罪记录表 T^* 如表 6-27 所示。

表 6-27　匿名化处理后的犯罪记录表 T^*

序　号	等 价 组	准标识符			敏感属性
		婚姻状况	年　龄	邮　编	犯 罪 历 史
1	1	未婚	[25,30)	3204*	谋杀
4		未婚	[25,30)	3204*	殴打
5		未婚	[25,30)	3204*	抢劫
2	2	未婚	[20,25)	3202*	盗窃
3		未婚	[20,25)	3202*	抢劫
6		未婚	[20,25)	3202*	盗窃

可以看到在匿名化处理过程中，本文对婚姻状况、年龄，以及邮编这三个准标识符属性进行了不同程度的泛化处理。在前文中介绍了多种衡量数据效用的指标。下面请你依次计算 T^* 的泛化信息损失、分辨力指标和平均等价类指标，并根据上述指标对本文施加的匿名化处理进行评价。

值得注意的是，在泛化信息损失的计算中，需要明确被泛化属性的泛化上限与泛化下限。这对于数值型属性来说十分容易，而对于类别型属性，即上表中的婚姻状况与邮编属性，一般先将其类别映射为数值，再以数值型计算泛化上限与泛化下限的方式进行计算。对于婚姻状况，其可以分为两种：已婚、未婚，其中已婚又可以分为已婚和再婚，未婚又可以分为单身、分居、离婚和丧偶。因此本文设置的映射规则如下：单身（1）、分居（2）、离婚（3）、丧偶（4）、已婚（5）、再婚（6）。其中 1~4 均属于未婚，5~6 属于已婚。匿名处理前每条记录可能的婚姻状况为上述六种中的一种，因此其泛化上限为 6，泛化下限为 1；而匿名化处理后对于泛化取值为未婚的记录而言，其婚姻状况为 1~4，因此其泛化上限为 4，泛化下限为 1。 对于邮编属性，本文设定的映射规则如下：32021（1）、32024（2）、32027（3）、32042（4）、32045（5）、32046（6），其中 1~3 均属于 3202*，4~6 均属于 3204*。对于泛化取值为 3204* 的记录，其泛化上限为 6，泛化下限为 4。

五、讨论题

1. 在数据开放共享的背景下，讨论数据隐私保护的重要性及面临的挑战。

2. 创建一个综合性指标，使我们可以同时考虑数据匿名化处理后的隐私泄露风险和数据效用。

案例：纽约出租车数据发布

为了更好地促进科学研究、交通规划和数据挖掘的发展，著名城市学家 Chris Whong 公开了纽约出租车的完整历史行程和票价记录。历史行程和票价记录值总计超过 20 GB，包括了超过 1.73 亿人次的个人出行。每条出行记录都包括了接送地点和时间、使用 MD5 算法匿名化的出租车唯一识别码及其他元数据，反映了司机在很长一段时间内的位置和工作表现的详细信息。

对于热爱城市、交通，以及数据可视化与数据挖掘的人们来说，这些数据是名副其实的宝库。但是其中有一个大问题：出租车司机的个人身份信息（驾驶执照号码和出租车号码）并没有被正确地匿名化。MD5 算法虽然是单向不可逆的加密哈希函数，但是所有的个人身份信息都是通过一个可预测的模式构建的，因此通过相同的 MD5 算法进行所有可能的迭代处理（其中将 MD5 算法的输出转换为输入、用于加密攻击的映射表常被称为"彩虹表"），再通过比对从而对 20 GB 的公开数据中的司机个人信息进行去匿名化处理是非常简单的。软件开发人员 Vijay Pandurangan 就是这样做的，在不到两小时的时间里，他已经完全消除了这 1.73 亿条数据的匿名性。更糟糕的是，在进行去匿名化处理后，任何人都可以很容易地计算司机的总收入，或是推断出他们的住址。此外，得益于强大的背景知识，出租车牌照号码总是以 5 开头的六位数或七位数，这将推测空间限制在 200 万个可能的数字中，而使用 Hashcat 等破解应用程序中内置的编程规则，这个数字只需几秒钟就可以实现遍历。这一现象无疑加剧了人们对使用 GPS 设备监控司机行动和车费隐私的担忧。

1997 年，在马萨诸塞州的一次创新尝试中，政府为了促进健康系统的研究，公开了一批经过匿名处理的医疗保险记录数据。这些数据虽然删除了直接识别个人身份的信息，如姓名和社会保障号码，但保留了丰富的个人健康信息及一些非直接的标识信息，如邮政编码、出生日期和性别等。

这一数据共享行动旨在推动公共卫生领域的科学研究，然而，它却意外地揭示了一个严重的隐私保护缺陷。哈佛大学的研究员 Latanya Sweeney 通过一个简单但高效的匹配过程，展示了如何将这些"匿名化"的健康记录与公开可获取的选民登记记录相结合，以此重新识别个人身份。使用这种方法，Sweeney 不仅成功识别了很多人的健康信息，最引人注目的是，她甚至确定了当时的马萨诸塞州州长的健康记录。

这一震惊公共卫生和数据隐私领域的发现，凸显了在进行匿名化处理后，个人信息的隐私保护依然存在漏洞。即使是去掉直接标识符的数据，只要保留了足够的个人特征信息，仍然有可能通过与其他数据集的交叉匹配来识别出个人身份。这不仅对个人隐私构成了威胁，也对数据共享和开放提出了新的挑战：如何在促进社会公益和保护个人隐私之间找到平衡。

案例迅速成为数据隐私保护研究和讨论的焦点，广泛应用于数据隐私保护技术和政策的发展中。它促使学者、政策制定者和技术开发者对数据匿名化和隐私保护措施进行反思和改进，推动了更高标准的隐私保护技术的发展，如差分隐私技术等。同时，纽约出租车数据发布案例也为数据共享和开放的实践提供了宝贵的教训，即在推进数据驱动的研究和创新的同时，必须严格审视和加强对个人隐私的保护。

参考文献

[1] Samarati P, Sweeney L.Protecting Privacy when Disclosing Information: *k*-Anonymity and Its Enforcement through Generalization and Suppression[J].1998.

[2] Machanavajjhala A, Kifer D, Gehrke J, et al.*L*-diversity:Privacy beyond *k*-anonymity[J]. ACM Transactions on Knowledge Discovery from Data (tkdd), 2007, 1(1): 3.

[3] Li N, Li T, Venkatasubramanian S.*T*-Closeness:Privacy beyond *k*-Anonymity and *l*-Diversity[C]//2007 IEEE 23rd International Conference on Data Engineering, IEEE, 2006:106-115.

[4] El Emam K.Guide to the De-Identification of Personal Health Information[M].Boca Raton:CRC Press, 2013.

[5] Abadi M, Chu A, Goodfellow I, et al.Deep Learning with Differential Privacy[C]// Proceedings of the 2016 ACM SIGSAC Conference on Computer and Communications Security, 2016: 308-318.

[6] Dwork C, Roth A.The Algorithmic Foundations of Differential Privacy[J].Foundations and trends in theoretical computer science, 2014, 9(3): 211-407.

[7] Shannon C E.Mathematical Theory of Communications[J].The Bell System Technical Journal, 1948, 27(3): 379-423.

第七章

机器学习模型开放的
数据安全与防御方法

在当今数字时代背景下，机器学习（Machine Learning）已经成为推动众多行业创新的核心驱动力。从提升用户体验到优化业务流程，机器学习技术的应用广泛而深远，涵盖了用户购买推荐系统、医疗诊断服务、语音识别系统等多个领域。然而，充分释放机器学习的潜力不仅需要充足的计算资源，还需要高质量的数据支持。为了满足这些需求，机器学习模型的开放与共享成为一种趋势，但这也带来了数据安全和模型保护的新挑战。

本章将探讨机器学习模型开放与数据安全防御的关键议题。具体来说，结构安排如下：7.1 节将介绍模型开放的基本概念，以及模型共享的场景；7.2 将分析几类现有的模型训练数据攻击方式；7.3 节则讨论针对这些数据攻击的现有保护方法；最后，将通过案例讨论题进行总结与应用探讨。

第七章内容组织架构如图 7-1 所示。

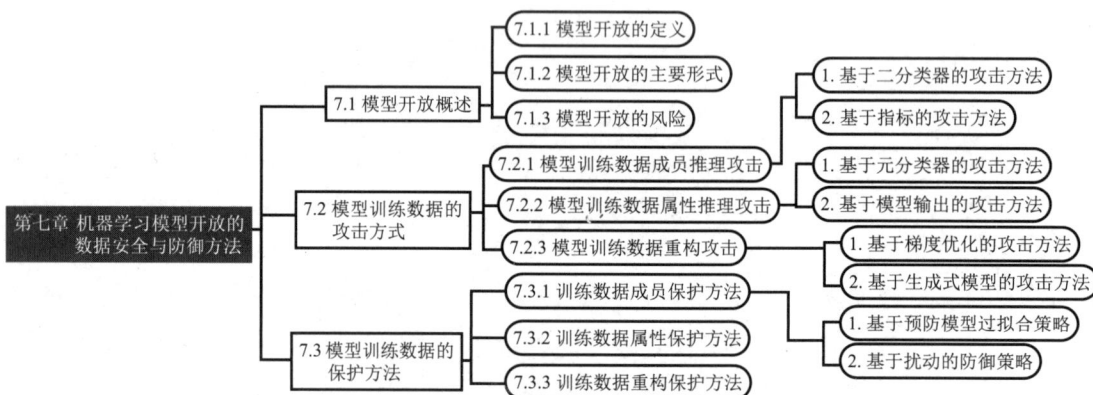

图7-1　第七章内容组织架构

7.1　模型开放概述

7.1.1　模型开放的定义

开发卓越的机器学习模型需要在计算时间和人力方面投入大量资金，正是这种需求推动了 MLaaS 平台的兴起，进而促使了共享型机器学习的普及。模型开放指将机器学习模型、算法或相关资源公开、共享给大众或特定的用户群体使用的过程。这包括模型的架构、权重、训练数据及其他与模型相关的关键信息。模型开放的核心理念是通过提高透明度和加强协作推动创新和发现进程，从而推动整个机器学习领域的不断进步。例如，在开源社区中，模型开放是共同创造开源工具、库和框架的一种方式，有助于社区成员共享最佳实践，推动技术的进步。

模型开放的优势在于让用户更容易理解模型的原理，从而提升模型的可信度；此外，模型开放推动了知识和技术的共享，有助于加速创新、避免重复工作、推动整个领域向前发展。更进一步来说，模型开放鼓励协作和共同解决问题，使更多人能够参与解决具体挑战或优化模型的任务。

7.1.2　模型开放的主要形式

在机器学习领域，数据的质量对模型的性能至关重要。经过良好训练的模型能够从数据中学习复杂的模式，从而准确地解决各种困难的任务。然而，开发高质量的机器学习模型往往需要大量的计算资源、时间及大规模的数据集。在这种背景下，模型开放的主要形式之一 —— 机器学习即服务（Machine Learning as a Service, MLaaS）平台应运而生。MLaaS平台为服务提供商提供了简单便捷的方法部署机器学习模型，同时也为用户提供了即刻访问已训练好模型的途径，无须自行构建或训练模型。

例如，谷歌、亚马逊和微软等科技巨头提供的 MLaaS 平台，不仅提供了高性能的预训练模型，还为用户提供了丰富的选择，同时降低了机器学习应用的门槛，使更多人能够从中受益。用户只须将数据样本输入服务器中，服务器则通过预先训练好的模型或用户自建的模型进行计算，并将预测结果返回用户。通过这种方式，用户无须拥有或管理机器学习模型，只须支付相应费用即可访问模型 API，享受机器学习服务。MLaaS 平台的即时性和灵活性使其成为响应市场需求的理想选择，企业和开发者能够迅速利用先进的机器学习能力，加快推出创新产品和服务的步伐。

7.1.3　模型开放的风险

模型开放可能导致隐私泄露和带来模型安全问题，尤其是当模型涉及敏感信息时，攻击者可能利用 API 对开放模型进行恶意攻击。多项研究指出，存在一些潜在的攻击手段可能导致共享模型底层训练数据的信息泄露。其中，属性推理攻击（Property Inference Attack, PIA）的目标是确定数据集中是否存在某种特定的属性。成员推理攻击（Membership Inference Attack, MIA）则关注判断数据集中是否包含某一特定样本。数据重构攻击（Data Reconstruction Attack）又称为模型逆向攻击（Model Inversion Attack），它能够输出一些模型可能训练过的数据样本。

在这些具体的攻击方式中，属性推理攻击关注整个数据集的隐私性，可能会导致企业商业机密泄露。例如，在金融领域，攻击者可以通过属性推理攻击成功推断包含特定投资策略或交易行为的数据，这对金融机构而言可能构成商业机密的泄露。从审计的角度考虑，属性推理攻击可以证明模型是否对某些属性或群体存在偏见，这可能影响模型在决策、推荐等方面的公平性。在招聘领域，审计员通属性推理攻击，可能揭示出模型在候选人选择中的偏好，如对于某些年龄、性别或种族群体的倾向。美国国会《2022年算法责任法案》草案和欧洲议会《人工智能法案》都反映了社会对于自动化决策系统中使用的数据集具有透明性、公正性和代表性的关切。强调模型拥有者应对数据集的代表性进行定量衡量，以确保不同人口群体在数据中得到适当反映，防止高风险人工智能系统对某些群体造成偏见或不公正的影响。尽管已经有不少研究对属性推理攻击成功的原因进行了探索，但目前仍然没有得到肯定的答案，因此相关的防御措施仍处于探索阶段。

成员推理攻击聚焦单个记录的隐私性，可能直接导致个人隐私的泄露。以一家医疗研究机构使用机器学习模型分析患者病历为例。该模型是在包含大量患者病历的数据集上进行训练的。一名攻击者可能有兴趣确定自己或者自己的亲属是否包含在模型的训练数据中，以了解是否存在潜在的遗传健康风险。攻击者如果攻击成功，那么他们可以确认自己或自己的亲属的健康信息被用于模型的训练。这样的信息泄露可能违反医疗隐私法规，并对个体的信任和隐私权造成重大影响。值得注意的是，美国国家标准与技术研究所（NIST）和欧盟《通用数据保护条例》（GDPR）已明确指出，成员推理攻击可能揭示出用于训练目标模型的数据，从而构成了对个人隐私的严重侵犯。在国内，2021年8月颁布的《个人信息保护法》更进一步强调，一旦敏感隐私信息泄露，可能导致个人人格尊严受到侵犯或者人身财产安全受到威胁。目前对成员推理攻击成功的原因主要包括模型过拟合和数据不足。通常可采用数据增强或差分隐私作为保护手段。这些防御措施旨在增加训练数据的多样性，防止模型过拟合，降低攻击者通过模型输出进行推断的成功率，维护个体的隐私和安全。

数据重构攻击与属性推理攻击、成员推理攻击不同，旨在根据现有的先验知识，恢复目标模型曾经训练过的数据样本。假设一个人脸识别系统使用深度学习模型进行人脸识别，该模型在包含大量人脸图像的数据集上进行训练。一名攻击者试图恢复模型底层训练数据信息，包括真实的用户人脸图像。攻击者如果攻击成功，那么会导致用户个人隐私泄露，并可能引发更为严重的财产损失等不良影响。未来的研究可以进一步探索如何设计更加具有鲁棒性的深度学习模型，防止对隐私和安全造成威胁。

这些攻击形式的存在凸显了在机器学习应用中对隐私保护的紧迫需求。随着机器学习在敏感领域，如医疗、金融和法律等领域的广泛应用，对用户隐私的保护变得尤为重要。为了有效地防范这些隐私攻击，研究人员和从业者需要采取多层次的隐私保护措施，并整合不同的技术手段确保综合性和安全性。这些技术的综合运用将有助于建立更为强大的隐私保护框架，为机器学习应用提供更可靠的安全性，确保用户信息得到妥善保护的同时促进科学研究和创新的进步。在未来的研究和实践中，隐私保护将持续成为机器学习领域的一个重要关注点。

模型开放还可能触及知识产权问题，特别是对于商业模型来说。在这方面，开发者需要仔细考虑共享的范围和方式，以防止侵犯知识产权。总体而言，模型开放是一个复杂的决策，需要在创新、透明度、隐私和安全等多个因素之间进行平衡。在实践中，开放模型的方式和程度可以根据具体情况和需求进行灵活调整。

7.2　模型训练数据的攻击方式

理论上，训练机器学习模型的数据集相关信息不应该被泄露，这是因为训练机器学习模型需要大量的用户数据，其中包含丰富的个人隐私信息，如财务状况、医疗历史和位置信息等敏感数据。然而，近些年来的研究指出，随着 MLaaS 平台的快速发展，攻击者即使未拥有该模型，也能通过使用查询服务对模型发起推理攻击，从而令用于模型训练的个人数据面临潜在的隐私泄露的风险。

具体而言，这种风险主要包含两个基本类别的攻击：推理攻击和数据重构攻击。推理攻击源于人工智能模型训练的过程中，模型需要通过学习大量的训练数据分布和特征提高性能。攻击者可能利用这一过程，通过查询模型输出窃取训练数据的隐私信息。推理攻击又可以根据攻击者推断敏感信息的水平进一步分为成员推理攻击和属性推理攻击。成员推理攻击关注单一记录级别的敏感信息，旨在判断用户数据样本是否被用于训练目标模型，直接涉及用户个体隐私。属性推理攻击关注全局级别的敏感信息，目的是判断目标模型的底层训练数据集是否具有某种属性，从而导致企业商业机密泄露等问题。此外，数据重构攻击是另一种攻击形式，攻击者试图通过模型的输出，采用逆向工程或其他技术还原原始的训练数据，以获取模型训练时使用的样本信息。训练数据攻击方式流程图如图 7-2 所示，分别描述了成员推理攻击、属性推理攻击、数据重构攻击三种训练数据攻击方式的流程图。

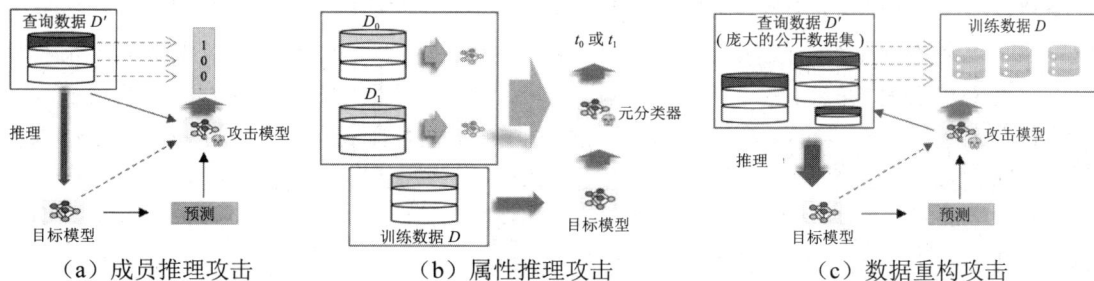

（a）成员推理攻击　　　（b）属性推理攻击　　　（c）数据重构攻击

图7-2　训练数据攻击方式流程图

根据攻击者对目标模型背景知识的掌握程度，推理攻击又可以分为白盒推理攻击和黑盒推理攻击，具有白盒背景知识的攻击者如图 7-3，具有黑盒背景知识的攻击者如图 7-4 所示。具体而言，在黑盒推理攻击场景中，攻击者对目标模型的了解有限，无法获取目标模型的内部结构，仅能通过黑盒访问模型得到对数据样本 x 的预测结果。相对而言，在白盒推理攻击场景中，攻击者能够获取目标模型的全部信息，即包括训练算法、结构和各层参数，同时可以访问训练数据集的分布。这使得攻击者在使用自身的阴影训练数据集和测试数据集查询阴影模型时，黑盒推理攻击设置下只获得每条数据记录的标签或置信向量。在白盒推理攻击设置下，攻击者对目标模型具有完全访问权，这意味着他们可以观察到任意输入记录的隐含层中间计算和输出。相较于黑盒推理攻击设置下的推理攻击，白盒推理攻击设置下攻击者拥有更多的信息进行推断。通常来说，白盒攻击者由于对目标模型的了解更为深入，所以白盒推理攻击的成功率往往高于黑盒推理攻击的成功率。然而，黑盒推理攻击方式更适合现实应用场景，如通过 MLaaS 平台访问目标模型。在这种情况下，攻击者根据有限的知识进行推理攻击，比白盒推理攻击有着更广阔的实际应用场景。

图7-3　具有白盒背景知识的攻击者　　　　图7-4　具有黑盒背景知识的攻击者

7.2.1　模型训练数据成员推理攻击

机器学习模型在训练数据记录（成员）和测试数据记录（非成员）上表现出不同的行为，相应地在模型参数中也表现出不同的行为，这些参数存储了对训练数据集中特定数据记录统计的相关信息。例如，一个分类模型将一个训练数据记录分类到它的真实类，具有较高的置信度分数，而将一个测试数据记录分类到它的真实类，具有相对较小的置信度分数。这些不同的模型行为使成员推理攻击者能够建立攻击模型区分训练数据集的成员和非成员。根据攻击模型的构建，成员推理攻击方法主要有两种类型，即基于二分类器的攻击方法和基于指标的攻击方法。基于二分类器的攻击方法主要依赖机器学习模型在相似数据集上表现相似，因此影子模型和目标模型越相似，其攻击质量就越高；但该方法需要训练大量的影子模型，消耗的计算资源较多。基于指标的攻击方法通过减少攻击所需要的背景知识和计算能力，如攻击者只能访问目标模型标签，从而达到成员推理攻击的目的。

1．基于二分类器的攻击方法

从定义可知，成员推理攻击本质上是完成一个二分类任务：给定一个记录，推断其是否在模型训练集中。因此，可以通过训练一个二分类器作为攻击模型，用于区分训练数据和非训练数据，从而判定给定数据是否属于该模型的训练数据。因此，成员推理攻击可以归根于如何训练这样的二分类器。给定预设攻击模型，攻击者需要为攻击模型构建训练数据集。机器学习模型在相似数据集上的表现相似，假设攻击者知道目标模型的结构和学习算法，他可以训练多个影子模型（Shadow Model）模仿目标模型的训练过程。提取这些影子模型的特征，并标记成员和非成员的标签，从而构建攻击模型的训练数据集。该方法又称为影子训练方法，是最早提出的且广泛使用的基于二分类器攻击方法。

基于二分类器的攻击方法如图 7-5 所示。攻击者可以训练一个二分类模型 A 来判断目标模型的训练数据集 D_{target} 是否有目标样本 x。假设攻击者具有一个与目标数据集 D_{target} 相同分布的额外数据集——D_{aux}，并将其划分为 k 个正交的影子训练数据集 $shadow_1^D$，$shadow_2^D,\cdots,shadow_k^D$ 训练 k 个影子模型。$T_1,T_2,\cdots,T_k$ 是与影子训练数据集 $shadow_1^D,shadow_2^D,\cdots,$ $shadow_k^D$ 正交的影子测试数据集。当影子模型训练完成后，攻击者利用影子训练数据集和影子测试数据集对每个影子模型进行查询，得到每个数据记录的预测向量。对于每个影子模型，攻击者将影子训练数据集中每条记录的预测向量标记为"成员"，将影子测试数据集中每条记录的预测向量标记为"非成员"。因此，攻击者可以构造 k 个"成员"数据集和 k 个"非成员"数据集，它们共同构成攻击模型的训练数据集。最后，将训练数据集成员与非成员之间复杂关系的识别问题转化为二分类问题。

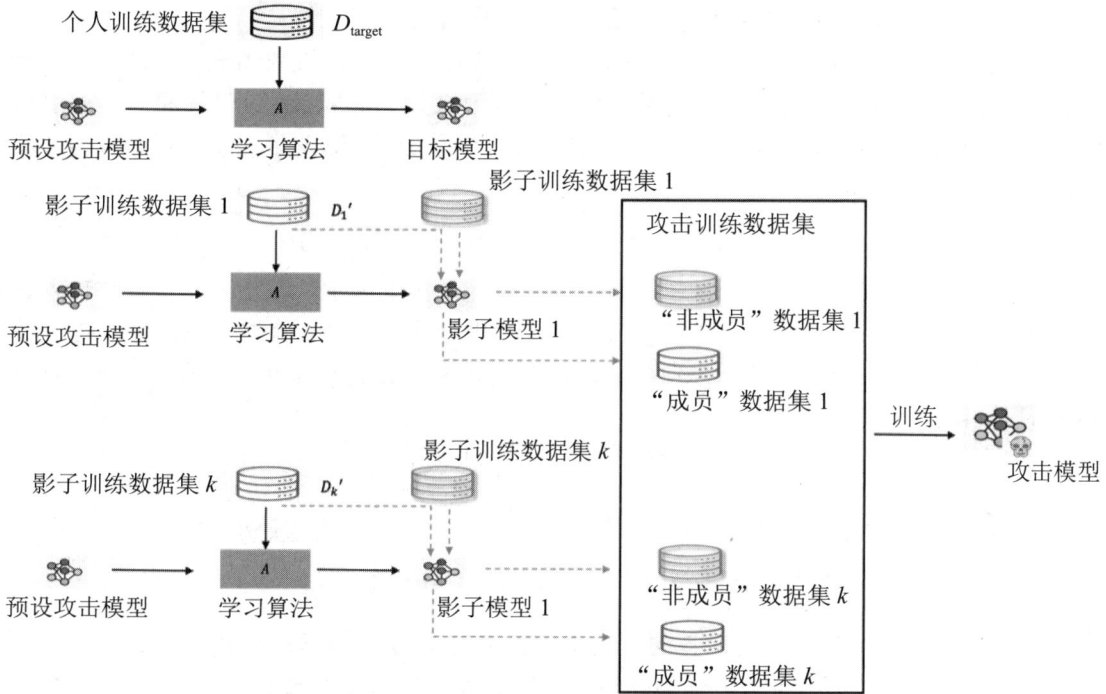

图7-5　基于二分类器的攻击方法

2．基于指标的攻击方法

基于二分类器的攻击方法需要训练多个影子模型，消耗的计算资源较多。基于指标的攻击方法不依赖影子模型训练，其原理简单，计算量少。基于指标的攻击方法首先计算模型置信度的指标，然后将计算出的置信度指标与预先设置的阈值进行比较，推断待测试数据记录是否属于成员。根据所选的置信度指标不同，基于指标的攻击方法又分为四种类型：即基于预测正确性、基于预测损失、基于预测置信度和基于预测熵的攻击。具体而言，我们可用 $M(\cdot)$ 表示基于指标的 MIA 攻击模型，它将成员编码设置为1，非成员编码设置为0。下面详细介绍四种类型的攻击方法。

基于预测正确性根据机器学习基本知识，目标模型可以对训练数据进行很好地预测，但在测试数据上表现较差。攻击者可以利用给定输入 x 的不同表现，推断其是否是目标模型的成员。$M_{\text{corr}}(\cdot)$ 可以定义为

$$M_{\text{corr}}\left(\hat{p}(y|x), y\right) = I\left(\text{argmax}\,\hat{p}(y|x) = y\right)$$

这里的 $I(\cdot)$ 指数函数

$$I(A)=\{1\ 如果预测正确\quad 0\ 如果预测错误\}$$

基于预测损失，某条输入记录的预测损失如果小于所有训练成员的平均损失，那么攻击者将其推断为"成员"，否则攻击者将其推断为"非成员"。目标模型是通过最小化其训练成员的预测损失训练的。因此，训练记录的预测损失应该小于测试记录的预测损失。$M_{\text{loss}}(\cdot)$ 可以定义为

$$M_{\text{loss}}\left(\hat{p}(y|x),y\right)=I\left(L\left(\hat{p}(y|x)|x\right);y\right)\leq\tau\ \leqslant\tau$$

这里 $L(\cdot)$ 指交叉熵损失函数，τ 是预先设定的阈值。

基于预测置信度如果一个输入记录的最大预测置信度大于预设的阈值，攻击者就推断该输入记录为"成员"，否则攻击者就推断该输入记录为"非成员"。目标模型是通过最小化其训练数据的预测损失来训练的，这意味着训练成员的预测向量的最大置信度得分应该接近 1。$M_{\text{conf}}(\cdot)$ 可以定义为

$$M_{\text{conf}}\left(\hat{p}(y|x)\right)=I\left(\max\hat{p}(y|x)\geq\tau\right)\geqslant\tau)$$

基于预测熵如果一个输入记录的预测熵小于预先设定的阈值，攻击者就推断该输入记录为"成员"，否则攻击者就推断该输入记录为"非成员"。训练数据和测试数据之间的预测熵分布是非常不同的。目标模型的测试数据通常比训练数据具有更大的预测熵。预测熵 $\hat{p}(y|x)$ 可以定义为

$$H\left(\hat{p}(y|x)\right)=\sum_i p_i\log(p_i)$$

这里的 p_i 指输入样本 x 的置信度分数 $\hat{p}(y|x)$。$M_{\text{entr}}(\cdot)$ 可以定义为

$$M_{\text{entr}}\left(\hat{p}(y|x)\right)=I\left(H\left(p(y|x)\right)\leq\tau\right)\leqslant\tau)$$

这种方法可能会忽略真实标签的任何信息，容易对成员和非成员进行错误分类。例如，一个概率分数为 1 的完全错误的分类会导致输入记录的预测熵值为 0。修正基于预测熵方法改进现有的方法，利用真实标签信息的方法为

$$\text{MH}\left(\hat{p}(y|x),y\right)=-\left(1-p_y\right)\log\left(p_y\right)-\sum_{i\neq y}p_i\log\left(1-p_i\right)$$

这里 p_y 为真实标签的置信度分数。$M_{\text{Mentr}}(\cdot)$ 可以定义为

$$M_{\text{Mentr}}\left(\hat{p}(y|x),y\right)=I\left(\text{MH}\left(\hat{p}(y|x);y\right)\leq\tau\right)\leqslant\tau)$$

7.2.2 模型训练数据属性推理攻击

机器学习模型本身具有复杂性和难解释性的特征，机器学习模型在训练过程中，可能会记忆一些关于训练集的特征信息或统计信息。攻击者如果采用相同模型结构使用相似的模型训练方法在相似的数据集上训练最终得到的模型也是相似的。模型的相似性反映模型参数中的一些固有模式，攻击者的目标是利用模型的相似性，揭示模型所有者不公开的某些隐私信息。根据攻击模型的构建，属性推理攻击方法主要有两种类型，即基于元分类器的攻击方法和基于模型输出的攻击方法。与成员推理攻击基于二分类器方法相似，基于元分类器的攻击方法需要训练大量的影子模型，获取模型特征标识作为元分类器的训练集。基于模型输出的攻击方法减少需要训练大量影子模型的开销，攻击者通过模型的输出（标签或置信度水平）进行推理攻击。

1．基于元分类器的攻击方法

攻击者发起属性推理攻击本质上是完成一个分类任务。对于分类任务，攻击者可以训练一个二分类攻击模型推断目标模型是否具有某种属性。攻击模型是被设计成对目标模型进一步学习的分类器，因此可将该攻击模型称为元分类器。关键在于如何训练元分类器，或是说已经给定预设元分类器结构，如何构建元分类器训练集。与成员推理攻击类似，同样地，为了探索机器学习模型参数的一些固有模式，攻击者可以训练一组影子模型，提取多个影子模型特征作为元分类器的训练集。

基于元分类器的攻击方法如图 7-6 所示。攻击者可以训练一个元分类模型 M 来判断目标模型的训练数据集 D_{target} 底层训练数据集中关于类别 p 的比例是 t_0 还是 t_1。假设攻击者具有一个与目标数据集 D_{target} 相同分布的额外数据集 D_{aux}，并分别构造 k 个正交的影子训练数据集 $t_{01}^D, t_{02}^D, \cdots, t_{0k}^D$ 和 $t_{11}^D, t_{12}^D, \cdots, t_{1k}^D$ 分别满足关于类别 p 的比例是 t_0 和 t_1。攻击者在这 $2k$ 个影子数据集上训练 $2k$ 个影子模型，并标签其来自哪个属性训练数据集。因此，提取这 $2k$ 个影子模型的特征表示与标签共同构成元分类器的训练集。

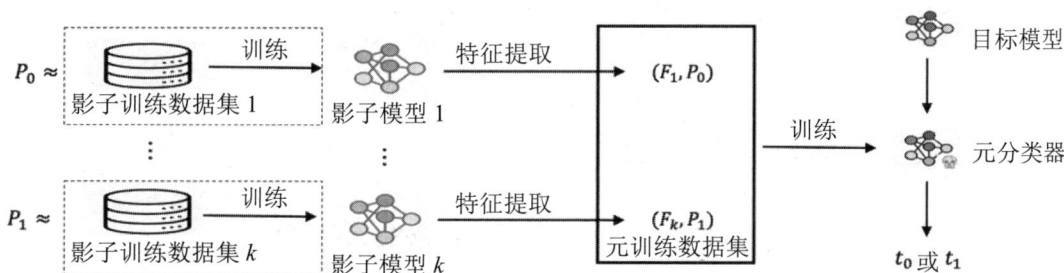

图7-6 基于元分类器的攻击方法

攻击者的背景知识不同，导致影子模型的特征表示也不同。攻击者在白盒推理攻击设置下，可以获取目标模型的参数或结构，因此可直接将影子模型的特征向量作为模型特征；然而在黑盒推理攻击设置下，攻击者只能访问目标模型得到模型输出概率。因此，为了提取模型特征，攻击者通过一个测试集访问影子模型，将得到的模型输出概率作为模型特征。黑盒推理攻击设置下攻击者获取的信息较少，因此其推理攻击成功率较白盒推理攻击成功率下降许多。为了解决这一问题，研究发现在训练过程中投毒可以提高黑盒推理攻击的成功率。在训练过程中投毒只发生在联邦学习的场景下，本章暂不介绍，相关内容会在后文进行介绍。

2．基于模型输出的攻击方法

基于模型输出的攻击方法降低了对攻击者背景知识的要求，只假设其对目标模型具有黑盒访问权可以获得给定输入的标签或置信度，并且可以访问候选测试分布的代表数据。基于模型输出的攻击方法无须训练大量模型，极大节省计算资源。虽无法访问模型参数，因此其与模型无关的特性允许攻击者对任何模型发起攻击。现有的基于模型输出的攻击方法又分有三种类型：基于损失测试、基于阈值测试和基于 Kullback-Leibler（KL）散度攻击。下面详细介绍三种类型的攻击方法。

139

基于损失测试源于一个共同的常识：机器学习模型在与其训练数据集分布相似的测试集上会表现得更好。因此，攻击者可以通过比较两个候选分布 D_0 和 D_1 数据集上测试模型的损失，即可通过以下公式推断出 $\hat{b}$：

$$\hat{b} = I[l(M, D_0) < l(M, D_1)]$$

基于损失测试不需要攻击者训练模型，而只需要访问候选测试集。一个模型在从训练分布中采样的数据上的测试损失更低。本式中虽然使用了损失衡量模型表现，但攻击者可以使用任何其他度量来捕获模型性能，如准确度。

基于阈值测试基于损失测试可能不适合一个分布天生就比另一个更容易分类的情况。为了区分不同数据集训练的模型的表现，攻击者从待测试数据集 D_0 和 D_1 中挑选一个数据集 D_k，从其中采样进行模型表现测试。为了确定测试数据集可以起到区分的作用，攻击者通过 D_0 和 D_1 训练影子模型 M_0 和 M_1，并用分别对进行测试，找到表现差异较大的数据集：D_k

$$r_{c \in \{0,1\}} = \sum_{i; y_i=0} \mathrm{acc}(M^i, D_c) - \sum_{i; y_i=1} \mathrm{acc}(M^i, D_c)$$

$$k = \mathrm{I}\left[|r_0| - |r_1|\right]$$

确定测试数据集 D_k 后，攻击者期望最大化差异，推导出一个阈值 λ：

$$\delta(\Lambda) = \sum_{i; y_i=0} \mathrm{I}\left[\mathrm{acc}(M^i, D_k) \geqslant \Lambda\right] + \sum_{i; y_i=1} \mathrm{I}\left[\mathrm{acc}(M^i, D_k) < \Lambda\right]$$

$$\lambda = \Lambda_{\arg\max \delta(\Lambda)}$$

攻击者可通过以下公式推断出 $\hat{b}$：

$$\hat{b} = I[l(M, D_k) < \lambda]$$

这种方法只需要攻击者少部分的影子模型用于推导出阈值 λ。与基于损失测试相同，攻击者持有的数据与目标模型训练数据集没有重叠，从而排除了任何通过共享数据泄露的可能性。

基于 KL 散度攻击，攻击者通过黑盒访问模型得到置信度并利用预测置信度发起推理攻击。首先攻击者从待测试数据集 D_0 和 D_1 中采样并训练一组模型 $\{0_1^M, 0_2^M, \cdots, 1_1^M, 1_2^M, \cdots\}$，并从这两个待测试数据集 D_0 和 D_1 中分别采样 $|X|/2$ 数目的样本组成测试集 X。分别记录这两个模型与目标模型在同样测试集上的表现，并计算预测分布的 KL 散度。KL 散度越低表示分布越相似，越可能与目标模型底层训练数据集相似。

$$E\left[D_{\mathrm{KL}}(N\|M)\right] = E_{x \in X}\left[\sum_{c \in C} N(x)_c \log\left(\frac{N(x)_c}{M(x)_c}\right)\right]$$

$$\lambda(M, N, P) = E\left[D_{\mathrm{KL}}(N\|M)\right] - E\left[D_{\mathrm{KL}}(P\|M)\right]$$

进一步地，攻击者可通过以下公式推断出

$$\hat{b} = I\left[\sum_i\sum_j\lambda\left(M,0_i^M,1_j^M\right) > 0\right]$$

基于 KL 散度攻击的核心思想是比较模型预测的分布，因此 KL 散度不是唯一可选择的指标，还可以通过其他比较分布相似性的指标进行替代，如 Jensen-Shannon（JS）散度，TV 距离等。

上述介绍的三种基于模型输出的攻击方法的共同点在于：攻击者都只具有黑盒访问权限，且可以直接访问测试数据集。不同之处在于，基于损失测试和基于阈值测试的方法利用的是不同模型的性能，攻击成功率仅在 50% 左右，而基于 KL 散度攻击是直接基于模型预测分布进行推断的，攻击成功率显著提高到 80% 以上，甚至超过大多数白盒攻击的成功率。

7.2.3 模型训练数据重构攻击

与前面介绍的推理攻击方式不同，数据重构攻击主要是利用输出数据的信息、模型提供的一些信息，以及可能得到的训练数据的分布情况等信息来反演模型，从而获取训练数据中的隐私信息或模型细节的相关信息的。数据重构攻击如图 7-7 所示，展示了攻击者对人脸识别系统进行数据重构攻击，将训练集里的模糊人脸图像恢复为清晰人脸图像的案例。根据还原方法，数据重构攻击方法主要有两种类型，即基于梯度优化的攻击方法和基于生成式模型的攻击方法。基于梯度优化的攻击方法通常利用模型的梯度信息，最小化模型输出与实际输出之间的差异，反向优化输入数据。这个过程类似于对抗训练，攻击者通过反复调整输入数据，使模型产生相似的输出。另一种是基于生成式模型的攻击方法，指利用生成模型尝试生成与模型训练数据相似的合成数据，还原模型的训练数据。

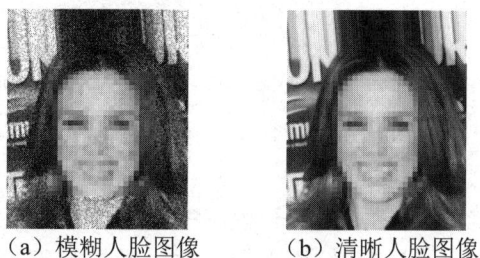

（a）模糊人脸图像　　　　（b）清晰人脸图像

图7-7　数据重构攻击

1. 基于梯度优化的攻击方法

基于梯度优化的攻击方法基本思想是在输入空间 X 中找到一个图像 $\hat{x}$，使基于神经网络模型 F_w 的预测结果 $F_w(\hat{x})$ 近似于原始输入数据 x 的预测结果 $F_w(x)$，或者可以通过自然图像空间 P 的先验 $P(\hat{x})$ 来调整优化，基于梯度优化的攻击方法技术框架如图 7-8 所示，形式上，基于梯度优化的攻击方法是为了找出使损失函数 $O(\hat{x})=L(F_w(\hat{x}),F_w(\hat{x}))+P(\hat{x})$ 最小化的 $\hat{x}$。总的来说，模型逆向攻击的原理很简单：攻击者可以进行逆向工程（找到 f^{-1}），通过跟随经过训练的网络中的梯度调整权重并获得网络中所有类的功能。即使对于攻击者没有先验信息的类别，攻击者仍然可以重现原样本。这种类型的攻击表明任何精确的深度学习机无论采用何种训练方法，都有可能泄露可区分的信息类。

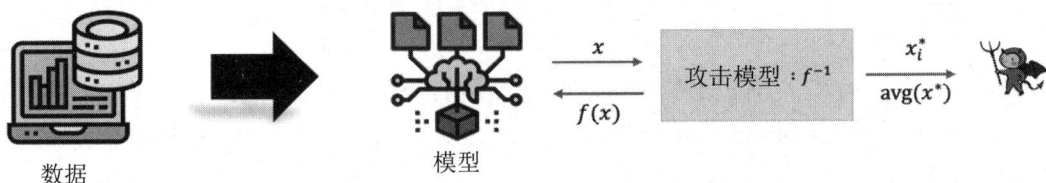

图7-8　基于梯度优化的攻击方法技术框架

　　一个典型的案例涉及药物中的隐私问题，以华法林剂量预测为例。华法林是一种抗凝剂，用于帮助房颤患者预防中风。通过抑制血液凝结，在适当的剂量下，可以预防血栓形成。给出适当剂量是十分困难的事情，过低剂量效果不好，而过多剂量会导致无法控制的出血现象出现。在临床中，往往先给出固定的初始剂量，随后在治疗的前几周或前几个月多次诊断确定正确剂量。由于科技的进步，所以现在可以基于 International Warfarin Pharmocogenetics Consortium（IWPC）数据库训练一个机器学习模型，根据人口统计信息、遗传标记，以及临床病史变量获得华法林剂量的测试结果。然而，某些特征可能涉及隐私问题，且未经过相关授权不可在研究中使用。

　　假设攻击者具有目标模型 f 黑盒的访问权限，其目标是推测某个人的基因型。除了可以访问目标模型，攻击者还可以获取目标对象的人口统计信息 α，如患者的年龄、性别、种族、身高、体重、吸烟史、饮酒史等信息。攻击者还知道患者的稳定剂量 y_a，即患者已经接受的华法林剂量。通过这些信息，攻击者可以构建一个算法，推断患者的基因标记。

　　攻击者利用已经掌握的知识和贝叶斯定理计算每个可能的目标属性取值 x_t 的后验概率分布 $P(x_t|\alpha, y')$：

$$P(x_t|\alpha, y') = \frac{P(y'|x_t, \alpha)P(x_t|\alpha)}{P(y'|\alpha)}$$

其中，y' 是对已知属性 α 的预测稳定剂量，$P(y'|x_t, \alpha)$ 是模型对目标属性取值为 x_t 时预测稳定剂量 y' 的概率分布，$P(x_t|\alpha)$ 是目标属性的先验概率分布，$P(y'|\alpha)$ 是已知属性 α 的情况下预测稳定剂量 y' 的概率分布。

　　攻击者期望最大程度地利用已知信息和模型的预测，推测出目标属性 x_t 最有可能的取值，并且希望在推断过程中犯错的预期概率最小化，增加推断的准确性和可靠性。为达到该目的，攻击者通过最大化后验估计 $P(x_t|\alpha, y')$ 得到目标属性 x_t。这种方法在模型反演中被广泛使用，因为它可以最大程度地减少对目标属性的误差，从而提高推断的准确性。

　　这个攻击方法的核心在于计算后验概率分布，确定最可能的目标属性取值。通过这种方式，攻击者可以利用已知的信息和模型来推断患者的基因标记，从而构成隐私风险。这个算法的提出有助于揭示机器学习模型在药物基因组学中可能存在的隐私问题，并引起人们对隐私保护的关注。

2．基于生成式模型的攻击方法

　　基于生成式模型攻击方法改进现有的基于梯度优化的方法在深层神经网络上攻击成功

率较低的现状。该方法基于生成式模型，如生成对抗网络（Generative Adversarial Network, GAN）、变分自编码器（Variational Auto-Encoders, VAE）等，设计了从端到端的攻击模型，能够以很高的成功率反演深度神经网络。与从零基础开始重构训练集不同，攻击者可以利用公共信息，通过生成模型从公开数据集中学习训练数据的分布先验，用来指导反演过程。

具体而言，攻击者可以分为两个阶段进行数据重构：公共知识蒸馏阶段和隐私数据重构阶段。首先攻击者基于公共数据集训练生成器 G 和判别器 D，希望提取训练数据的分布先验，用于指导后续的推理。生成图像的多样性有助于生成目标模型训练集中的图像，因此在第一阶段时攻击者的攻击目标可以用数学表达式 $\min_G \max_D L_{wgan}(G,D) - \lambda_d L_{div}(G)$ 表达。其中，攻击者采用经典的 Wasserstein $\min_G \max_D L_{wgan}(D,G) = E_x\left[D(x)\right] - E_z\left[D(G(z))\right]$，可得：

$$\min_G L_{div}(G) = E_{z1,z2} \frac{F(G(z_1)) - F(G(z_2))}{z_1 - z_2}$$

在训练好一个生成器的基础上，攻击者将寻找最大似然图像的潜在向量描述成一个优化问题：$\hat{z} = \arg\min_z L_{prior}(z) + \lambda_i L_{id}(z)$，其中事先损失 $L_{prior}(z) = -D(G(z))$ 保证生成图像的逼真性，而本性损失 $L_{id}(z) = -\log[C(G(z))]$ 鼓励生成的图像在目标网络下有较高的可能性，其中 $C(G(z))$ 表明生成器 $G(z)$ 由目标模型生成的概率。

已有研究证明模型的预测能力和其是否容易被反演攻击是成正比的 —— 具有高预测能力的模型能够在特征和标签之间建立较强的联系，该特性可以被攻击者利用并发动攻击。

7.3　模型训练数据的保护方法

7.3.1　训练数据成员保护方法

成员推理攻击问题源于模型训练过程中会携带训练数据中个体的特征信息，这种仅能描述自己的特征信息被称为"噪声"，它能够描述其他数据的特征信息，对目标模型是有益的。模型携带特征信息的程度可以利用过拟合程度来衡量。过拟合意味着机器学习模型能够记住自己已经训练过的样本，因此当目标模型训练过拟合时，相比没有遇到过的数据样本，机器学习模型对于其已经训练过的数据样本会有更大的信心。

成员推理攻击的防御指对目标模型添加防御机制，使攻击者无法推断出某个样本是否属于训练数据集。前文提到的成员推理攻击成功的主要原因是模型的过拟合与训练数据集有限且不具代表性。基于此，相关成员推理攻击防御研究大致分为两个研究思路：降低模型过拟合程度、增强模型的泛化能力；通过扰动的方法保护数据集的隐私。根据这两个思路可将现有防御策略归于两大类：基于预防模型过拟合的策略、基于扰动的防御策略。

1．基于预防模型过拟合策略

已有大量文献表明，机器学习过拟合是成员推理攻击成功的关键原因。因此，研究人员可以通过降低目标模型过拟合程度，提高模型的泛化性能，来实现防御推理的目的。

在机器学习模型训练过程中，正则化方法经常被用来克服模型的过拟合，提高模型的鲁棒性，提升模型的泛化能力，这能减少模型在训练数据和测试数据的表现差异，从而实现对成员推理攻击的防御。现有的经典正则化方法包括 L1 范数正则化、L2 范数正则化、Dropout、模型堆叠、提前停止、标签平滑、对抗性正则化、Mixup+MMD（Maximum Mean Discrepancy）等，这些正则化方法早期用于提高机器学习模型的泛化能力，后被证明在缓解成员推理攻击方面相当有效。本书介绍最经典的正则化方法：L1 范数正则化、L2 范数正则化。

L1 范数正则化的目的是使其中靠近输出层的权重参数 w 变为 0，从而降低模型的过拟合程度。L2 范数正则化的目的是使神经网络的权值衰减，权值参数变为接近 0 的值，从而降低模型过拟合程度。例如，研究人员可以在模型的损失函数中添加 $\lambda\sum_{i=1}^{n}|\theta_i|$ 来惩罚训练模型中的大参数，鼓励较少的参数，来降低目标模型的过拟合程度。

$$L=L(\theta_i)+ \lambda\sum_{i=1}^{n}|\theta_i|$$

其中，θ_i 是模型的参数。λ 越大，在训练过程中正则化的效果越强。正则化方法只是需要在模型的损失函数中添加惩罚项，因此无论攻击者是黑盒设置还是白盒设置，都可以通过正则化方法抵御成员推理攻击。正则化方法不仅改变了目标模型的输出分布，还改变了目标模型的内部参数。正则化方法虽然是有效且广泛适用的，但这种方法可能不能提供令人满意的隐私与效用的权衡。正则化方法对抵御模型过拟合是有限的，因此现存的一些方法将正则化方法与其他策略相结合来提高目标模型的训练精度和测试精度，有效降低模型的脆弱性。

数据增强意味着增加更多的数据，因此可以将数据增强应用到训练数据集中，通过增加训练数据的多样性来降低模型过拟合程度，增强目标模型的泛化能力。神经网络中包含众多的模型参数，如果用于训练模型的数据太少，而神经网络又很复杂，那么就会大大降低模型的泛化能力，容易产生过拟合现象。一般而言，参加训练的数据越多，训练得到的模型泛化能力就越强。因此，为了增加训练数据量，研究人员可以对图片进行一些调整，如旋转、翻转、缩放等方法，借此生成更多的图片。

上述所介绍的基础成员推理攻击防御方法不能很好地权衡隐私与效用，Shejwalkar 等人（2021）提出基于知识蒸馏的成员推理攻击防御方法（Distillation For Membership Privacy, DMP）。知识蒸馏（Knowledge Distillation, KD）是压缩模型规模的一种常用的迁移学习方法，最早由 Hinton 等人提出。知识蒸馏通过教师模型的输出来训练一个规模更小的学生模型，根据教师模型训练出来的学生模型，与教师模型有着相似的预测准确度。在具体介绍这个方法前，我们先引入数学符号对该问题进行描述，D_{tr} 是私有训练数据集。D_{tr} 没有经过任何隐私保护处理下训练出来的机器学习模型称为未保护模型，用 θ_{up} 表示。如果 D_{tr} 经过隐私保护处理训练出来的模型称为保护模型，用 θ_p 表示。

下面详细介绍 DMP 防御方法的三个阶段，基于知识蒸馏的成员推理攻击防御方法如图 7-9 所示。预蒸馏阶段、蒸馏阶段、后蒸馏阶段。预蒸馏阶段，DMP 在没有经过隐私保护处理的训练数据 D_{tr} 上训练。存在较大的泛化误差，即训练和测试精度之间的误差，

这种无保护的 θ_{up} 非常容易受到推理攻击。蒸馏阶段，DMP 利用 X_{ref} 无标记数据的迁移知识到图 7-9 中的（2.1）部分。由于无标记数据，所以不可以直接用于任何学习，我们通过计算 $\mathrm{up}^{\theta}_{X_{\mathrm{ref}}} = \theta_{\mathrm{up}}(X_{\mathrm{ref}})$ 作为软标签 $\bar{y}$。在后蒸馏阶段，DMP 使用 KL 散度作为损失目标，训练一个保护模型 θ_{p}，这个阶段可用数字化描述。

$$L_{\mathrm{KL}}(x, \bar{y}) = \sum_{i=0}^{c-1} \bar{y_i} \log\left(\frac{\bar{y_i}}{\theta_{\mathrm{p}}(x)_i}\right)$$

$$\theta_{\mathrm{p}} = \bar{\theta}_{\min} \frac{1}{|X_{\mathrm{ref}}|} \sum_{(x,\bar{y}) \in (X_{\mathrm{ref}}, \mathrm{up}^{\theta}_{X_{\mathrm{ref}}})} L_{\mathrm{KL}}(x, \bar{y})$$

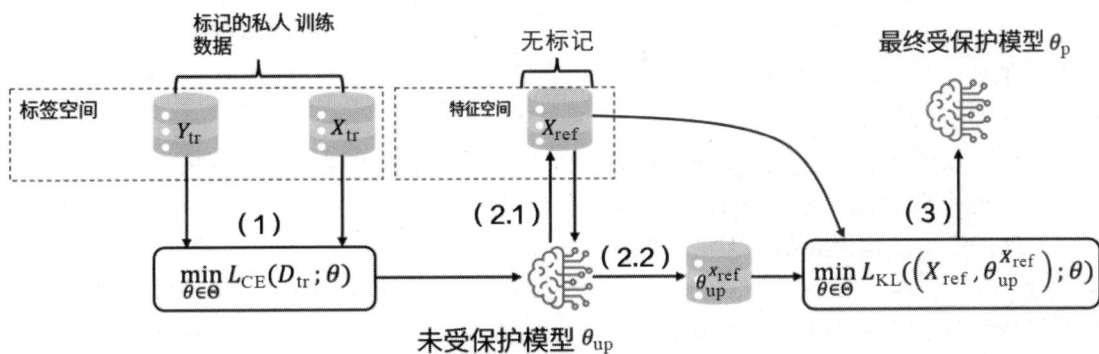

图7-9　基于知识蒸馏的成员推理攻击防御方法

第三阶段的训练目标由于是 KL 散度损失，所以得到的模型 θ_{p} 完美地学习了原模型 θ_{up} 存在的 X_{ref} 行为。X_{ref} 是具有代表性的非成员数据，或称为测试数据，由于 θ_{p} 和 θ_{up} 的测试精度接近，所以最终蒸馏得到的模型也不会出现明显的精度下降现象。

与其他防御措施相比，DMP 显著提高了模型隐私与效用权衡水平。蒸馏阶段有两个关键因素，使 DMP 实现所需的模型隐私与效用权衡水平。首先，较低的预测熵 $\mathrm{up}^{\theta}_{X_{\mathrm{ref}}}$ 对应更低的 X_{ref} 成员信息泄露率，反之亦然。这种较低的预测熵是 D_{tr} 成员的特点。其次，输入特征空间的复杂性，导致即使不属于成员，也可以获得低熵预测。最后，DMP 通过使用较高的 Softmax 温度计算 $\mathrm{up}^{\theta}_{X_{\mathrm{ref}}}$ 可以减少成员信息泄露，但可能会对最终模型的精度产生影响，反之亦然。

2．基于扰动的防御策略

目前大部分成员推理攻击是根据目标模型的输出结果或目标模型的内部参数变化，从而实现对数据样本的推理。有研究指出，可通过对模型的输出结果和内部参数进行扰动，从而隐藏真实的模型参数和输出结果，达到愚弄攻击者的目的。

差分隐私（Differential Privacy, DP）最早由 Dwork 等人提出，是一种保护用户数据隐私的机制。什么是隐私？隐私指单个用户的某些属性，一群用户的某一些属性可以不看作隐私。例如，"抽烟的人有更高的概率会得肺癌"，这个不属于泄露隐私，但是"张三抽烟，得了肺癌"，这个就属于泄露了张三的隐私。假设我们知道 A 医院，今天就诊的 100 个病人中有 10 个病人患有肺癌，并且我们知道了其中 99 个病人的患病信息，就可以推测剩下一个人是否患有肺癌。这种窃取隐私的行为叫作差分隐私。差分隐私是防止差分攻击的方法，通过添加噪声，使差别只有一条记录的两个数据集，通过模型推理获得相同结果的概率非常接近。也就是说，使用差分隐私方法后，攻击者知道的 100 个病人的患病信息和 99 个病人的患病信息几乎是一样的，从而无法推测出剩下一个病人的患病信息。

用数学化可以表示为一个随机算法 $M:D \rightarrow R, d,d' \in D$ 这是两个相邻的数据集，它们仅有一个数据记录的不同，对于输出的任何子集 $S \subset R$，满足以下条件：

$$P[M(d) \in S] \leqslant e^{\varepsilon} P[M(d') \in S] + \delta$$

其中，M 为随机算法，目的是对原始信息产生扰动；P 为算法的输出概率；ε 为隐私预算，若 $\varepsilon > 0$，ε 越小则代表差分隐私保护性越好，表现为目标模型不能记住数据集中任何数据样本；δ 也为隐私预算，若 $0 \leqslant \delta < 1$，则代表可容忍的隐私预算超出的概率。综上，其满足 (ε,δ) 差分隐私。

差分隐私提供了一个对隐私概念的直观理解，即一个样本是否在数据集中，这并不会在很大程度上改变结果的输出概率，因此差分隐私既可以保护数据集 D 上的个人隐私，也可以保护模型的输出隐私，但这需要损失一定的模型准确度。

当一个机器学习模型以不同的私有方式训练时，隐私预算如果足够小，那么学习后的模型不会学习或记住任何特定用户的细节。根据定义，区别私有模型自然限制了完全基于该模型的成员推理攻击的成功概率。差分隐私由于关注在数据集中记录级别的隐私，所以对属性推理攻击及数据重构攻击的防御效果不明显。

7.3.2 训练数据属性保护方法

属性推理攻击本身的泛在特性及广泛的应用场景，对机器学习模型的安全造成了很大的威胁。目前没有提出任何关于属性推理攻击的有效防御方法。因此，本节将介绍已经证明且简单、有效的防御方法——重采样。模型训练器从可用的数据集中重新采样数据，这样得到的数据集与从不同分布中采样的数据集是不可区分的。受害者如果知道攻击者可能会攻击的属性，或者只知道想要保护的、分布的几个已知属性，最简单的缓解方法就是修改训练分布（或采样机制），使训练数据集不存在该属性。重采样防御依赖一个关键的假设，即模型训练器知道他们想要隐藏的属性，并且只有少数这样的属性，因此重新采样来隐藏所需的属性不会导致模型的任务性能过度困难。当这个假设成立时，重新采样防御几乎可以消除推理风险。

一个模型训练者不愿因为采样不足而牺牲可用的训练数据，他可能更喜欢多一些的采样。最基本的变体是在训练开始前对数据进行过度采样，复制训练记录，然后像往常一样训练它的模型。这种防御尽管会导致完全利用数据，但重复数据的存在可能会产生问题，并可能暴露出对手想要隐藏的属性，让对手知道这种防御。例如，它可能导致群体精确度的变化，对手可以学会识别这种变化，并仍然能够成功地进行分布推断。

欠采样模型训练器可以简单地对其数据进行采样，这样得到的数据集具有与其他分布相对应的比例。例如，一个模型训练者的数据集如果包含 70% 的女性，他想要隐藏数据集中女性的比例，不让对手进行推断，他可以对数据集进行简单处理，通过增加"女性"属性的样本不足的示例，使数据分布更均衡。这种防御应该防止任何关于预采样分布的泄露，因为在训练数据开始是平衡的情况下，当这种防御状态被调整时，只要分布不被欠采样扭曲，应该没有区别。

重新采样数据也不是一个完美的防御方法，因为这种方法会对与属性相关群体的公平性产生负面影响，损失模型对这些群体预测的精度。属性推理攻击需要更多的理论联系和实验证明才能成功，成功后可提升相应的防御方法。

7.3.3　训练数据重构保护方法

添加噪声使数据重构存在不适定问题（Ill-posed Problem），即微小的训练数据变化就能导致完全不同的模型反演质量。添加噪声的防御方法本质上是在模型训练过程中引入随机性，使输出结果与真实结果具有一定的偏差，从而有效地进行防御模型反演攻击。添加噪声易于实现，且通常能获得较好的效果，易于与其他方法结合使用。

传统的差分隐私通常需要一个较大的隐私成本（$\varepsilon \geq 8$）且无法保证一定有效。Rényi差分隐私（RDP）可以提供关于重构样本概率的保证。

Rényi 散度定义：对于两个定义在 R 上的概率分布 P 和 Q，阶数为 $\alpha（\alpha < 1）$ 的 Rényi 散度记作 $D_\alpha(P \| Q)$，其公式为

$$D_\alpha(P \| Q) = \frac{1}{\alpha - 1} \log E_{x \sim Q} \left(\frac{P(x)}{Q(x)} \right)^\alpha$$

其中，$E_{x \sim Q}$ 表示对分布 Q 的期望。

对于任意相邻的输入集 D 和 $D' \in D$，一个随机算法 $M : D \to R$ 满足 (α, d_α)-Rényi 差分隐私，$M(D)$ 和 $M(D')$ 输出分布之间的、阶数为 α 的 Rényi 散度被限制为 d_α，用数学形式可表达为

$$D_\alpha(M(D) \| M(D')) \leq d_\alpha$$

换句话说，该定义引入了 Rényi 差分隐私的概念，它是标准差分隐私的一种放宽。算法如果满足 (α, d_α)-Rényi，那么表示它提供了基于相邻数据集输出分布之间的、阶数为 α 的 Rényi 散度的隐私保证。总体而言，该定义通过对相邻数据集输出分布之间 Rényi 散度的约束，形式化了 Rényi 差分隐私的概念，为随机算法 M 提供了隐私保证。

RDP 的保证可以被转化为 DP 的保证，反之则不成立，这使 RDP 成为一个更严格的性质。一个算法如果 M 满足 (α, d_α)-Rényi，那么它同时也满足 $\left(\left(d_\alpha + \log \frac{1}{\delta \alpha - 1} \right), \delta \right) - \text{DP}$，其中 $(0 < \delta < 1)$。简而言之，这段描述指出 RDP 提供的隐私保证比 DP 更强，因为可以将 RDP 的保证转化为 DP 的保证。具体而言，某个算法如果满足 (α, d_α)-Rényi，那么它同时也满足 $\left(\left(d_\alpha + \log \frac{1}{\delta \alpha - 1} \right), \delta \right) - \text{DP}$，其中 δ 是一个介于 0 和 1 之间的参数。这种转化关系使 RDP 的隐私性质更加灵活，并且在一定程度上提供了更强的保障。更进一步地，根据已有条件给出 (α, d_α)-Rényi 保护量化结果：

$$e^{-d_\alpha} \cdot \frac{p^\alpha}{\alpha-1} \leqslant p' \leqslant \left(e^{-d_\alpha} \cdot p\right)^{\frac{\alpha-1}{\alpha}}$$

其中，p 和 p' 分别表示在算法 $M(D)$ 和 $M(D')$ 下事件 S 的概率，其中 D 和 D' 是相邻的两个数据集。这个不等式量化了从 $M(D)$ 过渡到 $M(D')$ 时事件 S 概率的保持，是 (α, d_α)-Rényi 差分隐私的直接结果。

这些不等式和定义以正式的方式表达了在 Renyi 差分隐私的保证下，事件的概率是如何保持的，这在机器学习和深度学习场景中保护隐私方面尤为重要。

复习思考题

1. 模型开放会遭到哪些安全威胁？结合现实生活案例举例说明。

2. 攻击者会具有哪些知识？根据对目标模型掌握的信息，攻击者可以分为哪几类？哪种攻击场景是最困难的？

3. 模型数据集容易受到哪几类攻击？分别有什么危害？请举例说明。

4. 成员推理攻击成功的原因是哪些？

5. 属性推理攻击方法有哪几类？这几类方法的具体区别是什么？

6. 推理攻击分为成员推理攻击和属性推理攻击，这两种攻击对攻击者的能力要求有什么区别？具体攻击方式有什么区别？

7. 成员推理攻击与属性推理攻击的共同点、联系、区别是什么？

8. "数据重构攻击又是一种逆向的梯度优化。"这一说法正确吗？为什么？

9. 如何保护模型的底层训练数据不泄露？谈谈你的看法。

10. 请继续收集模型训练数据遭到威胁的案例。

案例：Clearview AI 人脸数据泄露事件

Clearview AI 是一家位于美国的人脸识别公司，号称拥有最全面的人脸识别系统，其客户可以使用 Clearview AI 的人脸识别系统来挖掘具有相同面部特征的在线照片。2020 年 1 月，Marx 想知道 Clearview AI 的数据库中是否有自己的面部照片，于是 Marx 向 Clearview AI 发邮件询问。结果是 Clearview AI 确实有未经 Marx 许可获得的人脸图片。

Clearview AI 在未经用户同意，也未从图片来源平台获得适当授权的情况下，擅自抓取了数十亿张图片，这引起人们对用户隐私和数据保护的极大关注。Clearview AI 的行为违反了欧盟隐私法 GDPR，这引发了对 Clearview AI 的隐私和数据采集行为的争议，特别是涉及面部识别技术的隐私保护和合规性的方面。

这起案件引发了人们对人脸识别技术在隐私保护和数据采集方面的关注。人们对 Clearview AI 的行为表示担忧，认为其未经用户授权的数据采集行为侵犯了用户的隐私权。这起案件促使监管机构对人脸识别技术的使用进行审查，并促使对人脸识别技术合规性和隐私保护的立法和规定。各个国家采取了严格的法律措施来限制人脸识别技术的使用，要求各企业在使用该技术时严格遵循隐私保护和合规性标准。数据泄露和个人信息泄露是很严重的问题，会对个人的隐私和安全造成深远影响。此案件告诉我们，在数字化时代，必须采取强有力的数据保护措施，采取合乎道德的数据处理做法，并需要制定全面的法规来保护个人信息。

参考文献

[1] Ateniese G，Mancini L V，Spognardi A，et al.Hacking Smart Machines with Smarter Ones：How to Extract Meaningful Data from Machine Learning Classifiers[J].International Journal of Security & Networks，2015，10(3)：137-150.

[2] Shokri R，Stronati M，Song C，et al.Membership Inference Attacks against Machine Learning Models[C]//2017 IEEE Sgmposium on Security and Prioacy(SP).IEEE，2017：3-18.

[3] Fredrikson M，Lantz E，Jha S，et al.Privacy in Pharmacogenetics：An End-to-End Case Study of Personalized Warfarin Dosing[C]//Proceedings of the.USENIX Security Symposium.UNIX Security Symposium，2014：17-32.

[4] Abadi M，Chu A，Goodfellow I，et al.Deep Learning with Differential Privacy[C]//Procedings of the 2016 ACM SIG SAC Conference on Computer and Communicatioons Security，2016:308-318.

[5] Ganju K，Wang Q，Yang W，et al.Property Inference Attacks on Fully Connected Neural Networks using Permutation Invariant Representations[C].2018 Acm Sigsac Conference.2018:2019-633 ACM，2018：619-633.DOI：10.1145/3243734.3243834.

[6] Suri A，Evans D.Formalizing and estimating distribution inference risks[J].arXiv preprint arXiv：2109.06024，2021.

[7] Cukic B，Lyu M，Suri N.Message from the Program Committee Co-Chairs[J].2023 IEEE Conference on Secure and Trustworthy Machine Learning (SaTML)，2023.

[8] Zhu L，Liu Z，Han S.Deep leakage from gradients[J].Advances in neural information processing systems，2019，32.

[9] Zhao B，Reddy Mopuri K，Bilen H.iDLG：Improved Deep Leakage from Gradients[J].arXiv preprint arXiv：2001.02610，2020.

[10] Wan L，Zeiler M D，Zhang S，et al.Regularization of Neural Networks using Dropconnect [C]//International Conference on Machine Learning.PMLR，2013：1058-1000.

[11] Shejwalkar V，Houmansadr A.Membership Privacy for Machine Learning Models Through Knowledge Transfer[C]//Proceedings of the AAAI Conference on Artificial lntelligence. 2021，35(11):9547-9557.

[12] Dwork C，Roth A.The algorithmic foundations of differential privacy[J].Foundations and Trends® in Theoretical Computer Science，2014，9(3–4)：211-407.

[13] Hartmann V，Meynent L，Peyrard M，et al.Distribution inference risks：Identifying and mitigating sources of leakage[C]//2023 IEEE Conference on Secure and Trustworthy Machine Learning (SaTML).IEEE，2023：136-149.

第八章

联邦学习的数据隐私与防御方法

本章将介绍联邦学习场景下针对数据隐私与模型安全的攻击与防御方法。

第八章内容组织架构如图 8-1 所示。

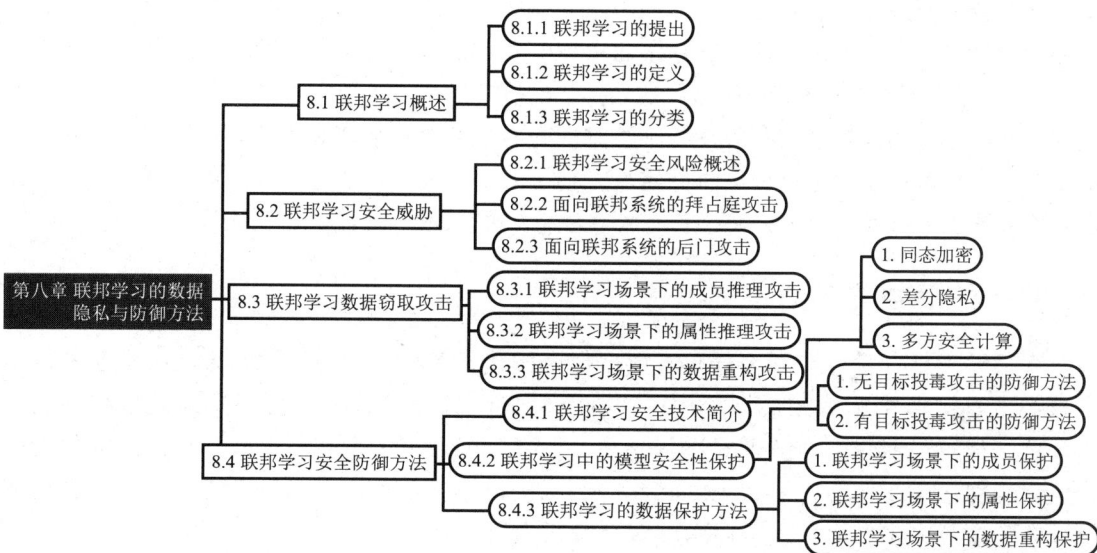

图8-1 第八章内容组织架构

8.1 联邦学习概述

8.1.1 联邦学习的提出

自 1956 年达特茅斯会议正式提出人工智能概念以来，人工智能领域经历了三次重要的发展浪潮。第一轮浪潮主要集中在规则驱动的专家系统和逻辑推理上，第二轮浪潮则是由机器学习算法兴起推动的，特别是支持向量机（SVM）、随机森林等算法的应用。第三轮浪潮，以深度学习技术为核心，极大地推动了人工智能技术的飞速发展。在第三阶段，人工智能技术显示出在计算机视觉、自动语音识别、NLP 和推荐系统等领域的巨大潜力。深度神经网络，尤其是卷积神经网络（CNN）和循环神经网络（RNN），以及后来的变种（Transformer 模型），都在这些领域取得了革命性的进展。

尽管深度学习技术取得了显著的进步，人工智能的发展仍受到一个主要限制因素的影响——数据的可用性。在当前的技术环境下，数据的重要性不言而喻。人工智能系统，尤其是基于深度学习的人工智能系统，对大量高质量数据的需求极为迫切。例如，脸书的图像识别系统就是通过分析数亿张图片训练而成的。但在现实中，尤其是在智慧零售、智慧金融、智慧医疗、智慧城市和智慧工业等领域，获取这种规模和质量的数据集通常是非常困难的。更多时候，我们面临的都是"小数据"现象，即数据规模较小，缺少标签或关键信息不全。

此外，数据所有权和隐私问题成为另一个重要挑战。随着对用户隐私权益的日益重视，欧盟的《通用数据保护条例》（GDPR）和中国的《个人信息保护法》等规章制度的实施，使在不同组织之间共享和处理数据变得更加复杂和困难。特别是在涉及敏感数据（金融交易数据和医疗健康数据）的场景中，数据的拥有者越来越倾向于将数据保留在本地，而不愿意将其共享出去，这就导致了所谓的"数据孤岛"问题。

在这样的背景下，联邦学习应运而生，为解决上述问题提供了一种创新的途径。联邦学习是一种分布式机器学习方法，联邦学习允许多个数据拥有者在保持其数据隐私和局部性的同时共同参与机器学习模型的训练。联邦学习的核心思想是"数据不动模型动"，即数据不需要离开本地，而是模型的参数在各个数据拥有者之间进行传输和更新。通过这种方式，联邦学习有效地解决了"数据孤岛"问题，推动了人工智能技术的进一步发展。联邦学习不仅提高了数据利用效率，还保护了数据隐私，为人工智能领域开辟了新的发展路径。

8.1.2　联邦学习的定义

联邦学习是一种旨在利用分布式数据集来构建共享机器学习模型的方法。主要涉及两个核心过程：模型训练和模型推理。在训练阶段，各参与方之间会交换与模型相关的信息，这些信息可能以加密的形式进行交换，但各方的数据本身并不会被共享。这种信息交换机制确保了每个节点上的数据隐私都得到保护，不会被外泄。一旦训练完成，这个模型可以在各参与方中部署，也可以跨越多个参与方进行共享。

在模型推理阶段，新的数据实例可用于模型应用。例如，在商业对商业（B2B）场景中，联邦医疗图像系统涉及接收并处理来自不同医院的新增患者数据，各方将协同工作以进行准确的预测。

具体来说，联邦学习是一种包含以下特点的机器学习算法框架：由两个或更多的参与方协作建立一个共享的机器学习模型，其中每个参与方均拥有用于训练模型的数据。在联邦学习的训练过程中，所有参与方的数据都保留在原位置，即数据不会离开其拥有者。同时，与联邦模型相关的信息在各参与方之间以加密方式进行传输和交换，确保任何参与方都无法推断出其他参与方的原始数据。此外，联邦学习模型的性能应接近理想的模型性能，即将所有参与方的数据合并后训练得到的集中式模型。

设有 N 位参与方 $F_i(i=1,2,\cdots,N)$ 通过使用各自的训练数据集 $D_i(i=1,2,\cdots,N)$ 来训练机器学习模型。传统的方法是将所有的数据 $D_i(i=1,2,\cdots,N)$ 收集起来并存储在一个地方，如存储在某一台云端数据服务器上，从而在该服务器上使用集中后的数据集训练得到一个机器学习模型。在传统方法的训练过程中，任何一位参与方 F_i 会将自己的数据 D_i 暴露给服务器甚至其他参与方。联邦学习是一种不需要收集各参与方拥有的数据就能协同训练模型

M_{fed} 的机器学习过程。分别设 V_{sum} 和 V_{fed} 为集中型模型 M_{sum} 和联邦型模型 M_{fed} 的性能量度（准确度、召回度和 F1 分数等）。这样可以更准确地解释性能保证的含义。设 δ 为一个非负实数，在满足以下条件时，联邦学习模型 M_{sum} 具有 δ 的性能损失：

$$V_{\text{sum}} - V_{\text{fed}} < \delta$$

假设使用安全的联邦学习在分布式数据源上构建机器学习模型，这个模型在未来数据上的性能近似于把所有数据集中到一个地方训练所得到的模型性能。允许联邦学习模型在性能上比集中训练的模型稍差，因为在联邦学习中，参与方 F_i 并不会将他们的数据集 D_i 暴露给服务器或者任何其他参与方，所以相比准确度 δ 的损失，额外的安全性和隐私保护无疑是更有价值的。

8.1.3　联邦学习的分类

设矩阵 D_i 表示第 i 个参与方的数据集，矩阵 D_i 的每一行表示一个数据样本，每一列表示一个具体的数据特征。同时，一些数据集还可能包含标签信息。我们将特征空间设为 X，数据标签空间设为 Y，并用 I 表示数据样本 ID 空间。特征空间 X、数据标签空间 Y 和数据样本 ID 空间 I 组成了一个训练数据集 (I, X, Y)。在联邦学习场景中，不同的参与方拥有的数据的特征空间和数据样本 ID 空间可能都是不同的。根据训练数据在不同参与方之间的数据特征空间和数据样本 ID 空间的分布情况，我们将联邦学习划分为横向联邦学习（Horizontal Federated Learning, HFL）、纵向联邦学习（Vertical Federated Learning, VFL）和联邦迁移学习（Federated Transfer Learning, FTL）。以两个参与方的联邦学习场景为例分别展示了三种联邦学习的定义。

横向联邦学习：HFL 适合样本特征有大量重叠，但样本集合本身重叠较少的情况。HFL 的本质是通过扩充样本数目，实现基于样本的分布式模型训练，以此提升模型效果。例如，两个不同区域的银行，由于业务相似，所以拥有很多相同的用户特征，但由于地理位置不同，因此用户群体交集很少，在这种情况下，他们可以使用 HFL 来训练模型，从数据样本层面通过隐私保护的方式融合各方信息，从而提高模型的准确性。在 HFL 中，各方通常会计算并上传本地模型训练后的梯度，并引入第三方服务器对这些梯度进行加权平均处理得到全局模型，以此融合各方信息，横向联邦学习如图 8-2 所示。

图8-2　横向联邦学习

纵向联邦学习：VFL 适合数据集样本集合有大量重叠，但样本特征重叠较少的情况。VFL 本质是通过增加训练数据的特征维度，实现基于特征的分布式模型训练，以此提升模型效果。例如，两个不同的机构，一个是某地区的银行，另一个是同一地区的电子商务公司，他们的用户群体很可能包括该地区的大多数居民，因此用户存在大量交集，然而银行记录的用户特征通常包括用户的收入、支出行为及信用评级等，而电子商务公司拥有的用户特征则是用户浏览和购买历史等，由于业务领域不同，所以两方的用户特征几乎没有交集。VFL 通常结合密码学方法，在加密状态下聚合这些不同的特征，以增强模型的表征能力，纵向联邦学习如图 8-3 所示。

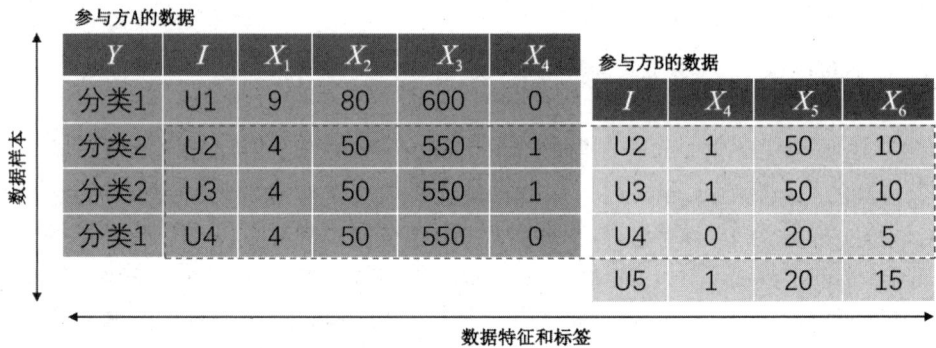

图8-3 纵向联邦学习

联邦迁移学习：FTL 适合数据集的样本集合和样本特征都只有少部分重叠的情况。例如，有两个不同的公司，一个是 A 地区的电子商务公司，另一个是 B 地区的电信公司，由于地理限制，所以这两个公司的用户群体交集很少，同时由于公司类型不同，所以两个数据集的数据特征也只有少部分重叠，在这种情况下，为了进行有效的联邦学习，需要引入迁移学习来解决单边数据量小和标签样本少的问题，从而提高模型的有效性。联邦迁移学习是一种在数据有限的情况下提升模型性能的有效策略，允许借助与目标任务相关但性质不同的任务，将不同任务中的特征映射到统一的潜在表征空间，之后整合不同参与方的标注数据进行模型训练，联邦迁移学习如图 8-4 所示。

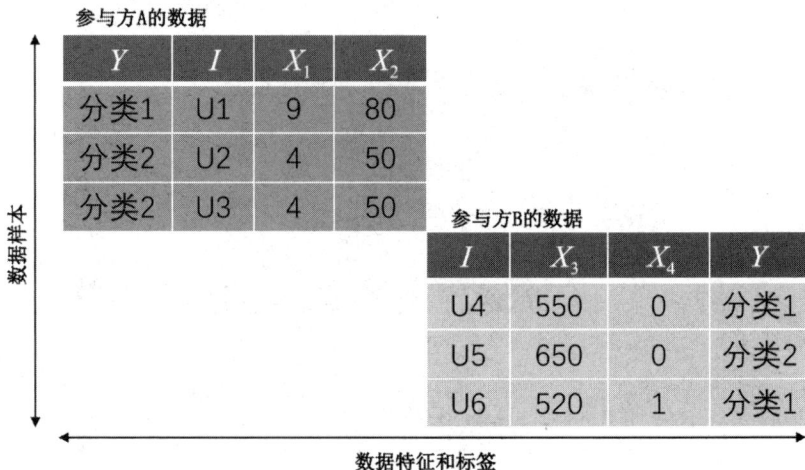

图8-4 联邦迁移学习

8.2　联邦学习安全威胁

8.2.1　联邦学习安全风险概述

第八章第 1 小节介绍了联邦学习的背景、定义和分类，以及联邦学习在各个业务领域的实际案例。本节将探讨在联邦学习中一个不可忽视的问题——安全性。联邦学习虽然避免了原始数据的集中传输，使参与者在不直接共享私有数据的前提下协同训练，但这并不意味着它能完全免疫安全和隐私威胁。

近年来，关于联邦学习安全性分析的研究工作众多。这些研究工作从不同视角将联邦学习所面临的威胁分为内部攻击与外部攻击、训练阶段的攻击与推理阶段的攻击，以及模型安全性攻击与数据窃取攻击等。内部攻击包括由联邦学习服务器或参与方发起的攻击，而外部攻击则涉及窃听通信渠道或使用最终部署的联邦学习模型的用户。通常，内部攻击比外部攻击的危险程度更高。在训练阶段，攻击者将窃取、影响或破坏联邦学习模型，包括通过数据投毒攻击破坏数据完整性，以及通过模型投毒攻击破坏训练过程。同时，攻击者可以基于单个参与方的更新或所有参与方聚合的更新发起一系列数据推理攻击。在推理阶段，攻击可能是逃避式攻击或探索式攻击，不改变目标模型，而是诱导错误预测或收集有关模型特征的信息。这种攻击的有效性在很大程度上取决于对手获取的额外信息，一般可分为白盒攻击（可以获取 FL 模型的参数）和黑盒攻击（只能查询 FL 模型）。在联邦学习中，当目标模型作为服务部署时，服务器维护的全局模型将面临与传统机器学习环境相同的逃避式攻击。黑盒攻击虽然在集中式设置中更常见，但在联邦学习场景中，由于服务器需要将聚合后的全局模型广播给各个参与方，所以全局模型对任何恶意参与者来说都是一个白盒，需要采取额外措施来防御白盒以此逃避攻击。

模型安全性攻击旨在破坏整个联邦学习系统的鲁棒性与完整性，将影响整个联邦学习系统的可靠性。针对模型安全性攻击一般分为无目标攻击和有目标攻击，无目标攻击旨在破坏模型的完整性；有目标攻击则旨在对特定测试样本诱导出攻击者指定的目标标签，同时在主要任务上保持良好的性能。这两种攻击都是在客户端数据收集过程和模型训练过程通过投毒实施的，因此又被称作无目标投毒攻击与有目标投毒攻击。联邦学习由于会在每一轮中将模型参数共享给各个客户端，所以模型投毒的攻击方式通常比数据投毒更具有破坏性。拜占庭攻击是一种无目标投毒攻击，其将任意恶意的梯度上传到服务器中，从而破坏全局模型的收敛性或性能。后门攻击是一种有目标攻击，攻击者旨在将后门触发器植入全局模型中，从而欺骗模型在子任务上预测为攻击者指定的类别，同时在主要任务上保持良好的性能。后文将重点介绍无目标攻击类型中的拜占庭攻击方法，和有目标攻击类型中的后门攻击方法。后文也将介绍联邦学习数据窃取攻击。

联邦学习中的攻击者可以分为半诚实攻击者与恶意攻击者两种，半诚实攻击者遵守联邦学习训练协议，但在训练过程中会尝试窃取其他参与者的私有信息，而恶意攻击者则可能因为修改数据或模型更新而违背协议。因此，联邦学习尽管旨在增强数据隐私，但它引入了新的安全挑战。这就要求我们不仅要保护数据处理过程中的隐私，还要防范训练过程中潜在的安全威胁。接下来的内容将探讨这些安全威胁，并讨论如何在联邦学习环境中构建更安全、更可靠的机器学习模型。

8.2.2　面向联邦系统的拜占庭攻击

无目标投毒攻击旨在破坏目标模型的完整性。拜占庭攻击属于无目标攻击的一种，攻击者、参与方通过上传恶意梯度导致全局模型无法收敛或性能下降。本节主要讨论联邦学习框架中针对随机梯度下降算法的拜占庭问题。

随机梯度下降算法最重要的是下降方向，为了保证随机梯度下降算法有效发挥作用，需要确保最终服务器中聚合的向量方向与真实的梯度一致，即聚合向量与真实梯度的内积必须是非负的，而使内积为负的攻击就会打破这一约束。这类攻击被称为"内积操纵攻击"（Inner Product Manipulation Attacks）。研究结果表明，现有防御方法只能保证鲁棒估计量不偏离正确梯度的平均值，即鲁棒估计量和正确均值之间的距离存在上界，然而对于梯度下降算法，为了保证损失是下降的，真实梯度和鲁棒估计之间的内积必须是非负的。特别地，攻击者如果操纵拜占庭梯度并使内积为负，那么有界距离不足以保证鲁棒性。内积操纵攻击的思想：当梯度下降算法收敛时，梯度接近 0，因此即使鲁棒估计量和正确均值之间的距离是有界的，仍然有可能操纵它们的内积为负。

此外，通过对多个参数持续施加小变化，拜占庭攻击参与者还可以干扰模型收敛。攻击参与者首先使用自己的本地数据估算分布的均值和标准差，分析参数的哪些变化不会被防御系统检测到，并选择这个范围的最大值以防止模型收敛。这种方法使得拜占庭攻击参与者能够在不被发现的情况下影响模型的性能和收敛过程。

8.2.3　面向联邦系统的后门攻击

在有目标投毒攻击中，攻击者会通过投毒攻击使模型对特定的测试样本输出攻击者指定的目标标签。例如，攻击者会将垃圾邮件预测为非垃圾邮件，或者通过带有特定木马触发器的测试样本预测攻击者想要的标签（后门或木马攻击）。同时，这种攻击只针对攻击者指定的测试样本，其他测试样本在主任务上的效果不受影响。通常来说，有目标攻击比无目标攻击更难实施，但也更难被检测到。

后门投毒攻击是一种广泛存在于现实场景的有目标投毒攻击，攻击者可以修改原始训练数据集的个别特征或小区域，以植入模型的后门触发器。这种模型在正常数据上表现正常，但每当触发器（图像上的印章）出现时，它会一直预测其为目标类别。例如，后门投毒攻击可以使模型在后门任务上达到 100% 的准确率。例如，控制图像分类器将具有某些特征的图像分类为攻击者选择的标签，或者让单词预测器在完成单词预测任务中的某些句子时使用攻击者选择的单词。

在联邦学习架构中，各个客户端基于本地数据单独训练局部模型，这使联邦学习模型更容易受到后门投毒攻击，因为服务器不知道客户端的数据分布和模型训练过程，客户端可以提交包含后门功能的恶意模型。特别是在客户端数目众多的情况下，服务器很难区分被后门投毒攻击的模型和基于局部数据训练得到的真实模型。

例如，攻击者利用标签翻转的思想，对数据集中某一类别数据的标签进行修改，由 c_{src} 改为 c_{target}，构造后门数据对 $\{x_{target}, y_{target}\}$，将后门数据和良性数据集中在一起训练恶意模型，训练出的恶意模型参数应当使得损失函数 $L_{attacker} = \alpha L_{class} + (1-\alpha) L_{ano}$ 的值达到最小，其中 $L_{class} = L_{train} + L_{target}$，$L_{ano}$ 为本地恶意模型与良性模型的偏差，超参数控制攻击隐蔽性和攻击有效性之间的权衡，致使主任务和后门任务实现高精度的效果，从而具有较高的隐蔽性。后门数据如果再次出现，那么训练好的全局模型将会对它们进行错误分类。攻击者还可以改变局部模型的学习速率和训练批次的个数，以最大限度地对后门数据进行过拟合处理。这种基于标签翻转的后门投毒攻击通用性较强，不要求攻击者掌握客户端的全局数据分布、DNN 模型的结构、损失函数等知识。联邦学习的客户端有很多，导致服务器聚合全局模型时会削弱后门投毒攻击的效果，因此最终的攻击效果与攻击者所能控制的客户端数目密切相关，在仅有一个客户端进行一次攻击的情况下，这种方法无法成功植入后门，而当攻击者控制多个参与者时，后门投毒攻击成功率较高。

在纵向联邦学习场景下，当攻击者为主动方时，主动方有数据的标签，所以可以直接修改投毒数据集的标签，从而更容易进行后门投毒攻击，因此一般只考虑被动方为攻击者，主动方为防御方的情况。假设攻击者能够完全控制一个或多个参与者，这些参与者要么是联邦学习系统本身的恶意客户端，要么就是在训练过程中因被攻击者破坏而从良性客户端转变成的恶意客户端，这些恶意客户端可以合谋。同时，攻击者可以任意操纵要发送到主动方的本地更新参数，如在将本地更新参数提交给主动方之前修改其参数，但是，攻击者不能控制主动方，也无法访问标签，更不具备篡改其他良性客户端的训练过程和参数更新的能力。Liu 等人（2020）假设攻击者至少知道一个样本的标签信息，且它与后门任务的目标标签具有相同的标签信息。攻击者用已知样本的梯度信息去替换要投毒样本的梯度信息，使之被划分为攻击者指定的目标类别。具体地，首先将攻击者已知的样本标签记为 D_{target}，攻击者收到该样本的梯度记为 g_{rec}；其次攻击者将投毒样本的梯度设置为 g_{rec}；最后乘上放大因子 γ，用 γg_{rec} 去更新模型参数。该方法可以在不推理未知数据标签的情况下进行后门攻击，但需要攻击者至少知道一个与后门任务的目标标签相同的样本。

8.3　联邦学习数据窃取攻击

一系列研究表明，即使不直接共享原始数据，联邦学习中交换的梯度和参数更新仍然可能泄露有关参与者私有数据的敏感信息。例如，在联邦学习训练过程中，前后连续的梯度或模型参数可能会向攻击者泄露参与方的训练数据。梯度导致隐私泄露的原因在于，梯度是根据参与者的私有训练数据计算得出的，模型可以被视为训练数据集高阶统计的表征。在深度学习模型中，给定层的梯度是基于该层的特征和后一层的误差计算的。在全连接层中，权重的梯度是当前层特征的内积与之后层的误差。类似地，对于卷积层，权重的梯度是当前层特征的卷积与之后层的误差。因此，观察梯度可以用来推断大量私有信息。例如，观察梯度能够推断出训练数据的统计属性（属性推断攻击），以及特定数据是否参与（成员推断攻击），甚至可以从共享的梯度中恢复出原始数据（数据重构攻击），如推断出样本标签，以及在不了解训练数据的情况下恢复原始训练样本。本节将根据攻击目标的敏感信息类型，详细介绍联邦学习场景下的成员推断攻击、属性推断攻击和数据重构攻击。

8.3.1　联邦学习场景下的成员推理攻击

不同于前文介绍的集中式学习场景下的成员推断攻击，攻击者的目标通常是识别出特定样本是否被用于训练中央模型，在联邦学习场景下，攻击目标更加复杂。数据分布于不同的参与方，所以攻击者不仅要确定数据样本是否被用于训练，还要推断哪个特定的参与方使用了该样本。例如，在多家医院联合训练用于 COVID-19 诊断的联邦学习模型的场景中，传统成员推断攻击只能揭示谁接受了 COVID-19 检测，但联邦场景下的成员推断攻击能够进一步识别患者的来源医院，这将使那些来自高风险地区或国家的患者更容易受到歧视。因此，联邦学习中的成员推理攻击不仅可能揭露个别样本是否参与了整个联邦模型的训练，还可能暴露样本源于哪个参与方，导致更为严重的隐私泄露。

联邦学习为成员推断攻击的内部攻击者（参与方或服务器）提供了白盒攻击场景，即在每轮训练过程中，攻击者可以直接访问模型内部的参数和结构，并结合参与方返回的模型进行更新，如梯度信息，挖掘每个参与方的局部数据集特征。在攻击方法方面，攻击者可以进行主动和被动的成员推理攻击。在被动攻击的情况下，攻击者只观察更新的模型参数并进行推断但不做修改。例如，在联邦学习模型训练期间，攻击者可以根据深度 NLP 中嵌入层的非零梯度，推断出哪些词汇用于该参与方的模型训练。具体来说，在深度 NLP 模型中，字段类数据是利用嵌入层处理的。例如，一个属性"性别"有以下三个类："man""woman""unknown"，在数据预处理时需要做的是对这个属性的所有字段进行 One-Hot 编码，分别得到 100、010、001。给定一批文本，嵌入层只更新这一批文本中出现的单词所对应的参数，如输出层有三个输出单元按次序分别代表"man""woman""unknown"，如果某一次训练中只更新了第二个输出单元（第二个输出单元的 θ 发生改变），那么说明"woman"出现在了这次参与训练的数据中。

在主动攻击的情况下，攻击者可以不遵守联邦学习模型训练协议，对其他参与方执行更强大的攻击。例如，攻击者可能上传更改后的恶意模型更新，诱导联邦学习模型泄露更多其他参与方的本地数据。典型的一种攻击方式就是梯度上升攻击，攻击者对目标数据样本执行梯度上升，并观察其增加的损失是否在下一个通信轮次中被大幅减少，如果是，那么该样本很可能出现在训练集中，这种攻击可以同时应用于批量的目标数据样本。

8.3.2 联邦学习场景下的属性推理攻击

属性推理攻击通常假设攻击者具有包含同一目标属性的辅助训练数据。在联邦学习场景下，攻击者可以基于辅助训练数据、训练攻击模型来推断其他参与者训练数据的特定属性。Melis 等人（2019）提出了联邦学习场景下的主动属性推理攻击和被动属性推理攻击。假设攻击者是联邦学习的某个参与方，在每一轮迭代 t，能正常下载当前轮全局模型 θ_{t-1}，计算梯度更新，并发送给服务器。攻击者保存每轮服务器端下载的全局模型，把相邻两次的 θ 相减，就能得到每次参数更新的变化量，文中将该变化量称为快照。连续记录快照 $\Delta\theta_t = \theta_t - \theta_{t-1} = \sum_k \Delta\theta_t^k$，可得所有参与方 k 的梯度更新结果，将其减去攻击者自身的梯度 $\Delta\theta_t - \Delta\theta_t^{\mathrm{ad}}$，可以算出其他所有参与方的聚合更新结果，联邦学习中属性推理攻击的经典方法如图 8-5 所示。

在被动属性推理攻击中，攻击者构造辅助数据，即包含目标属性的样本（正样本集）和不包含目标属性的样本（负样本集），基于辅助数据训练二分类器，这个模型能够根据给定数据的梯度，判断攻击样本集是否包含目标属性。具体地，攻击者利用连续的全局快照，分别在正负样本集中采样并进行训练，计算得到含有属性数据的梯度 $g_{\mathrm{prop}} = \nabla L\left(b_{\mathrm{prop}}^{\mathrm{adv}};\theta_t\right)$ 和不含属性数据的梯度 $g_{\text{nonprop}} = \nabla L\left(b_{\text{nonprop}}^{\text{adv}}; \theta_t\right)$，并对二者分别打标签，直至收集到足够的带标签的梯度来训练二分类器。二分类器训练完成后，攻击者将除自身之外的其他所有参与者的聚合更新 $g_{\text{obs}} = \Delta\theta_t - \Delta\theta_t^{\text{ad}}$ 作为输入，根据二分类器的输出结果，判断联邦学习的所有参与方的数据集中是否含有目标属性。之所以能根据训练集梯度推断目标属性，是因为不同层的输出对于不同属性有着不一样的区分度，区分度好则说明这一层的参数可能和某属性有较大的关联，如研究中利用 t-SNE 对模型中各个层的输出进行降维处理，发现模型的最后一层，通常能很好地区分分类任务，第二层则可以很好地区分种族属性的两个分类。

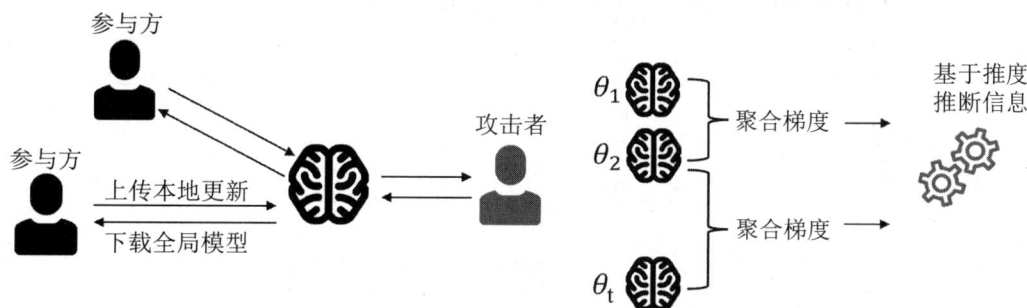

图8-5　联邦学习中属性推理攻击的经典方法

在主动属性推理攻击中，攻击者利用多任务学习，构造同时考虑主任务和推理任务的损失函数 $L_{\text{mt}} = \alpha \cdot L(x, y; \theta) + (1-\alpha) \cdot L(x, p; \theta)$，其中 y 是主任务标签，p 是属性标签，该损失会使原先的主任务从原来的对 y 进行分类，逐渐偏移到对 p 进行分类，这会在服务器模型的最后一层显现出来，然后再仿照被动属性推断，重复相同步骤。这样做的原理是让服务器全局模型最后一层的参数和要推断的属性 p 建立联系，使二分类器在推断属性时具有更高的准确率，但同时也会牺牲主任务的准确率。被动属性推理攻击和主动属性推理攻击的区别就是被动属性推理攻击仅能观察梯度更新，通过训练二元属性分类器来进行推断，在进行推理的过程中无法改变本地的或者全局的联邦学习模型的训练过程，而主动属性推理攻击则进行了额外的本地计算，利用多任务学习，使 FL 模型更好地区分具有和不具有目标属性的数据，从而提取更多信息，并将其结果提交至服务器端，在推理其他参与方目标属性的同时提高了主任务的分类效果。

然而，属性推理攻击中对辅助训练数据的假设可能限制了其在联邦学习场景，尤其是异构场景中的适用性，因为在这些场景中数据通常分布不均，攻击者很难得到与其他攻击者相同分布的数据集。

8.3.3　联邦学习场景下的数据重构攻击

数据重构攻击会带来更严重的数据安全威胁，这类攻击能够准确恢复用于训练深度学习模型的原始图像和文本。Zhu 等人（2019）提出了在横向联邦学习场景下的数据重构攻击方法 DLG，使得服务器可以从共享梯度中提取输入数据和标签。数据重构攻击方法的核心是通过梯度来衡量生成的图像与原始输入图像的距离。

图像上方通道对应正常参与方，对于输入样本正常参与方可以通过训练过的网络得到预测值和梯度，图像下方通道对应攻击者，在每一轮训练中参与方会将本地模型传给服务器，服务器将收到的来自参与方的模型作为攻击模型 W，攻击者通过生成某一分布下的噪声创建虚假的图像 x' 和虚假的标签向量 y'，输入攻击模型 W 得到梯度 $\dfrac{\partial l(F(x',W),y')}{\partial W}$，计算与原模型梯度 ∇W 的差值，通过让两个通道梯度的差值尽可能的小，以此来迭代更新模型，最终虚假的图片和虚假的标签将十分接近用户原始数据，横向联邦学习中数据重构攻击中的经典方法如图 8-6 所示，从而反推出用户输入样本和标签信息：

$$x^{*},y^{*} = \underset{x',y'}{\arg\min}\left\|\nabla W' - \nabla W\right\|^{2} = \underset{x',y'}{\arg\min}\frac{\partial l(F(x',W)y')}{\partial W} - \nabla W\|^{2}$$

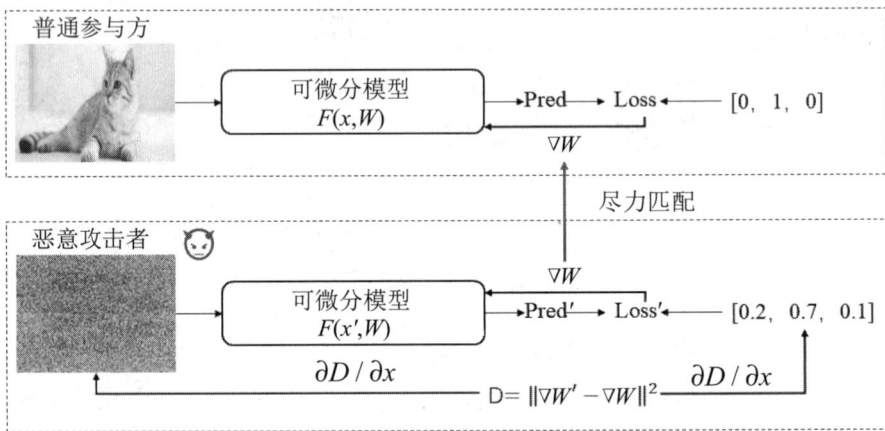

图8-6　横向联邦学习中数据重构攻击中的经典方法

　　后续的研究中对该攻击进行进一步的改进，提出了改进的数据重构攻击方法 iDLG，通过直接观察标签与梯度符号之间的相关性 iDLG 能够推断出完全正确的标签，该方法可用于攻击任何使用交叉熵损失和独热码标签训练的可微分模型。

　　另一些研究指出数据重构攻击的攻击效果依赖目标数据本身的复杂程度。例如，对于 EMNIST 和 Fashion-MNIST 数据集，很多研究人员设计的攻击方法在模型训练几个轮次之后就能达到较高的准确率，但是对于 CIFAR-10 数据集，需要设计更加复杂的模型才能达到类似的准确率。

　　在纵向联邦学习场景中，攻击者除了可以通过梯度推断出隐私数据，还能通过任务方（有标签的那一方）与数据提供方传输的模型中间结果，如样本表征来推断隐私。Luo 等人（2021）首次提出了在纵向联邦学习预测阶段的特征推理攻击。假设拥有标签的任务方（Task Party）为攻击者，攻击目标是窃取其他数据提供方（Data Party）的隐私数据。攻击者针对逻辑回归模型和决策树模型分别提出了等式解算攻击 ESA 和路径限制攻击 PRA。此外，还提出了一种应对更复杂模型的通用攻击方法 —— 生成回归网络攻击（Generative Regression Network, GRN）。这里我们重点介绍 GRN。攻击者由于是拥有标签的任务方，所以攻击者拥有融合了自身特征和其他参与方特征的多轮预测输出，通过训练生成模型学习攻击者自身特征与攻击的目标特征的关联性，使生成模型预测的目标特征与自身特征计算得到的预测输出尽可能相近。

被攻击者也就是任务方拥有的数据 adv_t^x（蓝色）和随机生成的数据 r^t（橙色），合成一个 d 维向量，其中 d 为任务方的特征数量和攻击目标方的特征数量之和，随机生成的数据是为了初始化生成模型 θ_G 的初始输入。生成模型计算之后，输出生成模型对于数据提供方特征值的预测 $f_G\left(adv_t^x, r^t; \theta_G\right)$（橙色），将其与任务方拥有的数据 adv_t^x（蓝色）进行合并，得到另一个 d 维向量，并将其输入到已经训练好的纵向联邦学习模型 θ，输出对不同类别的预测概率矩阵（橙色），与任务方拥有的，根据真实的数据提供方特征值和任务方特征值计算得到的预测概率矩阵 v^t（蓝色）并求损失，对得到的损失进行反向传播，通过使两个预测概率矩阵尽可能接近，来更新生成模型的参数，最终将得到训练好的生成模型对数据提供方特征值的预测概率，纵向联邦学习中数据重构攻击中的经典方法如图 8-7 所示。该攻击方法适合目标函数可微的模型，包括逻辑回归和神经网络。

$$\theta_G \min \frac{1}{n}\sum_{t=1}^{n} l\Big(f\left(adv_t^x, f_G\left(adv_t^x, r^t; \theta_G\right); \theta\right), v^t\Big) + \Omega(f_G)$$

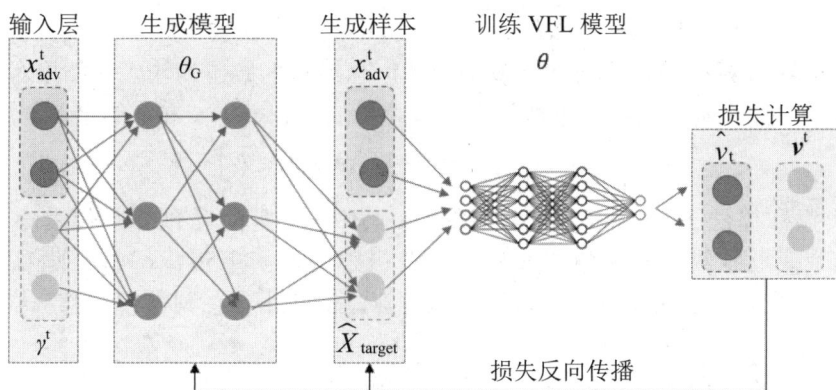

图8-7　纵向联邦学习中数据重构攻击中的经典方法

8.4　联邦学习安全防御方法

本节首先将对联邦场景下的安全防御的基础方法进行简要介绍。然后将分别针对前文的模型安全性攻击和数据窃取攻击，具体介绍模型安全性保护方法和数据保护方法。

8.4.1　联邦学习安全技术简介

联邦学习允许参与方将数据保留在本地，通过共享模型信息来训练协作模型。然而，没有传输原始数据，梯度或模型参数等信息仍然会泄露本地数据。因此，一些常用的隐私计算技术，如同态加密、差分隐私和多方安全计算等，常被用于联邦学习，以增强联邦学习模型的隐私保护效果。

1．同态加密

通用加密方案侧重于数据存储安全，没有密钥的用户无法从加密结果中获取有关原始数据的任何信息，并且不能对加密数据执行任何计算操作，否则将导致解密不成功。然而，同态加密（Homomorphic Encryption, HE）关注的是数据处理的安全性，其最重要的特点是，用户可以计算和处理加密数据，但在此过程中不会泄露任何原始数据。

设一个数字 u 的加密为 $[[u]]$。加法同态加密对两个密文进行加法操作后，解密结果与对应的明文相加所得的结果是相同的，即 $[[u]]+[[v]]=[[u+v]]$。自然地，我们可以通过重复加法来实现乘法同态加密，即 $u[[v]]=[[uv]]$，其中 u 是明文数据。这些操作也适合向量和矩阵。例如，给定两个向量 u 和 v，我们可以计算它们的内积为 $u^{\mathrm{T}}[[v]]=[[u^{\mathrm{T}} \cdot v]]$。

然而，这些加密计算不可避免地增加了计算开销，所以它们不适用于那些计算资源有限的设备，如移动电话等。

2. 差分隐私

差分隐私（Differential Privacy, DP）是由 Dwork 于 2006 年提出的一种隐私保护定义，目的是解决统计数据库中的隐私泄露问题。差分隐私确保了即使数据库中的单个记录发生变动，输出结果也不会受到影响，所以防止攻击者仅通过分析输出结果就确定个体信息的情况产生，降低了个体信息的泄露风险。其具体形式化定义如下。

给定一个随机算法 M，它将包含多个个体信息的数据集作为输入。如果对于任意的事件 E，数据集中任意两条仅在一个数据点上有差异的相邻数据 x 和 y 满足：

$$P\big[M(x)\in E\big]\leqslant \exp(\epsilon)P\big[M(y)\in E\big]+\delta$$

那么我们称算法 M 满足 (ϵ,δ) 差分隐私。其中，ϵ 是隐私预算，代表隐私保护的程度；δ 是一个接近零的小概率值，允许算法在极小的概率下违背 ϵ-差分隐私的规则。当 $\delta=0$ 时，我们称 M 满足 ϵ-差分隐私，这意味着算法的输出在任何情况下都严格遵循了 ϵ 设定的隐私级别。

简单来说，差分隐私的目标是在不明显影响输出结果的前提下，保护数据集中个体的隐私。差分隐私通过保证算法对非常相似的数据集产生几乎相同的输出概率分布来实现这一目标，从而确保即使个别数据发生变化，整体输出也不会泄露个人信息。

在联邦学习中，为了在模型训练过程中保护用户隐私，常见的做法包括对梯度或样本表征添加随机噪声。这种做法通常涉及拉普拉斯或指数机制，以满足差分隐私的标准。当前该领域的研究热点是如何在不牺牲模型性能的前提下，实现隐私保护与模型效率的平衡。

3. 多方安全计算

安全多方计算（Secure Multi-party Computation, SMC），也称安全多方计算（Secure Multi-party Computation, MPC），是密码学中的一个重要概念，它允许多个参与方在不泄露各自数据的情况下，共同完成某个计算任务。在具体的应用场景中，这些参与方希望共同计算某个函数的输出，如统计、决策支持或数据挖掘任务，但又不希望向其他任何一方泄露自己的私有数据。

MPC 的核心是确保计算过程中的数据保密性，即使在有恶意参与方的情况下也能保证数据的安全。为了达到这一目的，MPC 采用了加密技术和协议设计，确保计算过程中只有最终结果是对外公开的，而各参与方的输入数据则严格保密。例如，假设有多个医疗机构希望共同研究某种疾病的治疗效果，但每个机构都不愿意或由于法规限制不能公开自己的患者数据，即可利用 MPC 解决这一问题，这些机构可以合作计算出整体的治疗效果，不必直接交换或揭露他们的患者数据。MPC 的挑战在于如何设计高效的协议来进行计算，同时保证计算过程的安全性和结果的准确性。

上述 3 种经典的隐私计算技术常被用于联邦学习场景中，以进一步增强隐私保护效果。

8.4.2 联邦学习中的模型安全性保护

在联邦学习场景中，模型对投毒攻击的鲁棒性是一个重要特性。现有的集中式设置的投毒攻击防御方法，如鲁棒损失和异常检测，均基于能够控制参与者或能够观察训练数据的假设。但在联邦学习环境中，这些假设不适用，因为服务器仅能够得到参与方发送的模型参数或更新。下面总结了针对无目标和有目标攻击的、以鲁棒性为重点的联邦学习防御策略。

1．无目标投毒攻击的防御方法

在针对拜占庭攻击的鲁棒聚合算法中，如果有大量敌对参与者，模型收敛性依然稳健，则认为该算法具备拜占庭容错能力。下面是试图防御无目标拜占庭攻击的经典方法。

（1）基于梯度统计特性的防御方法

根据中心极限定理，只要同一批量规模足够大，且每个用户的数据集可以随机选择，不同用户训练得到的梯度就可能不会有太大的差异。因此，基于梯度统计特性的防御方法旨在利用用户梯度更新的统计特性作为全局梯度，来剔除恶意梯度的影响，使用的统计特性包括几何中位数、坐标中位数、截断均值等。

这里介绍三个经典的基于统计特性的拜占庭防御算法：平均几何中位数算法、坐标中位数算法和异常值检测算法。平均几何中位数算法将 N 个用户梯度分为 b 个批量，计算每个批量的均值 w_i，再计算距离所有 w_i 距离之和最近的值作为全局模型，即找到满足 $\mathrm{argmin} \sum_{i=1}^{b} w - w_i$ 的值。若 $b=1$，则平均几何中位数简化为均值；若 $b=N$，则简化为几何中位数。利用坐标中位数算法计算每一维梯度的中位数作为全局更新，对第 j 个全局模型参数，主设备（服务器）会对 m 个计算节点的第 j 个参数进行排序，并将中位数作为全局模型的第 j 个参数。当 m 为偶数时，中位数是中间两个参数的均值。基于主成分分析的异常值检测算法首先对高维更新梯度进行采样和抽取，将梯度矩阵中心化，由中心梯度矩阵的右上奇异特征向量计算离群值得分，去除得分最高的梯度，将其余良性梯度的平均值作为全局梯度更新。该方案的安全模型假设敌手由于可以获知良性用户的所有梯度信息，所以只考虑了20% 敌手的情况。

基于梯度统计特性的防御方法使用梯度的某一统计特性推断总体梯度的特性，在用户数据独立同分布的情况下有不错的表现。当梯度之间差别较大时，单一的某个统计特性无法很好地代表全局梯度。

（2）基于梯度间距离的防御

基于梯度间距离的防御方法通过比较梯度之间的距离，或梯度与某一统计值的距离来检测可能的恶意梯度。常用的距离包括欧氏距离、余弦相似度等。

这里介绍两个经典的基于梯度间距离的拜占庭防御算法：Krum 算法和考虑到用户本

地数据量差异的自适应联邦平均算法（AFA）。Krum 算法的想法是即使所选择的参数来自受攻击或恶意的计算节点设备，其能够产生的影响也是受限的，因为它与其他可能的正常计算节点设备的参数是相似的。假设有 n 个客户端，其中有 f 个客户端是不诚实的，也就是可能发起拜占庭攻击的，且满足 $2f+2<n$。首先服务器将全局参数 W 分发给所有客户端，每个客户端根据本地的数据计算本地的梯度 g_i，然后发送给服务器，服务器收到客户端的梯度后，计算两两梯度之间的距离的平方 $d_{i,j}=\|g_i-g_j\|$。对于每个梯度 g_i，选择与其最近的 $n-f-1$ 个距离，即 $\{d_{i,1},d_{i,2},\cdots,d_{i,i-1},d_{i,i+1},\cdots,d_{i,n}\}$ 中最小的 $n-f-1$ 个，将他们相加作为梯度 g_i 的得分，在计算得到所有梯度的得分后，求得分最小的梯度 g_{i^*}，更新 $W=W-\text{lr}\cdot g_{i^*}$，重复以上步骤直至收敛。Krum 算法是一种基于欧氏距离的拜占庭容错算法，在存在恶意拜占庭攻击者的联邦学习场景中，仍然可以收敛模型。

自适应联邦平均算法 AFA 在训练中使用隐马尔可夫模型评估用户 k 更新梯度为良性的可能性 P_{k_t}，以此为权重，使用联邦平均算法 FedAvg，计算聚合梯度 $w_{t+1}\leftarrow\sum\dfrac{p_{k_t}n_k}{N}w_{t+1}^k$

（n_k 为用户 k 的本地数据量，$N=\sum p_{k_t}n_k$），然后对比聚合梯度 w_{t+1} 与局部梯度 w_{t+1}^k 的余弦相似

度：$s_k=\dfrac{\langle w_{t+1}+w_{t+1}^k\rangle}{w_{t+1}\cdot w_{t+1}^k}$，根据统计特性和少数敌手数假设，进一步剔除恶意梯度。

基于距离的方法需要对梯度进行两两比较，通常具有较大的时间复杂度。但其计算上的构造，以及性质可被用于对隐私保护联邦学习中的恶意梯度进行检测。

2．有目标投毒攻击的防御方法

（1）基于剪裁和添加噪声的防御方法

针对局部模型进行投毒的后门攻击的更新往往范数较大，所以可以让服务器将范数超过阈值 M 的更新剪裁到阈值 M 的范围之内。这样可确保每个模型更新的范数较小，减轻恶意更新对服务器的影响。服务器先获取所有客户端的模型，然后剪裁每个模型更新至阈

值 M 之内，并进行求和得到更新后的全局模型 $\Delta w_{t+1}=\sum\limits_{k}\dfrac{\Delta w_{t+1}^k}{\max\left(1,\Delta w_{t+12}^k/M\right)}$，对剪裁后得

到的全局模型添加高斯噪声。将更新控制在阈值范围内可以防御基于标签翻转的后门攻击和基于放大模型参数的模型替换攻击。当攻击者已知服务器的剪裁阈值时，可以直接构建最大限度满足范数约束的模型更新，使剪裁的防御措施没有效果。尤其是当攻击者可以进行多轮攻击时，这种防御方法无法防御不改变模型权重大小的后门攻击方法。同时，基于剪裁和添加噪声的防御方法没有规定和说明剪裁的阈值和噪声量具体如何确定，所以它可能无法防御基于植入触发器的后门攻击方法。

（2）基于特征提取的防御方法

利用模型更新在低维潜在特征空间中的表示，可以区分出来自客户端的异常模型更新，低维嵌入空间在保留了数据本质特征的同时，去除了噪声及不相关的特征，使得恶意模型更新的特征与正常模型更新的特征差异更大。因此，提取高维模型的特征在低维特征空间中进行判别，可以防御后门攻击。

基于这种思想，Li 等人（2020）考虑用一个变分自编码器来模拟模型更新的低维嵌入。同时，Li 等人收集在集中训练过程中获得的无偏模型更新，对这些更新的坐标进行随机采样处理，用于训练变分自编码器。良性客户端的更新和无偏模型的更新的差异比恶意客户端的更新和无偏模型的更新的差异要小得多，所以可以通过这种自编码器检测出恶意模型更新。编码器－解码器的具体训练过程：服务器将公共数据集在集中训练过程中获得的无偏更新作为编码器的输入并输出低维嵌入，然后将低维嵌入作为解码器的输入并输出原始更新的重构，同时得到重构误差，训练至收敛。将重构误差最小化可以优化编码器－解码器模型的参数，直到其收敛，得到训练好的编码器－解码器模型来近似低维嵌入。在每一轮通信中，服务器获取 n 个用户的更新，将检测阈值设置为所有局部更新重构误差的均值，从而得到一个动态的阈值设置策略。重构误差高于阈值的更新将被视为恶意更新，并被排除在聚合步骤之外。设定的阈值由于是在接收到客户端的模型更新后动态更新的，所以能进一步提升恶意客户端的检测效果。

8.4.3 联邦学习的数据保护方法

下面将针对具体的隐私泄露风险，分别提出针对联邦学习场景下的成员推断攻击、属性推断攻击，以及数据重构攻击的保护方法。

1．联邦学习场景下的成员保护

在联邦学习场景下的被动成员推断攻击中，攻击者将观察到的多个全局模型参数作为攻击特征，包括聚合后的置信度分数向量和参数等，训练攻击分类器发起成员推断攻击。Xie 等人（2021）针对这种被动成员推断攻击，假设防御者是联邦学习的中央服务器，在每轮迭代时将噪声添加到攻击者会得到的模型参数中来防御攻击分类器，希望添加的噪声能够将联邦学习模型的损失最小化，并使攻击分类器的输出接近随机猜测，即 0.5，从而增加攻击者判断数据样本成员资格的难度。具体来说，服务器在本地训练一个二分类器作为防御分类器，聚合后的置信度分数向量和梯度作为防御分类器的特征，预测数据样本是否为成员。防御分类器训练完成后，Xie 等人对置信度分数向量和梯度添加噪声，使攻击分类器输出接近随机猜想。

2．联邦学习场景下的属性保护

Rodríguez-Barroso 等人（2023）将常见的隐私保护方案，如差分隐私、多方安全计算等，应用于防御联邦学习场景下的属性推断攻击中，发现目前尚无一种防御方法能够完全阻止属性信息泄露。

3．联邦学习场景下的数据重构保护

Soteria 等人（2021）通过一些观察性实验，发现联邦学习中的隐私泄露主要来自某一层梯度导致的表征泄露（全连接层），并基于这一观察，通过扰动单个模型层（扰动层）的数据表示来降低重构数据的质量，从而防御数据重构攻击。具体来说，扰动后的数据表示应该满足两个目标：为减少隐私信息泄露，通过干扰后的数据表示重构的输入与原始输入应尽可能不相似；为保持联邦学习原始任务的性能，干扰后的数据表示与未干扰的真实

数据表示应相似。

定义未干扰的数据为 r，干扰后的数据为 r'，原始输入为 X，通过干扰数据重构的输入为 X'。为实现第一个目标，需要尽可能最大化原始输入 X 与通过干扰数据重构的输入 X' 之间的距离，即 $\max \| X - X' \|$；为实现第二个目标，需要使 r 与 r' 之间的范数距离保持有界，即 $\min \| r - r' \|$。根据目标定义关于 r' 的目标函数 $r'_{\max \| X - X' \|_p}$，满足 $\| r - r' \|_q \leqslant \epsilon$，其中 ϵ 为预先设定的阈值，X' 的取值取决于 r'。设 $f: W_f \in \mathbb{R}^{M \times N} \to \mathbb{R}^L$ 为扰动层之前的特征提取器，存在逆函数 f^{-1} 使得 $f^{-1}(r)=X$，$f^{-1}(r')=X'$，并且根据逆函数定理可知：f^{-1} 关于 r 的梯度等于 f 关于 X 的梯度的逆，即 $\nabla_r f^{-1} = (\nabla_X f)^{-1}$，将目标函数转化为 $r' = r'_{\arg\max(\nabla_X f)^{-1}} \cdot (r - r')_p$，满足 $r - r'_q \leqslant \epsilon$，最终化简为在保证 r 和 r' 之间的距离有界的前提下，最大化 r 和 r' 之间的欧几里得距离。选择不同的距离度量会得到不同的防御解决方案和效果，该工作选择 $p=2$（最大化均方误差），$q=0$（通信效率高）。

$g: W_g \in \mathbb{R}^L \to \mathbb{R}^K$ 为扰动层，$h: W_h \in \mathbb{R}^K \to \mathbb{R}$ 为扰动层之后的特征提取器，本地客户端在每一轮训练过程中得到根据损失算出的梯度，在反向传播至扰动层时，将原先的梯度 ∇W_g 替换为根据扰动表示算出的梯度 $\nabla W'_g$，训练多轮直至模型收敛，最终训练出的模型参数能够抵御数据重构攻击，联邦学习中防御数据重构攻击的经典方法如图 8-8 所示。

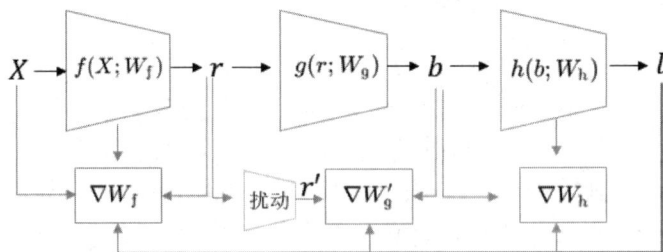

图8-8 联邦学习中防御数据重构攻击的经典方法

复习思考题

一、判断题

1.联邦学习是一种允许多个参与方协作训练模型而不共享原始数据的机器学习方法。
（ ）

2.在联邦学习中，所有参与方的数据在本地进行训练，模型参数在参与方之间进行传输。
（ ）

3.联邦学习可以完全解决数据隐私问题，不需要任何额外的隐私保护措施。 （ ）

4.联邦学习只适合横向联邦学习场景，不能用于纵向联邦学习和联邦迁移学习场景。
（ ）

5.在联邦学习中的通信成本与参与方的数量和网络带宽有关，与模型的复杂度无关。
（ ）

6. 联邦学习模型的性能通常低于集中式学习模型的性能，因为联邦学习需要处理非独立同分布的数据。　　　　　　　　　　　　　　　　　　（　　）

7. 在联邦学习中，差分隐私技术可以用来保护模型训练过程中的中间计算结果，避免其被泄露。　　　　　　　　　　　　　　　　　　　　　　　（　　）

8. 在联邦学习中，每个参与方都可以获得全局模型的完整训练结果。　（　　）

9. 在联邦学习中，服务端的作用仅仅是协调和聚合客户端的模型更新，不参与任何计算。　　　　　　　　　　　　　　　　　　　　　　　　　　（　　）

10. 联邦学习可以用于任何类型的机器学习模型，包括深度学习、监督学习、无监督学习等。　　　　　　　　　　　　　　　　　　　　　　　　　　（　　）

二、选择题

1. 联邦学习的主要优势是什么？（　　）
   A. 提高模型的计算速度　　　　　　B. 减少模型的训练成本
   C. 保护数据隐私和安全　　　　　　D. 提高模型的准确性

2. 在联邦学习中，（　　）角色负责聚合来自不同客户端的模型更新？
   A. 客户端　　　　　　　　　　　　B. 服务端
   C. 数据提供方　　　　　　　　　　D. 模型评估方

3. 以下（　　）不是联邦学习的应用场景？
   A. 医疗健康数据分析　　　　　　　B. 金融风险管理
   C. 社交媒体个性化推荐　　　　　　D. 集中式数据中心

4. 联邦学习中的"横向联邦学习"主要解决的是（　　）类型的数据处理问题？
   A. 数据特征不匹配　　　　　　　　B. 数据样本不匹配
   C. 数据分布不均匀　　　　　　　　D. 数据量不足

5. 以下（　　）技术常用于联邦学习中的隐私保护？
   A. 同态加密　　　　　　　　　　　B. 差分隐私
   C. 数据脱敏　　　　　　　　　　　D. 模型压缩

三、简单题

1. 描述联邦学习与传统集中式机器学习的主要区别，并举例说明联邦学习的应用场景。

2. 解释联邦学习中的"模型更新"是如何在保护隐私的前提下进行的？

3. 讨论联邦学习在实际应用中可能遇到的挑战，并提出可能的解决方案。

4. 假设你是一家银行的数据科学家，你如何利用联邦学习提高信用评分模型的准确性，同时保护客户的隐私信息？

5. 描述联邦学习中的"客户端选择"策略，并讨论其对模型训练和结果的影响。

6. 分析联邦学习在提升广告投放效果方面的潜力，并讨论如何平衡广告效果与用户隐私保护。

7. 讨论联邦学习在推荐系统中的优势和挑战，并提出可能的改进方向。

8. 假设你正在开发一个联邦学习平台，讨论你如何设计该平台以确保数据安全和用户隐私的保护。

9.描述联邦学习中的"模型聚合"过程，并讨论不同的聚合算法对最终模型性能的影响。

10.讨论联邦学习在跨行业合作中的应用前景，以及如何克服跨行业合作中的技术和法律障碍。

案例：电子病历数据分析与疾病预测

在医疗领域，电子病历是一种重要的医疗数据来源，包含了患者的详细健康信息、治疗历史和诊断结果。这些数据对于疾病的研究、治疗效果评估和新药物的开发具有极高的价值。然而，由于涉及患者的隐私信息，如何安全、合规地利用这些数据成了一个亟待解决的问题。传统的数据共享方式往往会泄露患者的敏感信息，而联邦学习提供了一种新的解决方案，它允许医疗机构在不直接共享数据的前提下，共同建立和训练机器学习模型，从而保护患者隐私。

假设有多家医院希望共同研究和预测某种慢性疾病的发展趋势。因涉及患者隐私，医院之间无法直接共享电子病历数据。为了解决这一问题，这些医院决定采用联邦学习，共同构建一个预测模型。案例实施步骤如下。

数据准备与预处理：每家医院对自身的电子病历数据进行清洗和标准化处理，确保数据质量。

模型选择与设计：这些医院决定共同使用一种适合慢性疾病预测的机器学习模型，如随机森林或深度神经网络，并设计模型的结构和参数。

联邦学习训练：这些医院在各自的服务器上使用本地电子病历数据对模型进行训练，并将模型参数的更新发送到中央服务器进行聚合。

模型评估与优化：通过交叉验证等方法评估模型的性能，并根据评估结果对模型进行调整和优化，以提高预测的准确性和公平性。

模型部署与应用：训练完成的模型被部署到医院的信息系统中，用于辅助医生进行患者的风险评估和治疗方案的制订。

通过联邦学习，这些医院成功构建了一个跨机构的慢性疾病预测模型。慢性疾病预测模型在保护患者隐私的同时，提高了预测的准确性和公平性，为医生提供了有力的决策支持工具。此外，慢性疾病预测模型还可以用于指导公共卫生政策的制定，促进了医疗资源的合理分配和利用。

联邦学习在医疗领域的应用展现了其在保护隐私、促进数据共享和提升医疗服务质量方面的巨大潜力。通过跨机构的合作，联邦学习不仅能够构建更准确的预测模型，还能够推动医疗数据的标准化和医疗研究的深入。随着联邦学习的不断发展和完善，联邦学习未来在医疗领域的应用将更加广泛和深入，为患者带来更好的医疗服务和更完善的健康保障。

参考文献

［1］　Kairouz P，McMahan H B，Avent B，et al.Advances and Open Problems in federated learning［J］.Foundations and trends® in machine learning，2021，14(1–2): 1-210.

［2］　Nasr M，Shokri R，Houmansadr A.Comprehensive privacy analysis of deep learning: Passive and active white-box inference attacks against centralized and federated learning ［C］//2019 IEEE Symposium on Security and Privacy (SP).IEEE，2019.739-753.

［3］　Melis L，Song C，De Cristofaro E，et al.Exploiting unintended feature leakage in collaborative learning［C］//2019 IEEE symposium on security and privacy (SP)，2019: 691-706.

［4］　Zhu L，Liu Z，Han S.Deep leakage from gradients［J］.Advances in neural information processing systems，2019，32.

［5］　Zhao B，Mopuri K R，Bilen H.idlg: Improved deep leakage from gradients［J］.arXiv preprint arXiv:2001.02610，2020.

［6］　Rodríguez-Barroso N，Jiménez-López D，Luzón M V，et al.Survey on federated learning threats: Concepts，taxonomy on attacks and defences，experimental study and challenges ［J］.Information Fusion，2023，90: 148-173.

［7］　Sun J，Li A，Wang B，et al.Soteria: Provable defense against privacy leakage in federated learning from representation perspective［C］//Proceedings of the IEEE/CVF conference on computer vision and pattern recognition，2021: 9311-9319.

［8］　Sun Z，Kairouz P，Suresh A T，et al.Can you really backdoor federated learning?［J］.arXiv preprint arXiv：1911.07963，2019.

［9］　Li S，Cheng Y，Wang W，et al.Learning to detect malicious clients for robust federated learning［J］.arXiv preprint arXiv：2002.00211，2020.

［10］　Xie Y，Chen B，Zhang J，et al.Defending against membership inference attacks in federated learning via adversarial example［C］//2021 17th International Conference on Mobility\，Sensing and Networking (MSN).IEEE，2021: 153-160.

［11］　Wan L，Zeiler M，Zhang S，et al.Regularization of neural networks using dropconnect［C］// International conference on machine learning.PMLR，2013: 1058-1066.

［12］　Luo X，Wu Y，Xiao X，et al.Feature inference attack on model predictions in vertical federated learning［C］//2021 IEEE 37th International Conference on Data Engineering (ICDE).IEEE，2021: 181-192.

［13］　Fang M，Cao X，Jia J，et al.Local model poisoning attacks to {Byzantine-Robust} federated learning［C］//29th USENIX security symposium (USENIX Security 20).2020: 1605-1622.

［14］　Xie C，Koyejo O，Gupta I.Fall of empires: Breaking byzantine-tolerant sgd by inner product manipulation［C］//Uncertainty in Artificial Intelligence.PMLR，2020: 261-270.

［15］　Liu Y，Yi Z，Chen T.Backdoor attacks and defenses in feature-partitioned collaborative learning［J］.arXiv preprint arXiv：2007.03608，2020.

［16］ Bagdasaryan E，Veit A，Hua Y，et al.How to backdoor federated learning［C］//International conference on artificial intelligence and statistics.PMLR，2020: 2938-2948.